钢结构建筑施工

主　编　杨转运　骆忠伟

参　编　沈路军　何　兵　张　辉
　　　　郭雪峰　蒋超静　漆　文
　　　　马京京　姜　轲　郭润豪
　　　　张兴梅

主　审　陈德伦

北京理工大学出版社
BEIJING INSTITUTE OF TECHNOLOGY PRESS

内 容 提 要

本书按照钢结构建筑施工最新标准规范进行编写。全书共分为七个项目，主要内容包括：钢结构施工认知、钢结构材料、钢结构施工图、钢结构连接工程、钢结构加工制作、钢结构安装、钢结构涂装工程。

本书具有较强的实用性和可操作性，是高等院校建筑钢结构工程技术专业核心课程，也可作为土木工程类相关专业的教材，还可作为建筑施工技术人员及材料检测人员的培训或自学教材。

图书在版编目(CIP)数据

钢结构建筑施工 / 杨转运，骆忠伟主编. -- 北京：
北京理工大学出版社，2025.1.
ISBN 978-7-5763-4856-9

Ⅰ.TU758.11

中国国家版本馆CIP数据核字第20253X02F9号

责任编辑：江　立	文案编辑：江　立
责任校对：周瑞红	责任印制：王美丽

出版发行 / 北京理工大学出版社有限责任公司

社　　址 / 北京市丰台区四合庄路 6 号

邮　　编 / 100070

电　　话 / （010）68914026（教材售后服务热线）

　　　　　　（010）63726648（课件资源服务热线）

网　　址 / http：//www.bitpress.com.cn

版 印 次 / 2025 年 1 月第 1 版第 1 次印刷

印　　刷 / 河北鑫彩博图印刷有限公司

开　　本 / 787 mm × 1092 mm　1/16

印　　张 / 17

字　　数 / 426 千字

定　　价 / 89.00 元

图书出现印装质量问题，请拨打售后服务热线，负责调换

出版说明

随着建筑技术水平的不断发展，由BIM技术、装配式建筑、智慧工地、建筑机器人、建筑工业互联网、智能运维等智能建造体系在建筑行业中的逐步应用，要求从业人员既要具备传统的建筑施工技能，也要学习建筑智能化、绿色化、数字化等前沿技术。

2018年12月21日，《高职院校建筑类专业"五化"教学法的研创与应用》成果，荣获教育部《2018年国家级教学成果奖》（教师〔2018〕21号）职业教育类二等奖！

该成果主要针对建筑类专业教学中建筑现场认知难、课堂教学实境创设难、理论与实践一体化难、实训教学开展难、学习效果评价难等5个问题，应用信息化技术手段，研创了"模型化展示、信息化导学、项目化教学、个性化实训、智能化考核"的"五化"教学法，学生通过"五化"学习进程（课前认知、自主学习、课堂学习、课后实践、综合考评）进行学习，有效解决了建筑类专业教学中的"五难"问题，极大地提高了学生学习兴趣，人才培养质量明显提升。

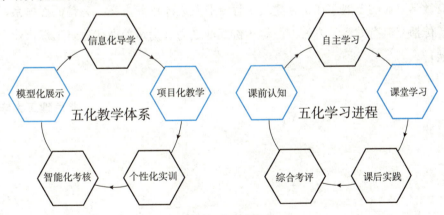

建筑五化教学法

为此，北京理工大学出版社搭建平台，联合国内多所建设类高职院校和行业企业，包括：黑龙江建筑职业技术学院、四川建筑职业技术学院、江苏建筑职业技术学院、江西建设职业技术学院、贵州建设职业技术学院、绍兴职业技术学院、广州城建职业学院、浙江太学科技集团有限公司等，共同组织编写了本套《高职土建类专业"五化"教学法新形态教材》，教材由参与院校院系领导、专业带头人、企业技术负责人组织编写团队，参照教育部《高等职业学校专业教学标准》要求，以创新、合作、融合、共赢、整合跨院校优质资源的工作方式，结合高职院校教学实际以及当前建筑行业形势和发展方向编写完成，力求推动建筑类教学体系构建，提升学生学习兴趣！

全套教材共8本，如下：

1.《建筑力学与结构》

2.《建筑识图与构造》

3.《建筑材料》

4.《建筑工程测量》

5.《建筑施工技术》

6.《钢结构建筑施工》

7.《装配式建筑施工技术》

8.《建筑工程质量与安全管理》

本系列教材的编写，是基于建筑工法楼为项目进行教学设计的，由浙江太学科技集团有限公司和各院校提供教材及教学配套资源，在本系列教材的编写过程中，我们得到了国内同行专家、学者的指导和知名建筑企业的大力支持，在此表示诚挚的谢意！

高等职业教育紧密结合经济发展需求，适应行业新技术的发展，不断向行业输送应用型专业人才，任重道远。教材建设是高等职业院校教育改革的一项基础性工程，也是一个不断推陈出新的过程。我们深切希望本系列教材的出版，能够推动我国高等职业院校建筑工程专业教学事业的发展，在优化建筑工程专业及人才培养方案、完善课程体系、丰富课程内容、传播交流有效教学方法方面尽一份绵薄之力，为培养现代建筑工程行业合格人才做出贡献！

北京理工大学出版社

Foreword

前言

党的二十大报告中明确提出，要统筹职业教育、高等教育、继续教育协同创新，优化职业教育类型定位，努力培养造就卓越工程师、大国工匠、高技能人才，提高各类人才素质，以职业教育高质量发展赋能新质生产力。党的二十届三中全会进一步审议通过了《中共中央关于进一步全面深化改革、推进中国式现代化的决定》，指明了职业教育办学方向。

钢结构建筑具有施工速度快、施工精度高、抗震性能优越、施工质量容易控制、维护成本较低、机械化程度高、轻质高强耐久性好等优点，这些优点构成了建筑钢结构施工领域的核心优势，使其在现代建筑行业中占有重要地位，广泛应用在高层及超高层建筑、大跨度空间结构、工业设施、住宅建筑、市政基础设施、商业建筑、塔桅结构和板壳结构建筑物中。这一趋势对建筑钢结构施工专业人才的培养提出了新的要求，要求我们不仅要掌握传统的施工技术，更要适应数字化变革，培养具备创新能力和实践能力的高素质技术技能人才。

为此，编者根据《高等职业教育专科建筑钢结构工程技术专业教学标准（试用）》和《高等职业教育专科专业简介（2022年）》要求，依托四川建设职业教育集团，组织学校、企业专家，校企联合开发，以"真工程、真案例、真图纸"为依托，将核心课程钢结构施工教学内容重构成为钢结构施工认知、钢结构材料、钢结构施工图、钢结构连接工程、钢结构加工制作、钢结构安装、钢结构涂装工程七个部分。要求学生在学习必要的钢结构建筑施工理论基础上，理论联系实际，使学生的专业技能、职业素养获得和谐发展与提高。在项目的任务中设置了四大模块，即课前认知、理论学习、技能测试及任务工单。其主要有如下特点：

（1）课前认知模块作为学习的先导，帮助学生初步了解本任务的核心内容和重点。引导学生对即将学习的知识产生兴趣，并激发他们的学习动力。同时，课前认知还提供了与章节内容相关的实际案例或问题，引发学生的思考，为后续的深入学习做好铺垫。

（2）理论学习模块是教材的核心部分，涵盖了钢结构建筑施工的基本概念、分类、应用等方面的知识。该模块注重知识的系统性和完整性，通过深入浅出的讲解，帮助学生全面掌握钢结构建筑施工的基础知识。同时，理论学习还注重理论与实践的结合，通过案例分析、图表展示等方式，使学生能够更好地理解和应用所学知识。

（3）技能测试模块是对学生学习成果的有效检验。该模块通过设计多种形式的练习题、测试题，帮助学生巩固所学知识，检验自己的学习效果。这一模块的设置有助于学生及时了解自己的学习状况，调整学习策略，提高学习效率。

（4）任务工单模块是教材的另一大特色，它结合实际工程项目，为学生提供了综合性的学习任务。任务工单模块要求学生运用所学知识，解决实际问题，完成一系列的任务。这些任务不仅包括理论知识的应用，还涉及实际操作、团队协作等多个方面。通过完成任务工单，学生能够更好地将所学知识与实际工作相结合，提高自己的综合素质和实践能力。

为了便于教学和学生自学，在智慧职教MOOC学院平台配套有在线开放课程，同时每个教学任务的重难点以二维码形式配有数字化教学资源。

本书是教育部新时代职业学校名师（名匠）名校长培养计划（2023-2025年）培养对象杨转运名师工作室建设阶段性成果。由四川建筑职业技术学院杨转运、骆忠伟担任主编，中七建工集团有限公司沈路军，中建一局集团第二建筑有限公司何兵，四川建筑职业技术学院张辉、重庆建筑工程职业学院郭雪峰、四川建筑职业技术学院蒋超静、漆文、马京京、姜轲、广州铁路职业技术学院郭润豪、重庆建筑工程职业学院张兴梅参与编写。具体编写分工为：项目一由杨转运、沈路军共同编写，项目二由骆忠伟，马京京共同编写，项目三由张辉、漆文共同编写，项目四由蒋超静编写。项目五和项目七由杨转运、沈路军、郭雪峰、张兴梅、郭润豪共同编写，项目六由骆忠伟、姜轲、何兵共同编写。全书由四川兴天元钢桥有限公司总工、高级工程师陈德伦主审。书中部分工程案例，由中建一局二公司提供，再此表示感谢！

本书编写过程中，特别感谢教育部全国职业院校教师教学创新团队建设体系化课题研究项目立项课题"基于需求导向的团队共同体破界跨区域协同合作机制研究"（项目编号：TX20200108）、四川省教育厅2022－2024年职业教育人才培养和教育教学改革研究项目"新时代土建类职业教育'双师型'教师队伍建设路径实践研究"（项目编号：GZJG2022-460）和四川省"德阳科技卓越人才"项目（德英才第531号）的资助。

本书在编写过程中参阅了大量文献和参考资料，在此向原作者致以衷心的感谢！由于编写时间仓促，编者的经验和水平有限，书中难免有不妥和错误之处，恳请读者和专家批评指正！

编　者

Contents

目 录

项目 1　钢结构施工认知

知识目标

1. 了解钢结构的发展历程。
2. 了解钢结构在各个领域的应用范围。
3. 掌握钢结构的特点。

能力目标

1. 通过对钢结构发展与应用的学习，能够初步分析不同场景下钢结构选择的合理性，为实际项目中的材料选择提供依据。
2. 能够根据钢结构的特点，在设计中合理规避潜在风险，提出优化方案，提升结构的整体性能。
3. 培养综合分析和解决问题的能力，能够在遇到与钢结构相关的问题时，运用所学的知识进行分析和判断。

素养目标

1. 树立学生持续学习和探索的精神，对钢结构领域的新技术、新工艺保持敏感和好奇，不断提升自己的专业素养。
2. 培养学生的工程伦理意识，能够在钢结构的设计、施工和使用过程中，充分考虑安全、环保、经济等多方面因素。

任务 1.1　钢结构的发展与应用

课前认知

钢结构作为现代建筑的重要组成部分，其发展历史悠久且前景广阔。从古代的简单铁艺到现代的复杂结构体，钢结构不断进化，为建筑领域带来了革命性的变革。在现代，钢结构广泛应用于大跨度结构、工业厂房、高层建筑等多个领域，其强大的承载能力和灵活的设计特点深受人们的青睐。同时，随着技术的不断进步，钢结构的组合形式和应用场景也在不断创新，展现出巨大的发展潜力。

1.1.1　钢结构的发展

1. 钢结构的发展历史

钢结构建筑工程是我国建筑行业中蓬勃发展的行业，在房屋建筑、地下建筑、桥梁、塔桅、海洋平台、港口建筑、矿山建筑、水工建筑及容器管道建筑中都得到了广泛的应用。

二十世纪五六十年代国民经济恢复时期，钢结构工程在工业厂房及民用建筑中都得到了应用。例如，鞍山钢铁公司、长春第一汽车制造厂及武汉钢铁公司都大量应用了钢结构，民用建筑方面也建成了天津体育馆、北京人民大会堂等钢结构房屋。

二十世纪六七十年代，由于我国工业发展受到很大阻碍，钢产量也处于停滞状态，因此钢结构的应用受到了很大限制。但在此时期，我国科研人员研究开发了由圆钢和小角钢组成的轻钢屋盖，应用于小跨度的厂房建设。

20 世纪 70 年代后期至 80 年代的改革开放时期，我国钢产量逐年稳步增长，钢结构也得到了更广泛的应用。高强度钢材和薄壁型钢结构、悬索结构、悬挂结构等新结构形式越来越多地应用于轻型、大跨屋盖结构及高层建筑中。

在大跨度建筑和单层工业厂房中，网架、网壳等结构的广泛应用受到了世界各国的瞩目。上海体育馆马鞍形环形大悬挑空间钢结构屋盖和上海浦东国际机场航站楼张弦梁屋盖钢结构的建成，更标志着我国的大跨度空间钢结构已进入世界先进行列。

2. 钢结构的发展前景

目前，我国每年新建建筑约 20 亿平方米，其中 10％采用钢结构建筑。北京、上海、天津、山东等地区对钢结构住宅建筑的开发已逐步展开。其中，山东莱钢建设有限公司在绿色环保钢结构住宅体系开发、产业化发展模式方面已取得良好进展。另外，钢结构桥梁日益增多，突破了以往仅在大跨度桥梁采用钢结构桥梁的局面。在今后的一段时期内，在跨江、跨海的大跨度钢结构桥梁不断涌现的同时，市政建设立交桥、人行桥及地铁、轻轨等公路交通建设也会越来越多地采用钢结构桥梁技术。

由此可见，在今后相当长的一段时期内，钢结构行业将保持持续快速增长的趋势。随着我国基本建设投资力度的日益增强和国家重大工程的大力开展，钢结构的发展前景和市场空间将会更加广阔。钢结构行业广阔的发展前景与快速的发展速度对钢结构数控加工装备的发展也提出了更高的要求。不仅要提高加工能力，还要提高加工质量水平，以满足钢结构发展的需要。因此，企业在坚持自主创新的同时，加大与发达国家数控装备合资合作的力度，鼓励引进、吸收、再创新，大力研发适应国情的、具有世界先进水平的钢结构数控加工装备，更好地为我国钢结构行业的跨越式发展服务。

1.1.2　钢结构的应用

随着我国国民经济的不断发展和科学技术的进步，钢结构在我国的应用范围也在不断扩大。目前，钢结构的应用范围大致如下。

1. 大跨度结构

结构跨度越大，自重在荷载中所占的比例就越大，减轻结构的自重会带来明显的经济效益。钢材强度高、结构质量轻的优势正好适用于大跨度结构，因此，钢结构在大跨空间结构和大跨桥梁结构中得到了广泛的应用(图 1-1)。所采用的结构形式有空间桁架、网架、网壳、悬索（包括斜拉体系）、张弦梁、实腹或格构式拱架和框架等。

2. 工业厂房

起重机起重量较大或其工作较繁重的车间的主要承重骨架多采用钢结构。另外，有强烈辐射热的车间，也经常采用钢结构。结构形式多为由钢屋架和阶形柱组成的门式刚架或排架，也有采用网架作为屋盖的结构形式。近年来，随着压型钢板等轻型屋面材料的采用，轻钢结构工业厂房得到了迅速的发展，其结构形式主要为实腹式门式刚架（图1-2）。

图1-1　大跨度干煤棚　　　　　　　图1-2　实腹式门式刚架

3. 受动力荷载影响的结构

由于钢材具有良好的韧性，设有较大锻锤或产生动力作用的其他设备的厂房，即使屋架跨度不大，也往往由钢制成。对于抗震能力要求高的结构，采用钢结构也是比较适宜的。

4. 多层和高层建筑

由于钢结构的综合效益指标优良，故其近年来在多层、高层民用建筑中也得到了广泛的应用。其结构形式主要有多层框架结构、框架-支承结构、框筒结构、悬挂结构、巨型框架等。

5. 高耸结构

高耸结构包括塔架和桅杆结构，如高压输电线路的塔架，广播、通信和电视发射用的塔架和桅杆，火箭（卫星）发射塔架等也常采用钢结构。

6. 可拆卸的结构

钢结构不仅质量轻，还可以采用螺栓或其他便于拆装的手段来连接，因此非常适用于需要搬迁的结构，如建筑工地、油田和需野外作业的生产与生活用房的骨架等。钢筋混凝土结构施工用的模板和支架，以及建筑施工用的脚手架等也大量采用钢材制作。

7. 容器和其他构筑物

冶金、石油、化工企业中大量采用钢板做成的容器结构包括油罐、煤气罐、高炉、热风炉等。此外，经常使用的还有皮带通廊栈桥、管道支架、锅炉支架等其他钢构筑物，海上采油平台也大都采用钢结构。

8. 轻型钢结构

钢结构质量轻不仅对大跨结构有利，对屋面活荷载特别小的小跨结构也有优越性。冷弯薄壁型钢屋架在一定条件下的用钢量比钢筋混凝土屋架的用钢量还少。轻钢结构的结构形式有实腹变截面门式刚架、冷弯薄壁型钢结构（包括金属拱形波纹屋盖）及钢管结构等。

9. 钢和混凝土的组合结构

钢构件和板件受压时必须满足稳定性要求，往往不能充分发挥其强度高的优势，而混凝土则最适于受压，不适于受拉，将钢材和混凝土并用，使两种材料都充分发挥它的长处，是一种很合理的结构。近年来，这种结构在我国获得了长足的发展，广泛应用于高层建筑（如深圳的赛格广场）、大跨桥梁、工业厂房和地铁站台柱等。其主要构件形式有钢与混凝土组合梁和钢管混凝土柱等。

10. 景观钢结构

在建筑思想观念开放、市场经济十分发达、人们生活越来越好的今天，景观钢结构建筑越来越多地出现在人们身边，如景观塔、景观桥、城市标志性钢结构雕塑、住宅小区大门、大楼入口钢雨篷、大楼顶飘架飘板等。

任务工单

根据所学知识，完成以下任务工单。

1. 任务目标

通过本任务的学习，学生需要了解钢结构的基本发展脉络及其在各个领域的应用，并结合实践加深理解。

2. 任务内容

（1）钢结构发展简述。

1）查阅相关资料，简要概述钢结构从起源至今的主要发展阶段和标志性事件。

2）分析钢结构在当前建筑领域的地位及未来可能的发展趋势。

（2）钢结构应用调研。

1）选择一个钢结构应用领域（如大跨度结构、工业厂房等）进行深入的调研。

2）调研内容包括但不限于该领域钢结构的常见形式、设计要点、施工难点及优势等。

3）提交一份调研报告，包括文字描述和现场照片或图纸。

3. 任务要求

（1）内容需真实、准确，不得抄袭。

（2）调研报告要体现对钢结构发展与应用的理解。

（3）按时提交任务成果。

》》》 任务1.2 钢结构的特点

课前认知

本任务将深入探讨钢结构的特点。钢结构以其高强度、轻质、工业化程度高等优势在建筑领域广泛应用，同时，其密封性、抗震性、耐热性也为建筑安全提供了保障。然而，钢结构的耐腐蚀性、耐火性相对较差，且低温下易发生脆性断裂。通过本任务的学习，将全面了解钢结构的特点，为实际应用提供理论支持。

理论学习

1.2.1 钢结构的优点

钢结构主要是指由钢板、热轧型钢、薄壁型钢和钢管等构件组合而成的结构，是土木工程的主要结构形式之一。目前，钢结构在房屋建筑、地下建筑、桥梁、塔桅和海洋平台中都得到了广泛采用，这是由于与其他材料的结构相比，钢结构具有以下优点。

1. 建筑钢材强度高，塑性和韧性好

（1）强度高是指钢与混凝土、木材相比，虽然密度较大，但其强度较混凝土和木材要高得多，其密度与强度的比值一般比混凝土和木材小。因此，在同样受力的情况下，钢结构与钢筋混凝土结构和木结构相比，构件较小，质量较轻，适用于建造跨度大、高度高和承载重的结构。

（2）塑性好是指钢结构在一般的条件下不会因超载而突然断裂，只会增大变形，故容易被发现。此外，还能将局部高峰应力重分配，使应力变化趋于平缓。

（3）韧性好是指钢结构适宜在动力荷载下工作，因此，在地震区采用钢结构较为有利。

2. 钢结构的自重轻

钢材密度大，强度高，但做成的结构却相对较轻。结构的轻质性可用材料的密度 ρ 和强度 f 的比值 α 来衡量，α 值越小，结构相对越轻。建筑钢材的 α 值为 $(1.7 \sim 3.7) \times 10^{-4}/m$；木材的 α 值为 $5.4 \times 10^{-4}/m$；钢筋混凝土的 α 值约为 $18 \times 10^{-4}/m$。因而，以同样的跨度承受同样的荷载，钢屋架的质量为钢筋混凝土屋架的 $1/4 \sim 1/3$。

3. 材质均匀，与力学计算的假定比较符合

钢材内部组织比较均匀，接近各向同性，可视为理想的弹塑性体材料，因此，钢结构的实际受力情况和工程力学的计算结果比较符合，在计算中采用的经验公式不多，从而计算的不确定性较小，计算结果比较可靠。

4. 工业化程度高，工期短

钢结构所用的材料皆可由专业化的金属结构厂轧制成各种型材，加工制作简便，准确度和精密度都较高。制成的构件可运输到现场拼装，采用焊接或螺栓连接。因构件较轻，故安装方便，施工机械化程度高，工期短，为降低造价、发挥投资的经济效益创造了条件。

5. 密封性好

钢结构采用焊接连接后可以做到安全密封，能够满足一些要求气密性和水密性好的高压容器、大型油库、气柜油罐和管道等的要求。

6. 抗震性能好

钢结构由于自重轻和结构体系相对较柔，所以受到的地震作用较小，钢材又具有较高的抗拉和抗压强度及较好的塑性与韧性，因此，在国内外的历次地震中，钢结构是损坏最轻的结构，已公认为是抗震设防地区特别是强震区的最合适结构。

7. 耐热性较好

当温度在 200 ℃ 以内时，钢材性质变化很小；当温度达到 300 ℃ 以上时，强度逐渐下降；当温度达到 600 ℃ 时，强度几乎为零。因此，钢结构可用于温度不高于 200 ℃ 的场合。在有特殊防火要求的建筑中，钢结构必须采取保护措施。

1.2.2 钢结构的缺点

1. 耐腐蚀性差

钢材在潮湿环境中，特别是在处于有腐蚀性介质的环境中容易锈蚀。因此，新建造的钢结构应定期刷涂料加以保护，维护费用较高。目前，国内外正在发展各种高性能的涂料和不易锈蚀的耐候钢，钢结构耐锈蚀性差的问题有望得到解决。

2. 耐火性差

钢结构的耐火性较差，在火灾中，未加防护的钢结构一般只能维持 20 min 左右。因此，在需要防火时，应采取防火措施，如在钢结构外面包混凝土或其他防火材料，或在构件表面喷涂防火涂料等。

3. 钢结构在低温条件下可能发生脆性断裂

钢结构在低温和某些条件下，可能会发生脆性断裂，以及厚板的层状撕裂等，这些都应引起设计者的特别注意。

现在钢材已经被认为是可以持续发展的材料，因此从长远发展的观点看，钢结构将有很好的应用发展前景。

任务工单

根据所学知识，完成以下任务工单。

1. 任务目标

通过本任务的学习，学生需要深入了解和掌握钢结构的主要优点和缺点，并能够在实际应用场景中进行分析和判断。

2. 任务内容

(1) 钢结构优点梳理。

1) 查阅相关文献资料或网络资源，总结钢结构的优点。

2) 梳理至少五个方面的优点，并给出具体的解释和实例。

3) 撰写一篇简短的报告，阐述钢结构优点在实际工程中的应用。

(2) 钢结构缺点分析。

1) 分析钢结构的缺点，并总结至少三个方面。

2) 对于每个缺点，给出具体的实例和可能的解决方案。

3) 撰写一篇简短的报告，讨论如何在实际工程中克服钢结构的缺点。

(3) 案例分析。

1) 以"全场景免疫诊断仪器、试剂研发与制造中心"项目为例，进行案例分析。

2) 分析该案例中钢结构的应用情况，包括其优点和缺点的体现。

3) 撰写案例分析报告，提出自己对案例中钢结构应用的看法和建议。

3. 任务要求

(1) 内容需真实、准确，不得抄袭。

(2) 优点和缺点的梳理分析要全面、深入，实例要具体、有说服力。

(3) 案例分析要紧密结合实际工程，提出有针对性的建议和措施。

(4) 按时提交任务成果。

项目 2　钢结构材料

知识目标

1. 了解钢材的力学性能指标及其含义。

2. 熟悉化学成分、生产过程等因素对钢材性能的影响机制。

3. 熟悉各类钢材的种类、规格及特点。

4. 掌握钢材单向拉伸试验的基本原理和过程。

5. 掌握钢结构对材料性能的具体要求。

6. 掌握钢材选用的基本原则和方法，以及钢材代用和变通办法。

能力目标

1. 能够根据钢结构的设计要求，选择合适的钢材种类和规格，确保结构的安全性和经济性。

2. 能够运用所学知识，分析钢材的力学性能，预测其在不同受力条件下的行为表现。

3. 能够识别并评估影响钢材性能的各种因素，提出针对性的优化措施，提高钢材的使用效果。

素养目标

1. 培养学生严谨细致的工作作风，对钢材的选用和质量控制保持高度的责任心和敬业精神。

2. 增强学生的团队协作和沟通能力，能够在团队中分享钢材选用和性能分析的经验，共同提升项目质量。

任务 2.1　钢材的力学性能

课前认知

钢材作为建筑行业的基石，其力学性能至关重要。通过单向拉伸试验，能够深入了解钢材在受力过程中的表现。屈服强度、抗拉强度、伸长率、冷弯性能及冲击韧性等指标是评估钢材性能的关键。

2.1.1 钢材的单向拉伸试验

低碳钢在常温、静载条件下的单向拉伸应力-应变曲线如图 2-1 所示，共分为弹性阶段（OA）、弹塑性阶段（AB）、屈服阶段（BC）和应变硬化阶段（CD）四个阶段。在 A 点以前，钢材处于弹性阶段，卸载后变形完全恢复；到达 A 点后，钢材进入弹塑性阶段，变形包括弹性变形和塑性变形两部分，卸载后塑性变形不再恢复，称为残余变形或永久变形；到达 B 点后，钢材全部屈服，荷载不再增加，但变形持续增大，形成水平线段即屈服平台，由于 A 点与 B 点比较接近，为简化计算模型，假设在 B 点以前钢材处于弹性状态；经历屈服阶段后，由于钢材内部晶粒重新排列，强度有所提高，进入应变硬化阶段，变形增加非常快；到达 D 点时，钢材达到强度极限值，之后截面快速收缩，强度迅速降低，直至断裂。低合金钢的单向拉伸应力-应变曲线与低碳钢类似，只是强度提高了。

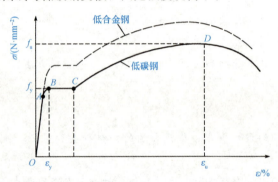

图 2-1　钢材的单向拉伸应力-应变曲线

2.1.2 钢材的力学性能

钢材的力学性能是指标准条件下钢材的屈服强度、抗拉强度、伸长率、冷弯性能和冲击韧性，以及厚钢板的 Z 向（厚度方向）性能等，也称为机械性能。

1. 屈服强度

在图 2-1 中，屈服平台 BC 段所对应的强度称为屈服强度，用符号 f_y 表示，也称为屈服点，是建筑钢材的一个重要力学特征。屈服点是弹性变形的终点，而且在较大变形范围内应力不会增加，形成理想的弹塑性模型，因此，将其作为弹性计算时强度的标准值。低碳钢和低合金钢都具有明显的屈服平台，而热处理钢材和高碳钢则没有。

2. 抗拉强度

单向拉伸应力-应变曲线中最高点，如图 2-1 中 D 点所对应的强度，称为抗拉强度，用符号 f_u 表示，它是钢材所能承受的最大应力值。抗拉强度反映钢材在极限状态下的承载能力，虽然不直接用于设计计算，但可作为结构的安全储备，确保材料在意外超载时仍有一定冗余。

3. 伸长率

伸长率是试件断裂时的永久变形与原标定长度的百分比。取圆形试件直径的 5 倍或 10 倍为标定长度，对应的伸长率分别记作 δ_5、δ_{10}。伸长率代表钢材断裂前具有的塑性变形能力，这种能力使结构制造时，钢材即使经受剪切、冲压、弯曲及锤击作用产生局部屈服也无明显破坏。伸长率越大，钢材的塑性和延性越好。

屈服强度、抗拉强度、伸长率是钢材的三个重要力学性能指标，钢结构中所有钢材都应满足相关规范对这三个指标的规定。

4. 冷弯性能

根据试样厚度，在常温条件下按照规定的弯心直径将试样弯曲180°，如图2-2所示，其表面无裂纹和分层即冷弯合格。冷弯性能是一项综合指标，冷弯合格一方面表示钢材的塑性变形能力符合要求；另一方面表示钢材的冶金质量（颗粒结晶及非金属夹杂等）符合要求。重要结构中需要钢材有良好的冷加工、热加工工艺性能时，应有冷弯试验合格保证。

5. 冲击韧性

冲击韧性是钢材抵抗冲击荷载的能力，它用钢材断裂时所吸收的总能量来衡量。单向拉伸试验所表现的钢材性能都是静力性能，韧性则是动力性能。韧性是钢材强度、塑性的综合指标，韧性低则发生脆性破坏的可能性大。冲击韧性通过带有夏比缺口的夏比试验法测量，如图2-3所示，用A_{KV}表示，其值为试件折断时所需要的功，单位为J。缺口韧性值受温度影响很大，当温度低于某一值时将急剧下降，因此应根据相应温度提出要求。

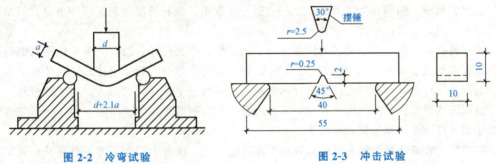

图2-2　冷弯试验　　　　　　　　图2-3　冲击试验

🔲 技能测试

1. 目的
(1)理解低碳钢在单向拉伸条件下的力学性能。
(2)掌握单向拉伸试验的操作方法。
(3)学会分析和解释试验数据，包括应力-应变曲线。
(4)评估低碳钢的屈服极限、强度极限、伸长率、收缩率等参数。

2. 能力标准及要求
(1)理论知识：确定低碳钢试样的屈服极限、强度极限、伸长率、收缩率。
(2)操作技能：能够正确使用拉伸试验机和其他相关试验设备。
(3)数据分析：能够准确记录和分析试验数据，包括绘制应力－应变曲线。
(4)报告撰写：能够撰写清晰、准确的试验报告。

3. 活动条件
(1)试验设备：万能材料试验机(拉伸试验机)、卡尺、标距尺等。
(2)试验材料：低碳钢试样。
(3)安全装备：个人防护装备，如安全眼镜和试验服。
(4)环境条件：实验室应保持干净、整洁，试验温度应在标准范围内。

4. 技能操作步骤
(1)实验依据：《金属材料　拉伸试验　第1部分：室温试验方法》(GB/T 228.1—2021)。
(2)实验材料：HRB400级钢筋，参数见表2-1。

表 2-1 参数

编号	公称直径 d/mm	实测直径 d_0/mm	长度/cm	切割后长度/cm	说明
A-1	14				
A-2	14				备用
D-1	16				
D-2	16				备用
E-1	20				
E-2	20				备用

(3)实验设备和器材：切割机，游标卡尺(50 分度)，锉刀，卷尺，拉伸试验机。

(4)实验过程：

1)材料切割。钢筋长度按照 $L \geqslant 10d + 250$ mm 取用，钢筋长度均满足这个条件，但是试验机高度有限，故将钢筋统一切割为 500 mm 长。

2)材料标记。在钢筋中部适当位置取 $10d$ 的长度，作为拉伸区段，要求区段距离钢筋头和尾部长度均大于 125 mm。将区段等分为 10 份，在每个等分点处使用锉刀标记出来。

3)测量拉伸前直径。首先测量试样标距两端和中间三个截面处的尺寸，对于圆试样，在每个横截面内沿互相垂直的两个直径方向各测量一次，取其平均值。用测得的 3 个平均值中的最小值计算试样的原始横截面面积。

4)拉伸。将准备好的钢筋试样放置到拉伸试验机中，注意上部和下部夹具夹持位置距离拉伸区域尽量短，保持在 5 cm 左右，然后夹紧夹具，避免在加载过程中滑移。

5)试验结果。

①上屈服强度和下屈服强度。从力-位移曲线图读取力首次下降前的最大力和不计初时瞬时效应时屈服阶段中的最小力或屈服平台的恒定力。将其分别除以试样原始横截面面积，得到上屈服强度和下屈服强度(表 2-2)。

表 2-2 钢筋试样屈服强度试验结果

钢筋编号	实测直径 /mm	横截面面积 /mm²	上屈服强度 /MPa	下屈服强度 /MPa
A				
D				
E				

②重新替换表述：从试验过程中记录的力-位移曲线图中读取过屈服点之后的最大力，用这个最大力除以试样的原始横截面积得到抗拉强度。结果统计表格见表 2-3。

表 2-3 钢筋试样抗拉强度试验结果

钢筋编号	实测直径/mm	横截面面积/mm²	最大拉力/kN	抗拉强度/MPa
A				
D				
E				

③断后伸长率。断后伸长率的测量分为直测法和移位法。

a. 直测法：如拉断处到最邻近标距端点距离大于 $1/3L_0$ 时，直接测量标距两端点间的距离 L_1。

b. 移位法：如拉断处到最邻近标距端点的距离小于或等于 $1/3L_0$ 时，则按下述方法测定 L_1：

在长段上从拉断处 O 取基本等于短段格数，得 B 点，接着取等于长段所余格数[偶数，如图 2-4(a)所示]的 $1/2$，得 C 点；或者取所余格数[奇数，如图 2-4(b)所示]分别减 1 与加 1 的 $1/2$，得 C 点和 C_1 点。移位后的 L_1 分别为 $AB+2BC$ 和 $AB+BC+BC_1$。

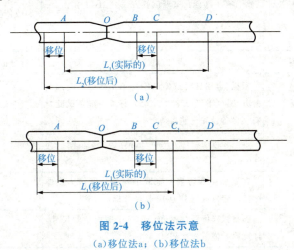

图 2-4　移位法示意

(a)移位法a；(b)移位法b

断后伸长率 δ 按以下公式计算：

$$\delta = (L_1 - L_0)/L_0 \times 100$$

表 2-4　钢筋试样断后伸长率试验结果

钢筋编号	L_0/mm	L_1/mm	测定方法	伸长率 δ/%
A				
D				
E				

④断后收缩率。测量时，将试样断裂部分仔细地配接在一起，使其轴线处于同一直线上。对于圆形横截面试样，在缩颈最小处相互垂直方向测量直径，取其算术平均值计算最小横截面面积。原始横截面面积与断后最小横截面面积之差除以原始横截面面积的百分率得到断面收缩率。计算结果见表 2-5。

表 2-5　钢筋试样断后收缩率试验结果

钢筋编号	原始截面直径/mm	原始截面面积/mm	断后最小截面直径/mm	断后最小截面面积/mm	断面收缩率/%
A					
D					
E					

5. 实操报告

钢材拉伸试验实操报告样式见表 2-6。

表 2-6　钢材拉伸试验实操报告

班级		姓名		时间	
课目				指导教师	
施工依据	《金属材料　拉伸试验　第 1 部分：室温试验方法》(GB/T 228.1—2021)			验收依据	《金属材料　拉伸试验　第 1 部分：室温试验方法》(GB/T 228.1—2021)
序号	项目内容	设计/规范要求		计分值	操作得分
1	试验准备	根据《金属材料拉伸试验　第 1 部分：室温试验方法》(GB/T 228.1—2021)标准，准备试验材料、设备及安全装备		5	
2	材料切割	钢筋长度 $L \geqslant 10d + 250$ mm，切割长度统一为 500 mm		5	
3	材料标记	在钢筋中部适当位置取 $10d$ 的长度作为拉伸区段，将区段等分为 10 份，并标记		5	
4	测量拉伸前直径	测量试样标距两端和中间三个截面处的尺寸，计算原始横截面面积		5	
5	拉伸操作	将试样放置到拉伸试验机中，夹紧夹具，避免滑移		10	
6	数据记录	准确记录力-位移曲线数据，绘制应力-应变曲线		10	
7	屈服强度计算	从力-位移曲线图读取上屈服强度和下屈服强度		10	
8	抗拉强度计算	从力-位移曲线图读取抗拉强度		10	
9	断后伸长率测量	使用直测法或移位法测量断后伸长率		10	
10	断后收缩率测量	计算原始横截面面积与断后最小横截面面积之差除以原始横截面面积的百分率		10	
11	数据分析与解释	分析并解释试验数据，包括应力-应变曲线		10	
12	报告撰写	撰写清晰、准确的试验报告		10	
报告					

任务工单

根据所学知识，完成以下任务工单。

1. 任务目标

通过本任务的学习，学生应能够掌握钢材力学性能的基本概念，了解单向拉伸试验的过程，并熟悉钢材的主要力学性能指标及其意义。

2. 任务内容

(1)单向拉伸试验模拟。

1)学习单向拉伸试验的原理和方法，了解试验设备的组成和功能。

2)使用模拟软件或实验室设备(如有条件)进行钢材单向拉伸试验的模拟操作。

3)记录试验过程中的数据变化，包括应力-应变曲线等。

(2)钢材力学性能学习。

1)查阅相关资料，学习屈服强度、抗拉强度、伸长率、冷弯性能、冲击韧性等力学性能指标的定义和计算方法。

2)理解各性能指标对钢材性能的影响及其在工程应用中的重要性。

(3)性能指标计算与分析。

1)根据单向拉伸试验模拟得到的数据，计算钢材的屈服强度、抗拉强度、伸长率等性能指标。

2)分析计算结果，并与标准值或文献资料进行对比，评估钢材的性能优劣。

(4)案例分析与讨论。

1)选择一个涉及钢材应用的实际案例(如桥梁、建筑等)，分析该案例中钢材力学性能的要求和应用情况。

2)讨论如何根据工程需求选择合适的钢材，并优化其力学性能。

3. 任务要求

(1)认真完成每项任务，确保内容真实、准确。

(2)在单向拉伸试验模拟过程中，注意操作规范和安全。

(3)性能指标计算要准确，分析要深入、全面。

(4)案例分析与讨论要结合实际工程，提出有见地的观点和建议。

》》》 任务2.2 影响钢材性能的因素

课前认知

钢材性能受多种因素影响，化学成分决定其基本特性，生产过程中炉种选择、脱氧处理、轧制方式及热处理都深刻影响性能表现。此外，冷加工硬化、时效硬化、温度变化、应力集中及残余应力等因素也不可忽视。本任务将深入探讨这些影响因素，帮助人们全面了解钢材性能变化的规律，为工程实践提供有力指导。

理论学习

2.2.1 化学成分的影响

碳素结构钢由纯铁、碳及多种杂质元素组成，其中纯铁约占99%。在低合金结构钢中，还加入合金元素，但总量通常不超过5%。钢材的化学成分对其性能有着重要的影响。

(1)碳(C)是形成钢材强度的主要成分。纯铁较软，而化合物渗碳体(Fe_3C)及渗碳体与纯铁的混合物珠光体则十分坚硬，钢的强度来自渗碳体和珠光体。碳含量提高，钢材强度提高，但塑性、韧性、冷弯性能、可焊性及抗锈蚀性能下降，因此不能采用碳含量高的钢材。含碳量低于0.25%时为低碳钢；0.25%～0.6%时为中碳钢；高于0.6%时为高碳钢。结构用钢材的含碳量一般不高于 0.22%，对于焊接结构，以不大于 0.2% 为好。

（2）锰（Mn）是有益元素，能显著提高钢材强度但又不过多降低塑性和韧性。锰是弱脱氧剂，其还能消除硫对钢的热脆影响。在低合金钢中，锰是合金元素，含量为 1.0%～1.7%，因锰过多时会降低可焊性，故对其含量有所限制。

（3）硅（Si）是有益元素，有较强的脱氧作用，同时可使钢材颗粒变细，控制适量时可以提高强度而不显著影响塑性、韧性、冷弯性能及可焊性，过量则会恶化可焊性和抗锈蚀性能，碳素镇静钢中一般为 0.12%～0.3%，低合金钢中一般为 0.2%～0.55%。

（4）钒（V）、铌（Nb）、钛（Ti）的作用都是使钢材晶粒细化。我国低合金钢都含有这三种元素，作为锰以外的合金元素，既可以提高钢材的强度，又可以保持良好的塑性、韧性。

（5）铝（Al）、铬（Cr）、镍（Ni），铝不但是强脱氧剂，而且能细化晶粒，低合金钢的 C、D、E 级都规定铝含量不低于 0.015%，以保证必要的低温韧性。铬和镍是提高钢材强度的合金元素，用于 Q390 钢和 Q420 钢。

（6）硫（S）、磷（P）、氧（O）、氮（N）都是有害元素。硫容易使钢材在高温时出现裂纹（称为热脆），还会降低钢材的韧性、抗疲劳性能和抗腐蚀性能，必须严格控制含量。磷在低温下会使钢材变脆（称为冷脆），但也有有益的一面，其可以提高钢的强度和抗锈蚀能力，有时也作为合金元素。氧能使钢材热脆，其作用比硫剧烈。氮能使钢材冷脆，也必须严格控制。

2.2.2 生产过程的影响

钢生产过程的影响包括冶炼时的炉种、浇铸前的脱氧和热轧等的影响。

1. 钢的炉种

炼钢主要是将生铁或铁水中的碳和其他杂质如锰、硅、硫、磷等元素氧化成炉气和炉渣后而得到符合要求的钢液的过程。炼钢时采用的炉种有电炉、平炉和转炉等。电炉钢质量最佳，但耗电量很大，费用较高，建筑用钢材不大，且采用电炉钢。平炉钢是利用平炉拱形炉顶的反射原理由燃烧煤气供给热能，使炉中含碳量少的废钢和含碳量高的生铁（或铁水）炼成含碳量适中的钢液，其在氧化过程中还可以将杂质除去。平炉钢的冶炼工艺容易控制，钢产量高，质量均匀，过去都认为是建筑结构用钢中质量最好的钢，多用于各种重要的结构。转炉钢的钢液含杂质较多，质量较差，因而，在过去也只能用于次要构件中。氧气转炉钢所含有害元素及夹杂物少，钢材的质量和加工性能都不低于平炉钢，某些性能如含氮量低和冲击韧性较高等还优于平炉钢，且生产效率高、成本低，可用于制造各种结构。氧气转炉可用于生产低碳钢，也可生产普通低合金钢。

2. 钢的脱氧

钢液中残留氧，将使钢材晶粒粗细不均并发生热脆。因此，浇铸钢锭时在炉中或盛钢桶中加入脱氧剂以消除氧，可大大改善钢材的质量。因脱氧程度不同，钢可分为沸腾钢、镇静钢和特殊镇静钢三类。

（1）沸腾钢。沸腾钢生产周期短，消耗脱氧剂少，冷却凝固后钢锭顶面无缩孔，轧制钢材时钢锭的切头率小，成本较低，但钢内形成许多小气泡，组织不够致密，有较多的氧化铁夹杂，化学成分不够均匀（称为偏析）。通过辊轧，沸腾钢的强度和塑性并不比镇静钢低多少，但冲击韧性较低和脆性转变温度较高，抵抗冷脆性能差，抗疲劳性能也较镇静钢差。

（2）镇静钢。镇静钢的化学成分较均匀，晶粒细而均匀，组织密实，含气泡和有害氧化物等夹杂少，冲击韧性较高，特别是低温时的韧性大大高于沸腾钢，抗低温冷脆能力和抗疲劳性能都较强，它是质量较好的钢材。普通低合金钢则大多为镇静钢。

(3)特殊镇静钢。如用硅脱氧后再用更强的脱氧剂铝补充脱氧，则可得特殊镇静钢，冲击韧性特别是低温冲击韧性都较高。

3. 钢的轧制

我国的钢材大都是热轧型钢和热轧钢板。将钢锭加热至塑性状态通过轧钢机将其轧制成钢坯，然后令其通过一系列不同形状和孔径的轧机，最后轧制成所需形状和尺寸的钢材，称为热轧。钢材热轧成型，同时也可细化钢的晶粒使其组织紧密，原存在于钢锭内的一些微观缺陷(如小气泡和裂纹等)经过多次辊轧而弥合，改进了钢的质量。辊轧次数较多的薄型材和薄钢板，轧制后的压缩比大于辊轧次数较小的厚材。因而，薄型材和薄钢板的屈服点与伸长率等就大于厚材。

4. 热处理

一般钢材以热轧状态交货，某些高强度钢材则在轧制后经热处理才出厂。热处理的目的是取得高强度的同时能够保持良好的塑性和韧性。轧制后的钢材若再经过热处理可得到调质钢。热处理常采用下列方式：

(1)淬火：将钢材加热到 900 ℃以上，放入水或油中快速冷却，硬度和强度提高，但塑性和韧性降低。

(2)正火：将钢材加热至 850～900 ℃，并保持一段时间，在空气中缓慢冷却。可改善组织，细化晶粒，相当于热轧状态。

(3)回火：将淬火后的钢材加热至 500～600 ℃，在空气中缓慢冷却，可降低脆性，提高综合性能。我国结构用钢按照热轧状态交付使用，高强度螺栓需要热处理，轨道表面需要热处理。

2.2.3 影响钢材性能的其他因素

1. 冷加工硬化

钢结构在弹性阶段卸载后，不产生残余变形，也不影响工作性能，但是在弹塑性阶段或塑性阶段卸载再重复加载时，其屈服点将提高，而塑性和韧性降低，这种现象称为冷加工硬化。

钢结构在加工过程中一般要经过辊压、冲孔、剪切、冷弯等工序，这些工序通常会使钢材产生很大的塑性变形。对于强度来说，提高了钢材的屈服点，甚至抗拉强度，但是降低了塑性和韧性，增加了脆性破坏的危险，对直接承受动力荷载的构件尤其不利。

2. 时效硬化

冶炼时留在纯铁体中少量的氮和碳的固熔体，随着时间的增长将逐渐析出，并形成自由的氮化物或碳化物微粒，约束纯铁体的塑性变形，从而使钢材的强度提高，塑性和韧性下降，这种现象称为时效硬化。

时效硬化的时间有长有短，可从几天到几十年，但在材料经过塑性变形(约 10%)后加热到 250 ℃，可使时效硬化加速发展，只需要几个小时即可完成，称为人工时效。对特别重要的结构，为了评定时效对钢材性能的影响，可经人工时效后测定其冲击韧性。

3. 温度的影响

钢材在常温下工作性能变化不大，当温度升高至约 100 ℃时，钢材的强度降低，塑性增大，但数值不大；当温度接近 250 ℃时，钢材的抗拉强度略有提高，而塑性和韧性均下降，此时加工有可能产生裂缝，因钢材表面氧化膜呈蓝色，故称为"蓝脆现象"。当温度超过 300 ℃以后，钢材的屈服点和极限强度明显下降，达到 600 ℃时强度几乎为零。

当钢材温度从常温下降到一定值时，钢材的冲击韧性急剧降低，试件断口属脆性破坏，这种现象称为"冷脆现象"。

4. 应力集中

钢结构中的构件常因为构造而产生的空洞、槽口、凹角、裂缝、厚度变化、形状变化、内部缺陷等使一些区域产生局部高峰应力，称为应力集中现象。应力集中越严重，钢材塑性越差。

冲击韧性试验试件带有 V 形缺口，就是为了使构件受荷时产生应力集中，由此测得的冲击韧性值就能反映材料对应力集中的敏感性，从而能够全面反映材料的综合品质。

5. 残余应力

型钢和钢板热轧成材后，一般放置堆场自然冷却，在冷却过程中截面各部分散热速度不同，导致冷却不均匀。残余应力是钢材在冶炼、轧制、焊接、冷加工等过程中，由于不均匀的冷却、组织构造的变化而在钢材内部产生的不均匀应力。

钢材中残余应力的特点是应力在构件内部自相平衡，而与外力无关。残余应力的存在易使钢材发生脆性破坏。

对钢材进行"退火"热处理，在一定程度上可以消除一些残余应力。

技能测试

1. 目标

(1)掌握影响钢材性能的主要因素及其相互作用。

(2)学习如何根据不同的应用需求选择合适的钢材类型。

(3)培养学生解决问题的能力和团队合作精神。

2. 任务概述

本技能测试要求学生小组合作，通过文献调研与分析、案例研究的方式，探索影响钢材性能的各种因素，并最终撰写一份详细的报告。

3. 任务步骤

(1)第一阶段：基础知识学习。

目标：理解钢材的基本属性和分类。

活动：

1)观看关于钢材生产的视频。

2)阅读本书内容，了解钢材的分类、主要化学成分及基本物理性质。

3)利用网上学习资源，如在线课程、专业论坛和技术博客，深化对钢材基础知识的理解。

4)小组讨论会：分享各自的学习成果，并讨论知识点之间的联系。

(2)第二阶段：文献调研与初步分析。

目标：收集并整理影响钢材性能的相关文献资料。

活动：

1)每个小组选取一种或几种影响因素作为研究重点(如温度、加工方法、合金元素等)。

2)使用数据库检索工具(如知网、万方等)查找相关文献。

3)对文献进行分类整理，分析文献中提到的影响因素及其对钢材性能的具体影响，并形成一份文献综述

(3)第三阶段：案例研究。

目标：每个组选取与钢材性能相关的实际工程案例，结合实际工程案例，探讨影响因素在实践中的应用。

活动：

1)分析至少两个真实的工程项目案例，这些项目涉及不同类型的钢材及其应用。

2)研究案例中的钢材性能问题及其解决方案。

3)总结从案例中学到的经验教训，包括如何避免常见问题和提高钢材的使用效率。

(4)第四阶段：报告撰写与展示。

目标：整合研究成果，撰写报告并进行展示。

活动：

1)撰写详细的研究报告，包括研究背景、研究内容、案例分析及结论。

2)准备 PPT 并进行小组汇报。

3)开展一次班级内的汇报会，邀请其他同学和教师参与评审，并准备回答提问。

4. 成果提交

(1)研究报告：研究报告一份，要求总结文献综述报告中的关键点，以及案例分析的具体内容。

(2)PPT 演示：总结研究发现，并提出个人见解。

5. 评估标准

(1)报告质量(40%)：内容完整性、逻辑清晰度、分析准确性。

(2)案例研究(30%)：创新性、可行性、与实际情况的匹配程度。

(3)团队协作与展示(30%)：分工合理、沟通有效、PPT 制作水平。

任务工单

根据所学知识，完成以下任务工单。

1. 任务目标

通过本任务的学习，学生应能够深入了解化学成分、生产过程及其他因素对钢材性能的影响，并能够通过实例分析这些因素在实际工程中的应用。

2. 任务内容

(1)化学成分影响分析。

1)查阅相关文献资料，总结钢材中主要化学元素(如碳、硅、锰、硫、磷等)对钢材性能的影响。

2)分析不同化学成分的钢材在力学性能、可焊性、耐腐蚀性等方面的差异。

3)撰写一篇简短的报告，概述化学成分对钢材性能的影响。

(2)生产过程影响探究。

1)学习钢的炉种(如转炉、电炉等)对钢材性能的影响，了解不同炉种的特点和适用范围。

2)研究钢的脱氧方法及其对钢材性能的影响，包括脱氧剂的种类和脱氧效果。

3)分析轧制和热处理对钢材性能的改变与提升。

4)整理并撰写一份关于生产过程对钢材性能影响的报告。

(3)其他影响因素分析。

1)学习冷加工硬化、时效硬化、温度对钢材性能的影响，并给出具体实例。

2）分析应力集中和残余应力对钢材结构安全和耐久性的影响。

3）撰写一篇报告，讨论如何在实际工程中避免或减轻这些因素的影响。

（4）案例分析。

1）选择一个具体的工程案例，分析其中钢材的选择和使用，探讨影响钢材性能的因素在实际工程中的体现。

2）提出针对该案例的优化建议，包括钢材选择、加工和使用等方面的改进措施。

3. 任务要求

（1）内容需真实、准确，不得抄袭。

（2）分析要深入、全面，实例要具体、有说服力。

（3）报告撰写要条理清晰、逻辑严密。

（4）按时提交任务成果。

任务2.3 钢结构对材料性能的要求

课前认知

钢结构对材料性能的要求是多方面的，使用时必须全面衡量，慎重地选择合适的材料。在工程使用中，对钢材材料性能的要求主要有强度、塑性、韧性、可焊性、冷弯性、耐久性和Z向伸缩率等。

理论学习

2.3.1 钢材的强度

强度体现了材料的承载能力，其主要指标有屈服点f_y、抗拉强度f_u和伸长率δ，可通过静力拉伸试验得到。它们是钢结构设计中对钢材力学性能要求的三项重要指标。

钢结构设计中常将屈服点f_y定为构件应力的限值，这是因为当$\sigma \geqslant f_y$时，钢材暂时失去继续承载的能力并伴随产生很大的不适宜继续受力或使用的变形。

钢材的抗拉强度f_u是钢材塑性变形很大且即将破坏时的强度，是钢材抗破坏能力的极限，此时已无安全储备，只能作为衡量钢材强度的一个指标。

钢材的屈服点与抗拉强度之比（f_y/f_u）称为屈强比，它是表明设计强度储备的一项重要指标，f_y/f_u越大，强度储备越小，结构越不安全。在设计中要选用合适的屈强比。

2.3.2 钢材的塑性

钢材的塑性是指钢材应力超过屈服点后，能产生显著的残余变形（塑性变形）而不立即断裂的性质。塑性好坏可用伸长率δ和断面收缩率φ表示，通过静力拉伸试验得到。

伸长率δ或断面收缩率φ越大，则塑性越好。结构或构件在受力时（尤其是承受动力荷载时）材料塑性好坏往往决定了结构是否安全可靠，因此，钢材塑性指标比强度指标更为重要。

2.3.3 钢材的韧性

钢材的韧性是钢材在塑性变形和断裂的过程中吸收能量的能力，也是表示钢材抵抗冲击荷载的能力，还是强度与塑性的综合表现。钢材韧性通过冲击试验测定冲击功来表示。

钢材的冲击韧性与钢材的质量、缺口形状、加载速度、时间厚度和温度有关。其中，温度的影响最大。试验表明，钢材的冲击韧性值随温度的降低而降低，但不同牌号和质量等级的钢材其降低规律又有很大的不同。因此，在寒冷地区承受动力荷载作用的重要承重结构，应根据工作温度和所用的钢材牌号，对钢材提出相当温度下的冲击韧性指标要求，以防止脆性破坏的发生。

《钢结构设计标准》(GB 50017—2017)对钢材的冲击韧性 α_k 有常温和负温要求的规定。选用钢材时，应根据结构的使用情况和要求提出相应温度的冲击韧性指标要求。

在负温范围内，f_y 与 f_u 都增高，但塑性变形能力减小，因而，材料转脆，对冲击韧性的影响十分突出。材料由韧性破坏转到脆性破坏叫作该种钢材的转变温度。在结构设计中要求避免完全脆性破坏，所以结构所处温度应大于脆性转变温度。

2.3.4 钢材的可焊性

钢材的可焊性是指在一定工艺和结构条件下，钢材经过焊接能够获得良好的焊接接头的性能。可焊性可分为施工上的可焊性和使用性能上的可焊性。施工上的可焊性是指焊缝金属产生裂纹的敏感性；使用性能上的可焊性是指焊接接头和焊缝的缺口韧性（冲击韧性）和热影响区的延伸性（塑性）。在焊接过程中要求焊缝及焊缝附近金属不产生热裂纹或冷却收缩裂纹；在使用过程中，焊缝处的冲击韧性和热影响区内塑性良好。除 Q235—A 不能保证作为焊接构件外，其他牌号钢材均具有良好的焊接性能。在高强度低合金钢中，低合金元素大多对可焊性有不利影响，《钢结构焊接规范》(GB 50661—2011)推荐使用碳当量来衡量低合金钢的可焊性。其计算公式如下：

$$C_{eq}(\%) = C + \frac{Mn}{6} + \frac{Cr+Mo+V}{5} + \frac{Ni+Cu}{15}(\%)（适用于非调制钢）$$

式中　C、Mn、Cr、Mo、V、Ni、Cu——分别为碳、锰、铬、钼、钒、镍和铜的百分含量。

当 $C_E \leq 0.38\%$ 时，钢材的可焊性很好，可以不采取措施直接施焊；当 C_E 为 $0.38\% \sim 0.45\%$ 时，钢材呈现淬硬倾向，施焊时要控制焊接工艺、采用预热措施并使热影响区缓慢冷却，以免发生淬硬开裂；当 $C_E > 0.45\%$ 时，钢材的淬硬倾向更加明显，需要严格控制焊接工艺和预热温度才能获得合格的焊缝。

钢材焊接性能的优劣除与钢材的碳当量有直接关系外，还与母材的厚度、焊接的方法、焊接工艺参数及结构形式等条件有关。

2.3.5 钢材的冷弯性能

冷弯性能是指钢材在冷加工（常温下加工）产生塑性变形时，对产生裂缝的抵抗能力。钢材的冷弯性能是衡量钢材在常温下弯曲加工产生塑性变形时，而产生裂缝抵抗能力的一项指标。钢材的冷弯性能由冷弯试验确定。试验时，根据钢材牌号和板厚，按国家相关标准规定弯心直径，在试验机上将试件弯曲180°，以试件内、外表面与侧面不出现裂缝和分层为合格，冷弯试验不仅能检验材料承受规定的弯曲变形能力的大小，还能显示其内部的冶金缺陷，因此，它是判断钢材塑性变形能力和冶金质量的综合指标。焊接承重结构及重要的非焊接承重结构采用的钢材还应具有冷弯试验的合格保证。

2.3.6 钢材的耐久性

钢材的耐久性需要考虑耐腐蚀性、"时效"现象、疲劳现象等。

(1)时效：随着时间的增长，钢材的力学性能有所改变。

(2)疲劳：多次反复荷载作用下，钢材强度低于屈服点 f_y 发生的破坏。

2.3.7 Z向收缩率

当钢材较厚或承受沿厚度方向的拉力时，要求钢材具有板厚方向的收缩率要求，以防止厚度方向的分层、撕裂。

2.3.8 钢材的破坏形式

钢材有两种性质完全不同的破坏形式，即塑性破坏和脆性破坏。钢结构所用钢材在正常使用的条件下，虽然有较高的塑性和韧性，但在某些条件下仍然存在发生脆性破坏的可能性。

(1)塑性破坏也称为延性破坏，在构件应力达到抗拉极限强度后，构件会产生明显的变形并断裂。破坏后的断口呈纤维状，色泽发暗。由于塑性破坏前总有较大的塑性变形发生，且变形持续时间较长，故容易被发现和抢修加固，不致发生严重后果。

(2)脆性破坏在破坏前无明显塑性变形，或根本就没有塑性变形，而突然发生断裂。破坏后的断口平直，呈有光泽的晶粒状。由于破坏前没有任何预兆，破坏速度又极快，无法及时察觉和采取补救措施，具有较大的危险性，因此在钢结构的设计、施工和使用过程中，要特别注意这种破坏的发生。

📑 任务工单

根据所学知识，完成以下任务工单。

1. 任务目标

通过本任务的学习，学生应能够深入理解和掌握钢结构对材料性能的要求，包括钢材的强度、塑性、韧性、可焊性、冷弯性能、耐久性等关键指标，并了解钢材的破坏形式。

2. 任务内容

(1)钢材性能指标的理论学习。

1)查阅相关资料，学习钢材的强度、塑性、韧性、可焊性、冷弯性能、耐久性等性能指标的定义、计算方法和评价标准。

2)深入理解钢材的 Z 向伸缩率及其对钢结构性能的影响。

3)总结钢结构设计中对钢材性能的基本要求。

(2)钢材破坏形式分析。

1)学习钢材常见的破坏形式，如屈服、断裂等，并理解其发生机理。

2)分析不同破坏形式对钢结构安全性和稳定性的影响。

3)查阅实际工程案例，了解破坏形式在实际工程中的表现及应对措施。

(3)性能指标与工程应用关联分析。

1)结合钢结构工程实例，分析钢材性能指标如何影响工程的安全性、稳定性和经济性。

2)讨论在实际工程中如何根据工程需求选择合适的钢材，并优化其性能。

(4)报告撰写与总结。

1）撰写一份关于钢结构对材料性能要求的报告，总结学习成果和实践经验。

2）报告中应包含对钢材性能指标的深入解析、对钢材破坏形式的分析及性能指标与工程应用的关联分析。

3. 任务要求

（1）认真学习相关理论知识，确保对钢材性能指标有深入的理解。

（2）查阅实际工程案例，将理论知识与工程实践相结合。

（3）报告撰写要条理清晰、逻辑严密，内容要真实、准确。

（4）按时提交任务成果。

任务2.4 钢材的种类、选用及规格

课前认知

钢材的种类繁多，规格各异，从钢板、钢带到型钢、钢筋，每种材料都有其独特的应用场景。选择合适的钢材是确保工程质量和安全的关键，需要综合考虑材料的力学性能、工艺要求及经济成本。在特定情况下，钢材的代用和变通办法必不可少。本任务将深入剖析钢材的种类、选用原则及变通策略。

理论学习

2.4.1 钢材的种类与规格

1. 钢板与钢带

一般情况下，钢板是指一种宽厚比和表面积都很大的扁平钢材；钢带一般是指长度很长、可成卷供应的钢板。

（1）根据薄厚程度，钢板大致可分为薄钢板（厚度小于或等于 4 mm）和厚钢板（厚度大于 4 mm）两种。在实际工作中，常将厚度为 4～20 mm 的钢板称为中板；将厚度为 20～60 mm 的钢板称为厚板；将厚度在 60 mm 以上的钢板称为特厚板。中板、厚板、特厚板统称为中厚钢板。成张钢板的规格以厚度×宽度×长度的毫米数表示。

（2）钢带也可分为两种，当宽度大于或等于 600 mm 时，称为宽钢带；当宽度小于 600 mm 时，则称为窄钢带。钢带的规格以厚度×宽度的毫米数表示。

2. 型钢

（1）按材质的不同分类。按材质的不同，型钢可分为普通型钢和优质型钢。

1）普通型钢是由碳素结构钢和低合金高强度结构钢制成的型钢，主要用于建筑结构和工程结构。

2）优质型钢也称为优质型材，是由优质钢如优质碳素结构钢、合金结构钢、易切削结构钢、弹簧钢、滚动轴承钢、碳素工具钢、合金工具钢、高速工具钢、不锈耐酸钢、耐热钢等制成的型钢，主要用于各种机器结构、工具及有特殊性能要求的结构。

（2）按生产方法的不同分类。按生产方法的不同，型钢可分为热轧（锻）型钢、冷弯型钢、冷拉型钢、挤压型钢和焊接型钢。

1）用热轧方法生产型钢，具有生产规模大、效率高、能耗少和成本低等优点，是型钢生产的主要方法。

2）用焊接方法生产型钢，是将矫直后的钢板或钢带精密切割、组装并焊接成型，不但节约金属，而且可生产特大尺寸的型材。重要结构一般严禁采用剪切方式下料。焊接型钢的尺寸是可以做到很大的，远超出 2 000 mm×508 mm×76 mm。

（3）按截面形状的不同分类。按截面形状的不同，型钢可分为圆钢、方钢、扁钢、六角钢、等边角钢、不等边角钢、工字钢、槽钢和异形型钢等。

1）圆钢、方钢、扁钢、六角钢、等边角钢及不等边角钢等的截面没有明显的凹凸分支部分，也称为简单截面型钢或棒钢。在简单截面型钢中，优质钢与特殊性能钢占有相当大的比重。

2）工字钢、槽钢和异形型钢的截面有明显的凹凸分支部分，成型比较困难，也称为复杂截面型钢，即通常意义上的型钢。

异形型钢通常是指专门用途的截面形状比较复杂的型钢，如窗框钢、汽车车轮轮辋钢、履带板型钢及周期截面型钢等。周期截面型钢是指其截面形状沿长度方向呈周期性变化的型钢，如周期犁铧钢、纹杆钢等。

3. 钢管

钢管是一种具有中空截面的长条形管状钢材。钢管与圆钢等实心钢材相比，在抗弯抗扭强度相同时质量较轻，是一种经济截面钢材，故其广泛用于制造结构件和各种机械零件。

按横截面形状的不同，钢管可分为圆形管和异形管。

4. 钢筋

（1）按化学成分不同分类。按化学成分不同，钢筋可分为碳素钢钢筋和普通低合金钢钢筋两种。

1）碳素钢钢筋由碳素钢轧制而成。碳素钢钢筋按含碳量多少又可分为低碳钢钢筋（$w_C \leqslant 0.25\%$）、中碳钢钢筋（$0.25\% < w_C < 0.6\%$）、高碳钢钢筋（$w_C \geqslant 0.6\%$）。常用的碳素钢钢筋有 Q235、Q215 等品种。含碳量越高，碳素钢钢筋强度及硬度也越高，但塑性、韧性、冷弯及焊接性等均降低。

2）普通低合金钢钢筋是在低碳钢和中碳钢的成分中加入少量元素（硅、锰、钛、稀土等）制成的钢筋。普通低合金钢钢筋的主要优点是强度高、综合性能好，用钢量比碳素钢少 20% 左右。常用的有 24MnSi、25MnSi、40MnSiV 等品种。

（2）按生产工艺不同分类。按生产工艺不同，钢筋可分为热轧钢筋、余热处理钢筋、冷加工钢筋、碳素钢丝、刻痕钢丝、钢绞线等。

1）热轧钢筋是用加热钢坯轧制成的条形钢筋。由轧钢厂经过热轧成材供应，钢筋直径一般为 5～50 mm，可分为直条和盘条两种。

2）余热处理钢筋又称为调质钢筋，是经热轧后立即穿水，进行表面控制冷却，然后利用芯部余热自身完成回火处理所得的成品钢筋。其外形为有肋的月牙肋。

3）冷加工钢筋有冷拉钢筋和冷拔低碳钢丝两种。冷拉钢筋是将热轧钢筋在常温下进行强力拉伸使其强度提高的一种钢筋。钢丝有低碳钢丝和碳素钢丝两种。冷拔低碳钢丝由直径为6～8 mm 的普通热轧圆盘条经多次冷拔而成，分为甲、乙两个等级。

4）碳素钢丝是由优质高碳钢盘条经淬火、酸洗、拔制、回火等工艺而制成的。其按生产工艺可分为冷拉及矫直回火两个品种。

5）刻痕钢丝是将热轧大直径高碳钢加热，并经铅浴淬火，然后冷拔多次，钢丝表面再经过刻痕处理而制得的钢丝。

6）钢绞线是将光圆碳素钢丝在绞线机上捻合而成的。

2.4.2 钢材的选用

选用建筑结构钢材，应符合图纸设计要求的规定，表 2-7 所示为钢材选用的一般原则。

在保证钢结构安全可靠的同时，还应考虑其他因素（表 2-8）。

表 2-7 钢材选用的一般原则

项次	结构类型			计算温度	选用牌号
1	焊接结构	直接承受动力荷载的结构	重级工作制吊车梁或类似结构	—	Q235 镇静钢 或 Q345 钢
2			轻、中级工作制吊车梁或类似结构	—	
3		承受静力荷载或间接承受动力荷载的结构		等于或低于 −20 ℃	同 1 项 同项次 1
4				高于 −20 ℃	Q235 沸腾钢 同项次 1
5				等于或低于 −30 ℃	同 1 项 同项次 1
				高于 −30 ℃	同 1 项 同项次 1
6	非焊接结构	直接承受动力荷载的结构	重级工作制吊车梁或类似结构	等于或低于 −20 ℃	同 1 项 同项次 1
7				高于 −20 ℃	同 1 项 同项次 1
8			轻、中级工作制吊车梁或类似结构	—	同 1 项 同项次 1
9		承受静力荷载或间接承受动力荷载的结构		—	同 1 项 同项次 1

表 2-8 钢材选用应考虑的其他因素

因素	内容说明
结构的重要性	根据建筑结构的重要程度和安全等级选择相应的钢材等级
荷载特性	根据荷载的性质不同选用适当的钢材，包括静力或动力、经常作用还是偶然作用、满载还是不满载等情况，同时提出必要的质量保证项目
连接方式	焊接连接时要求所用钢材的碳、硫、磷及其他有害化学元素的含量较低，塑性和韧性指标要高，焊接性要好。对非焊接连接的结构可适当降低
钢材厚度	厚度大的钢材性能较差，应采用质量好的钢材
结构的工作环境温度	对低温下工作的结构，尤其焊接结构，应选用有良好抗低温脆断性能的镇静钢

2.4.3 钢材的代用和变通办法

施工单位不应随意更改或代用选用钢材的钢号和提出对钢材的性能要求。钢结构工程所采用的钢材必须附有钢材的质量证明书，各项指标应符合设计文件的要求和现行国家有关标准的规定。钢材代用必须征得设计单位认可，同时应注意下述各点：

（1）钢号虽然满足设计要求，但是生产厂提供的材质保证书中缺少设计部门提出的部分性能要求时，应做补充试验。例如，Q235钢缺少冲击、低温冲击试验的保证条件时，应做补充试验，合格后才能应用。补充试验的试件数量，每炉钢材、每种型号规格一般不宜少于3个。

（2）钢材性能虽然能满足设计要求，但是钢号的质量优于设计提出的要求时，应注意节约。

（3）钢材性能满足设计要求而钢号质量低于设计要求时，一般不允许代用。如结构性质和使用条件允许，在材质相差不大的情况下，经设计单位同意也可代用。

（4）钢材的钢号和性能都与设计提出的要求不符（如Q235钢代替Q345钢）时，首先应根据上述规定检查是否合理，然后按钢材的设计强度重新计算，根据计算结果改变结构的截面、焊缝尺寸和节点构造。

（5）对成批混合的钢材，如用于主要承重结构，必须逐根按现行标准对其化学成分和机械性能分别进行试验，如检验不符合要求，可根据实际情况用于非承重结构构件。

（6）钢材机械性能所需的保证项目仅有一项不合格者，可按以下原则处理：

1）当冷弯合格时，抗拉强度的上限值可以不限。

2）伸长率比规定的数值低1％时，允许使用，但不宜用于考虑塑性变形的构件。

3）冲击功值按一组3个试样单值的算术平均值计算，允许其中一个试样单值低于规定值，但不得低于规定值的70％。

（7）采用进口钢材时，应验证其化学成分和机械性能是否满足相应钢号的标准。

（8）钢材的规格尺寸与设计要求不同时，不能随意以大代小，须经计算后才能代用。

（9）如钢材供应不全，可根据钢材选择的原则灵活调整。

📑 任务工单

根据所学知识，完成以下任务工单。

1. 任务目标

通过本任务的学习，学生应能够熟悉和掌握钢材的种类、规格、选用原则，以及在实际工程中钢材的代用和变通办法。

2. 任务内容

（1）钢材种类与规格的学习。

1）查阅相关资料，学习钢板与钢带、型钢、钢管、钢筋等钢材种类的基本特征、用途和规格参数。

2）制作一个钢材种类与规格的整理表格，包括每种钢材的名称、分类、规格范围、主要用途等。

（2）钢材选用原则的分析。

1）学习钢材选用的基本原则，包括结构要求、使用环境、经济性和施工条件等因素的考虑。

2）分析一个实际工程案例，讨论该案例中钢材选用的合理性，并提出可能的改进建议。

（3）钢材代用与变通办法的研究。

1）学习钢材代用和变通办法的常用方法，了解代用和变通时需要考虑的因素和注意事项。

2）针对一个具体的工程场景，设计钢材代用或变通的方案，并说明理由和预期效果。

（4）实践应用报告撰写。

1）结合所学知识和实践分析，撰写一份关于钢材种类、选用及规格的实践应用报告。

2）报告中应包含对钢材种类与规格的总结、钢材选用的案例分析、钢材代用与变通方案的设计等内容。

3. 任务要求

(1)认真查阅资料，确保对钢材种类、规格和选用原则有深入的理解。

(2)实践应用报告内容要真实、准确，分析要深入、全面。

(3)钢材代用与变通方案的设计要切实可行，考虑周全。

(4)按时提交任务成果。

项目 3　钢结构施工图

知识目标 >>>

1. 了解钢结构施工图的分类。
2. 熟悉钢结构施工图绘制的基本要素。
3. 掌握焊缝、螺栓及螺栓孔的表示方法。
4. 掌握不同类型的钢结构施工图。

能力目标 >>>

1. 能够根据钢结构施工图的要求，准确绘制施工详图，包括节点详图、构件详图等，满足施工需求。
2. 能够快速、准确地识读钢结构施工图，理解设计意图和施工要求，为施工过程中的质量控制和安全管理提供有力支持。

素养目标 >>>

1. 培养学生严谨细致的工作态度，对钢结构施工图的绘制和识读保持高度的责任心与敬业精神。
2. 增强学生的团队协作和沟通能力，能够在团队中分享施工图绘制和识读的经验技巧，共同提高工作水平。
3. 提升学生分析问题和解决问题的能力，能够在遇到施工图问题时迅速找出原因并提出解决方案。

>>> 任务 3.1　钢结构施工图分类

课前认知

　　钢结构施工图是说明建筑物基础和主体部分的结构构造与要求的图纸。钢结构施工图的数量与工程大小和结构复杂程度有关，一般为十几张至几十张。在建筑钢结构中，钢结构施工图一般可分为钢结构设计图和钢结构施工详图两种。

3.1.1 钢结构设计图

钢结构设计图应先根据钢结构施工工艺、建筑要求进行初步设计，然后制订施工设计方案并进行计算，再根据计算结果编制而成。其目的、内容及深度均应为钢结构施工详图的编制提供依据。

钢结构设计图一般比较简明，使用的图纸量也比较少，其内容一般包括设计总说明、布置图、构件图、节点图及钢材订货表等。

3.1.2 钢结构施工详图

钢结构施工详图是指直接供制造、加工及安装使用的施工用图，是直接根据结构设计图编制的工厂施工及安装详图，有时也含有少量连接、构造等计算。其只对深化设计负责，一般多由钢结构制造厂或施工单位进行编制。

钢结构施工详图通常较为详细，使用的图纸量也比较多，其内容主要包括构件安装布置图及构件详图等。

任务工单

根据所学知识，完成以下任务工单。

1. 任务目标

通过本任务的学习，学生应能够熟悉钢结构施工图的分类，了解钢结构设计图与钢结构施工详图的基本内容及区别。

2. 任务内容

(1)学习钢结构施工图分类。

1)查阅相关文献资料，学习钢结构施工图的分类，重点掌握钢结构设计图和钢结构施工详图的基本概念。

2)理解两类施工图在钢结构工程中的作用及相互关系。

(2)案例分析。

1)选取典型的钢结构设计图和施工详图案例进行对比分析。

2)识别两类图纸中的关键信息，如构件尺寸、连接方式、材料说明等。

3)总结两类图纸在表达上的差异及原因。

(3)简单绘图实践。在教师的指导下，尝试绘制简单的钢结构构件或节点的示意图，以加深对施工图的理解。

3. 任务要求

(1)认真查阅文献资料，确保对钢结构施工图的分类有清晰的认识。

(2)案例分析要深入，能够准确识别并解释图纸中的关键信息。

(3)绘图实践要独立完成，确保图纸表达清晰、准确。

任务 3.2　钢结构施工图绘制

课前认知

　　钢结构施工图是建筑工程中不可或缺的一环，涉及图纸的幅面和比例、常用符号的识别、焊缝的表示与标注及螺栓、螺栓孔的表示方法等多个方面。掌握这些知识，对于准确理解设计意图、高效进行施工具有重要的意义。本任务将深入学习这些内容，为后续的钢结构施工图的绘制和解读奠定坚实基础。

理论学习

3.2.1　图纸幅面和比例

1. 图纸的幅面

　　图纸的幅面是指图纸尺寸规格的大小。图纸幅面及图框尺寸应符合表 3-1 的规定。一般 A0～A3 图纸宜横式使用，必要时也可立式使用。如果图纸幅面不够，可将图纸长边加长，短边不得加长。在一套图纸中应尽可能采用同一规格的幅面，不宜多于两种幅面（图纸目录可用 A4 幅面除外）。

表 3-1　图纸幅面及图框尺寸

尺寸	幅面				
	A0	A1	A2	A3	A4
$b×l$	841×1 189	594×841	420×594	297×420	210×297

2. 图纸的比例

　　图纸的比例应为图形与实物相对应的线性尺寸之比。比例的大小是指其比值的大小，如 1∶50 大于 1∶100。比值大于 1 的比例称为放大的比例，如 5∶1；比值小于 1 的比例称为缩小的比例，如 1∶100。建筑工程图中所用的比例应根据图纸的用途与被绘对象的复杂程度从表 3-2 中选用，并应优先选用表中的常用比例。

表 3-2　图纸常用比例

图名	常用比例
总平面图	1∶300，1∶500，1∶1 000，1∶2 000
总图专业的场地断面图	1∶100，1∶200，1∶1 000，1∶2 000
建筑平面图、立面图、剖面图	1∶50，1∶100，1∶150，1∶200，1∶300
配件及构造详图	1∶1，1∶2，1∶5，1∶10，1∶15，1∶20，1∶25，1∶30，1∶50

　　图纸上图形应按比例绘制，根据图形用途和复杂程度按常用比例选用。一般情况下，建筑布置的平面图、立面图、剖面图采用 1∶100、1∶200；构件图用 1∶50；节点图用 1∶10、1∶15、1∶20、1∶25。图形宜选用同一种比例，几何中心线用较小比例，截面用较大比例。

　　图名一般在图形下面写明，并在图名下绘制一粗线与一细实线来显示，一般比例注写在图名的右侧。当一张图纸上用一种比例时，也可以只标注在图标内图名的下面。标注详图的比例，一般都写在详图索引标志的右下角。

3.2.2 常用的符号

1. 标高

标高是表示建筑物的地面或某一部位的高度。在图纸上标高尺寸的标注方法都是以 m 为单位。一般标注到小数点后三位，在总平面图上只要注写到小数点后两位就可以。总平面图上的标高用全部涂黑的三角表示。

在建筑施工图纸上用绝对标高和建筑标高两种方法表示不同的相对高度。它们的标高符号如图 3-1 所示。

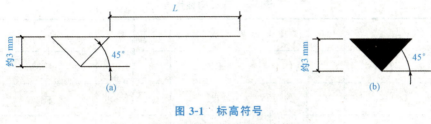

图 3-1 标高符号

(a)建筑标高符号；(b)绝对标高符号

L—注写标高数字的长度

(1)绝对标高。绝对标高是指以海平面高度为零点(我国以青岛黄海海平面为基准)，图纸上某处所注的绝对标高的高度，就是说明该图面上某处的高度比海平面高出的距离。绝对标高一般只用在总平面图上，以标志新建建筑处地面的高度。有时在建筑施工图的首层平面也有注写，例如，标注方法为 50.00▼，表示该建筑的首层地面比黄海海面高出 50 m。绝对标高的图示是黑色三角形。

(2)建筑标高。建筑标高是指除总平面图外，其他施工图上用来表示建筑物各部位的高度，都是以该建筑物的首层(即底层)室内地面高度作为 0 点(写作±0.000)来计算的。比零点高的部位称为正标高，如比零点高出 3 m 的地方，标成 $\underset{\diagup}{\overline{3.000}}$，而数字前面不加"+"号；反之比零点低的地方，如室外散水低 45 cm，标成 $\underset{\diagup}{\overline{-0.450}}$，在数字前面加上了"－"号。

2. 指北针与风玫瑰图

在总平面图及首层的建筑平面图上，一般都绘有指北针，表示该建筑物的朝向。指北针的形式如图 3-2 示，圆的直径为 8～20 mm，主要的画法是在尖头处要注明"北"字。如为对外设计的图纸则用"N"表示北字。

风玫瑰图是总平面图上用来表示该地区每年风向频率的标志。它是以十字坐标定出东、南、西、北、东南、东北、西南、西北等 16 个方向后，根据该地区多年平均统计的各个方向吹风次数的百分数值绘制成的折线图，称为风频率玫瑰图。风玫瑰的形状如图 3-3 所示。此风玫瑰图说明该地多年平均的最频风向是西北风。虚线表示夏季的主导风向。

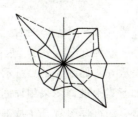

图 3-2 指北针　　　　**图 3-3 风玫瑰**

3. 定位轴线和编号

定位轴线及编号圆圈以细实线绘制，圆的直径为 8～10 mm。平面及纵横剖面布置图的定位轴线及编号应以设计图为准，横为列、竖为行。横轴线以数字表示；纵轴线以大写字母表示。

4. 构件及截面表示符号

型钢的符号是在图纸上说明使用型钢的类型、型号，也可用符号表示。

构件的符号是为了书写的简便。在钢结构施工图中，构件中的梁、柱、板等一般用构件的汉语拼音首字母代表构件名称。常见的构件代号见表 3-3。

表 3-3　常见构件代号

序号	名称	代号	序号	名称	代号	序号	名称	代号
1	板	B	15	吊车梁	DL	29	基础	J
2	屋面板	WB	16	圈梁	QL	30	设备基础	SJ
3	空心板	KB	17	过梁	GL	31	桩	ZH
4	槽形板	CB	18	连系梁	LL	32	柱间支撑	ZC
5	折板	ZB	19	基础梁	JL	33	垂直支撑	CC
6	密肋板	MB	20	楼梯梁	TL	34	水平支撑	SC
7	楼梯板	TB	21	檩条	LT	35	梯	T
8	盖板或地沟盖板	GB	22	屋架	WJ	36	雨篷	YP
9	檐口板或挡雨板	YB	23	托架	TJ	37	阳台	YT
10	起重机安全走道板	DB	24	天窗架	CJ	38	梁垫	LD
11	墙板	QB	25	框架	KJ	39	预埋件	M
12	天沟板	TGB	26	钢架	GJ	40	天窗端壁	TD
13	梁	L	27	支架	ZJ	41	钢筋网	W
14	屋面梁	WL	28	柱	Z	42	钢筋骨架	G

5. 索引标志符号

图纸中的某一局部或构件需另见详图时，以索引符号索引，如图 3-4 所示。索引符号用圆圈表示，圆圈的直径一般为 8～10 mm。索引标志的表示方法有以下几种：如所索引的详图在本张图纸上，其表示方法如图 3-4(a) 所示；如所索引的详图不在本张图纸上，其表示方法如图 3-4(b) 所示；如所索引的详图采用详图标准，其表示方法如图 3-4(c) 所示。

当索引符号用于索引剖视详图时，在被剖切的部位绘制剖切位置线，并用引出线引出索引符号，引出线所在的一侧表示剖视方向，如图 3-4(d) 所示。

6. 对称符号

施工图中的对称符号由对称线和两对平行线组成。对称线用细点画线表示，平行线用实线表示。平行线长度为6～10 mm，每对平行线的间距为2～3 mm，对称线垂直平分于两对平行线，两端超出平行线2～3 mm，如图3-5所示。

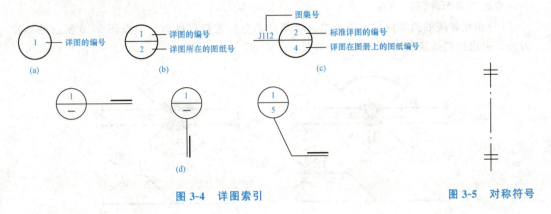

图 3-4　详图索引　　　　　　　　　　　　图 3-5　对称符号

3.2.3　焊缝的表示方法及标注

1. 焊接用施工图的焊接符号表示方法

焊接用施工图的焊接符号表示方法应符合《焊缝符号表示法》(GB/T 324—2008)和《建筑结构制图标准》(GB/T 50105—2010)的有关规定，图中应标明工厂施焊和现场施焊的焊缝部位、类型、坡口形式、焊缝尺寸等内容。

(1)焊接钢构件的焊缝除应按《焊缝符号表示法》(GB/T 324—2008)的有关规定执行外，还应符合本节的各项规定。

(2)单面焊缝的标注方法应符合下列规定：

1)当箭头指向焊缝所在的一面时，应将图形符号和尺寸标注在横线的上方[图3-6(a)]；当箭头指向焊缝所在另一面(相对应的那面)时，应按图3-6(b)所示的规定执行，将图形符号和尺寸标注在横线的下方。

2)当表示环绕工作件周围的焊缝时，应按图3-6(c)所示的规定执行，其围焊焊缝符号为圆圈，绘制在引出线的转折处，并标注焊角尺寸 K。

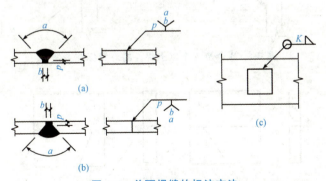

图 3-6　单面焊缝的标注方法

(3)双面焊缝的标注，应在横线的上、下都标注符号和尺寸。上方表示箭头一面的符号和尺寸，下方则表示箭头另一面的符号和尺寸[图3-7(a)]；当两面的焊缝尺寸相同时，只需

31

在横线上方标注焊缝的符号和尺寸[图 3-7(b)～(d)]。

（4）3 个及 3 个以上的焊件相互焊接的焊缝，不得作为双面焊缝标注。其焊缝符号和尺寸应分别标注（图 3-8）。

（5）相互焊接的两个焊件中，当只有一个焊件带坡口时（如单面 V 形），引出线箭头必须指向带坡口的焊件（图 3-9）。

（6）相互焊接的两个焊件，当为单面带双边不对称坡口焊缝时，应按图 3-10 所示的标注方法，引出线箭头应指向较大坡口的焊件。

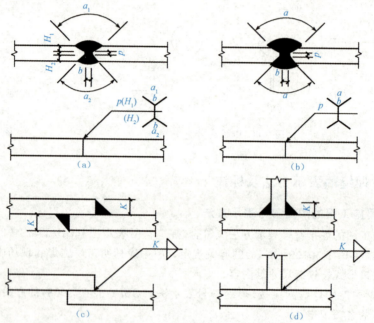

图 3-7　双面焊缝的标注方法

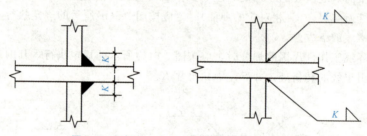

图 3-8　3 个及 3 个以上焊件的焊缝标注方法

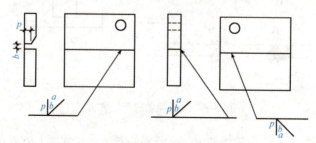

图 3-9　一个焊件带坡口的焊缝标注方法

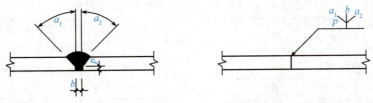

图 3-10　单面双边不对称坡口焊缝的标注方法

(7)当焊缝分布不规则时，在标注焊缝符号的同时，可按图 3-11 所示的标注方法，宜在焊缝处加中实线(表示可见焊缝)或加细栅线(表示不可见焊缝)。

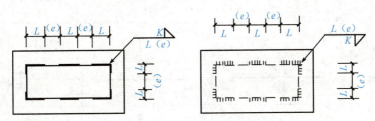

图 3-11　不规则焊缝的标注方法

(8)相同焊缝符号应按下列方法表示：

1)在同一图形上，当焊缝形式、断面尺寸和辅助要求均相同时，应按图 3-12(a)所示的标注方法，可只选择一处标注焊缝的符号和尺寸，并加注"相同焊缝符号"。相同焊缝符号为3/4 圆弧，绘制在引出线的转折处。

2)在同一图形上，当有数种相同的焊缝时，应按图 3-12(b)所示的标注方法，可将焊缝分类编号标注。在同一类焊缝中可选择一处标注焊缝符号和尺寸。分类编号采用大写的英文字母 A、B、C。

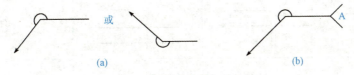

图 3-12　相同焊缝的标注方法

(9)需要在施工现场进行焊接的焊件焊缝，应按图 3-13 所示的标注方法标注"现场焊缝"符号。现场焊缝符号为涂黑的三角形旗号，绘制在引出线的转折处。

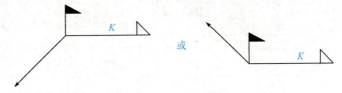

图 3-13　现场焊缝的标注方法

(10)当需要标注的焊缝能够用文字表述清楚时，也可采用文字表达的方式。

(11)建筑钢结构常用焊缝符号及符号尺寸应符合表 3-4 的规定。

33

表3-4 建筑钢结构常用焊缝符号及符号尺寸

序号	焊缝名称	形式	标注法	符号尺寸/mm
1	V 形焊缝			
2	单边 V 形焊缝		注：箭头指向剖口	
3	带钝边单边 V 形焊缝			
4	带垫板带钝边单边 V 形焊缝		注：箭头指向剖口	
5	带垫板 V 形焊缝			
6	Y 形焊缝			
7	带垫板 Y 形焊缝			—
8	双单边 V 形焊缝			—
9	双 V 形焊缝			—

序号	焊缝名称	形式	标注法	符号尺寸/mm
10	带钝边 U形焊缝			
11	带钝边 双U形焊缝			—
12	带钝边 J形焊缝			
13	带钝边 双J形焊缝			—
14	角焊缝			
15	双面 角焊缝			—
16	坡口 角焊缝			
17	喇叭形 焊缝			
18	双面 半喇叭形 焊缝			
19	塞焊			

2. 焊缝坡口尺寸标注

焊缝坡口尺寸应按《钢结构焊接规范》(GB 50661—2011)的有关规定执行，坡口尺寸的改变应经工艺评定合格后执行。

(1)焊条电弧焊全焊透坡口形状和尺寸应符合表 3-5 的要求。

(2)气体保护焊、自保护焊全焊透坡口形状和尺寸应符合表 3-6 的要求。

(3)埋弧焊全焊透坡口形状和尺寸应符合表 3-7 的要求。

(4)焊条电弧焊部分焊透坡口形状和尺寸应符合表 3-8 的要求。

(5)气体保护焊、自保护焊部分焊透坡口形状和尺寸应符合表 3-9 的要求。

(6)埋弧焊部分焊透坡口形状和尺寸应符合表 3-10 的要求。

表 3-5　焊条电弧焊全焊透坡口形状和尺寸

序号	标记	坡口形状示意图	板厚/mm	焊接位置	坡口尺寸/mm		备注
1	MC-BI-2 MC-TI-2 MC-CI-2		3～6	F H V O	$b=\dfrac{t}{2}$		清根
2	MC-BI-B1 MC-CI-B1		3～6	F H V O	$b=t$		
3	MC-BV-2 MC-CV-2		≥6	F H V O	$b=0\sim3$ $p=0\sim3$ $\alpha_1=60°$		清根
4	MC-BV-B1		≥6	F, H, V, O	b	α_1	
					6	45°	
				F, V, O	10	30°	
					13	20°	
					$p=0\sim2$		
	MC-CV-B1		≥12	F, H, V, O	b	α_1	
					6	45°	
				F, V, O	10	30°	
					13	20°	
					$p=0\sim2$		

序号	标记	坡口形状示意图	板厚/mm	焊接位置	坡口尺寸/mm		备注
5	MC-BL-2		≥6	F H V O	$b=0\sim3$ $p=0\sim3$ $\alpha_1=45°$		清根
	MC-TL-2						
	MC-CL-2						
6	MC-BL-B1		≥6	F H V O	b	α_1	
	MC-TL-B1			F，H V，O （F，V，O）	6	45°	
					(10)	(30°)	
	MC-CL-B1			F，H V，O （F，V，O）	$p=0\sim2$		
7	MC-BX-2		≥16	F H V O	$b=0\sim3$ $H_1=\dfrac{2}{3}(t-p)$ $p=0\sim3$ $H_2=\dfrac{1}{3}(t-p)$ $\alpha_1=45°$ $\alpha_2=60°$		清根
8	MC-BK-2		≥16	F H V O	$b=0\sim3$ $H_1=\dfrac{2}{3}(t-p)$ $p=0\sim3$ $H_2=\dfrac{1}{3}(t-p)$ $\alpha_1=45°$ $\alpha_2=60°$		清根
	MC-TK-2						
	MC-CK-2						

表 3-6 气体保护焊、自保护焊全焊透坡口形状和尺寸

序号	标记	坡口形状示意图	板厚/mm	焊接位置	坡口尺寸/mm	备注
1	GC-BI-2 GC-TI-2 GC-CI-2		3~8	F H V O	$b=0~3$	清根
2	GC-BI-B1 GC-CI-B1		6~10	F H V O	$b=t$	
3	GC-BV-2 GC-CV-2		≥6	F H V O	$b=0~3$ $p=0~3$ $\alpha_1=60°$	清根
4	GC-BV-B1 GC-CV-B1		≥6 ≥12	F V O	b / α_1: 6 / 45°, 10 / 30° $p=0~2$	
5	GC-BL-2 GC-TL-2 GC-CL-2		≥6	F H V O	$b=0~3$ $p=0~3$ $\alpha_1=45°$	清根

序号	标记	坡口形状示意图	板厚/mm	焊接位置	坡口尺寸/mm		备注
6	GC-BL-B1		≥6	F，H V，O	b	α_1	
					6	45°	
				(F)	(10)	(30°)	
	GC-TL-B1				$p=0\sim2$		
	GC-CL-B1						
7	GC-BX-2		≥16	F H V O	$b=0\sim3$ $H_1=\dfrac{2}{3}(t-p)$ $p=0\sim3$ $H_2=\dfrac{1}{3}(t-p)$ $\alpha_1=45°$ $\alpha_2=60°$		清根
8	GC-BK-2 GC-TK-2 GC-CK-2		≥16	F H V O	$b=0\sim3$ $H_1=\dfrac{2}{3}(t-p)$ $p=0\sim3$ $H_2=\dfrac{1}{3}(t-p)$ $\alpha_1=45°$ $\alpha_2=60°$		清根

表 3-7　埋弧焊全焊透坡口形状和尺寸

序号	标记	坡口形状示意图	板厚/mm	焊接位置	坡口尺寸/mm	备注
1	SC-BI-2		6～12	F	$b=0$	清根
	SC-TI-2		6～10	F		
	SC-CI-2					
2	SC-BI-B1		6～10	F	$b=t$	
	SC-CI-B1					
3	SC-BV-2		≥12	F	$b=0$ $H_1=t-p$ $p=6$ $\alpha_1=60°$	清根
	SC-CV-2		≥110	F	$b=0$ $p=6$ $\alpha_1=60°$	清根
4	SC-BV-B1		≥10	F	$b=8$ $H_1=t-p$ $p=2$ $\alpha_1=30°$	
	SC-CV-B1					

序号	标记	坡口形状示意图	板厚/mm	焊接位置	坡口尺寸/mm	备注
5	SC-BL-2		$\geqslant 12$	F	$b=0$ $H_1=t-p$ $p=6$ $\alpha_1=55°$	清根
			$\geqslant 10$	H		
	SC-TL-2		$\geqslant 8$	F	$b=0$ $H_1=t-p$ $p=6$ $\alpha_1=60°$	清根
	SC-CL-2		$\geqslant 8$	F	$b=0$ $H_1=t-p$ $p=6$ $\alpha_1=60°$	
6	SC-BL-B1				b / α_1：6 / 45°；10 / 30°	
	SC-TL-B1		$\geqslant 10$	F		
	SC-CL-B1				$p=2$	
7	SC-BX-2		$\geqslant 20$	F	$b=0$ $H_1=\dfrac{2}{3}(t-p)$ $p=6$ $H_2=\dfrac{1}{3}(t-p)$ $\alpha_1=45°$ $\alpha_2=60°$	清根

序号	标记	坡口形状示意图	板厚/mm	焊接位置	坡口尺寸/mm	备注
8	SC-BK-2		≥20	F	$b=0$ $H_1=\dfrac{2}{3}(t-p)$ $p=5$ $H_2=\dfrac{1}{3}(t-p)$ $\alpha_1=45°$ $\alpha_2=60°$	清根
			≥12	H		
	SC-TK-2		≥20	F	$b=0$ $H_1=\dfrac{2}{3}(t-p)$ $p=5$ $H_2=\dfrac{1}{3}(t-p)$ $\alpha_1=45°$ $\alpha_2=60°$	清根
	SC-CK-2					

表 3-8 焊条电弧焊部分焊透坡口形状和尺寸

序号	标记	坡口形状示意图	板厚/mm	焊接位置	坡口尺寸/mm	备注
1	MP-BI-1 MP-CI-1		3~6	F H V O	$b=0$	
2	MP-BI-2		3~6	F，H， V，O	$b=0$	
	MP-CI-2		6~10	F，H， V，O	$b=0$	

序号	标记	坡口形状示意图	板厚/mm	焊接位置	坡口尺寸/mm	备注
3	MP-BV-1		≥6	F H V O	$b=0$ $H_1=2\sqrt{t}$ $p=t-H_1$ $\alpha_1=60°$	
	MP-BV-2					
	MP-CV-1					
	MP-CV-2					
4	MP-BL-1		≥6	F H V O	$b=0$ $H_1=2\sqrt{t}$ $p=t-H_1$ $\alpha_1=45°$	
	MP-BL-2					
	MP-CL-1					
	MP-CL-2					
5	MP-TL-1		≥10	F H V O	$b=0$ $H_1=2\sqrt{t}$ $p=t-H_1$ $\alpha_1=45°$	
	MP-TL-2					
6	MP-BX-2		≥25	F H V O	$b=0$ $H_1=2\sqrt{t}$ $p=t-H_1-H_2$ $H_2=2\sqrt{t}$ $\alpha_1=60°$ $\alpha_2=60°$	

序号	标记	坡口形状示意图	板厚/mm	焊接位置	坡口尺寸/mm	备注
7	MP-BK-2 MP-TK-2 MP-CK-2		≥25	F H V O	$b=0$ $H_1=2\sqrt{t}$ $p=t-H_1-H_2$ $H_2=2\sqrt{t}$ $\alpha_1=45°$ $\alpha_2=45°$	

表 3-9 气体保护焊、自保护焊部分焊透坡口形状和尺寸

序号	标记	坡口形状示意图	板厚/mm	焊接位置	坡口尺寸/mm	备注
1	GP-BI-1 GP-CI-1		3～10	F H V O	$b=0$	
2	GP-BI-2 GP-CI-2		3～10 10～12	F H V O	$b=0$	
3	GP-BV-1 GP-BV-2 GP-CV-1 GP-CV-2		≥6	F H V O	$b=0$ $H_1\geqslant 2\sqrt{t}$ $p=t-H_1$ $\alpha_1=60°$	

序号	标记	坡口形状示意图	板厚/mm	焊接位置	坡口尺寸/mm	备注
4	GP-BL-1		$\geqslant 6$	F H V O	$b=0$ $H_1 \geqslant 2\sqrt{t}$ $p=t-H_1$ $\alpha_1 = 45°$	
	GP-BL-2					
	GP-CL-1		$6\sim24$			
	GP-CL-2					
5	GP-TL-1		$\geqslant 10$	F H V O	$b=0$ $H_1 \geqslant 2\sqrt{t}$ $p=t-H_1$ $\alpha_1 = 45°$	
	GP-TL-2					
6	GP-BX-2		$\geqslant 25$	F H V O	$b=0$ $H_1 \geqslant 2\sqrt{t}$ $p=t-H_1-H_2$ $H_2 \geqslant 2\sqrt{t}$ $\alpha_1 = 60°$ $\alpha_2 = 60°$	
7	GP-BK-2		$\geqslant 25$	F H V O	$b=0$ $H_1 \geqslant 2\sqrt{t}$ $p=t-H_1$ $H_2 \geqslant 2\sqrt{t}$ $\alpha_1 = 45°$ $\alpha_2 = 45°$	
	GP-TK-2					
	GP-CK-2					

表 3-10　埋弧焊部分焊透坡口形状和尺寸

序号	标记	坡口形状示意图	板厚/mm	焊接位置	坡口尺寸/mm	备注
1	SP-BI-1 SP-CI-1		$6\sim12$	F	$b=0$	
2	SP-BI-2 SP-CI-2		$6\sim20$	F	$b=0$	
3	SP-BV-1 SP-BV-2 SP-CV-1 SP-CV-2		$\geqslant14$	F	$b=0$ $H_1\geqslant2\sqrt{t}$ $p=t-H_1$ $\alpha_1=60°$	
4	SP-BL-1 SP-BL-2 SP-CL-1 SP-CL-2		$\geqslant14$	F H	$b=0$ $H_1\geqslant2\sqrt{t}$ $p=t-H_1$ $\alpha_1=60°$	

序号	标记	坡口形状示意图	板厚/mm	焊接位置	坡口尺寸/mm	备注
5	SP-TL-1 SP-TL-2		≥14	F H	$b=0$ $H_1 \geqslant 2\sqrt{t}$ $p=t-H_1$ $\alpha_1=60°$	
6	SP-BX-2		≥25	F	$b=0$ $H_1 \geqslant 2\sqrt{t}$ $p=t-H_1-H_2$ $H_2 \geqslant 2\sqrt{t}$ $\alpha_1=60°$ $\alpha_2=60°$	
7	SP-BK-2 SP-TK-2 SP-CK-2		≥25	F H	$b=0$ $H_1 \geqslant 2\sqrt{t}$ $p=t-H_1-H_2$ $H_2 \geqslant 2\sqrt{t}$ $\alpha_1=60°$ $\alpha_2=60°$	

3. 螺栓、螺栓孔的表示方法

螺栓、螺栓孔的表示方法见表3-11。

表3-11　螺栓、螺栓孔的表示方法

序号	名称	图例		说明
1	永久螺栓			(1)细"+"表示定位线; (2)M表示螺栓型号; (3)ϕ表示螺栓孔直径; (4)采用引出线表示螺栓时,横线上标注螺栓规格,横线下标注螺栓孔规格
2	高强度螺栓			
3	安装螺栓			
4	圆形螺栓孔			
5	长圆形螺栓孔			

🔲 技能测试

1. 目的

通过钢结构施工图的绘制学习，在指导教师的讲解下了解钢结构施工图的基本绘制规范。

2. 能力标准及要求

能够掌握钢结构施工图的基本绘制规则，进行简单的钢结构施工图绘制。

3. 活动条件

教材规范等相关书籍；"全场景免疫诊断仪器、试剂研发与制造中心"2♯车间项目图纸。

4. 技能操作

案例1：绘制焊缝标注符号。

(1)通过查阅本书和相关规范绘制常用的焊缝标注符号，参考表3-12进行记忆后，根据焊缝名称和形式默写标注符号。

(2)绘制焊缝标注符号的要领。

1)基本符号与指引线。

①基本符号。基本符号是表示焊缝横剖面形状的符号，采用近似于焊缝横剖面形状的图形表示。这些符号通常使用实线绘制，线宽约为图纸中细线宽度的2倍。

②指引线。指引线由箭头线和基准线(实线和虚线)组成。箭头线指向焊缝所在的位置；基准线则用于确定基本符号的位置。基准线一般应与图样的标题栏平行，但在特殊条件下也可与标题栏垂直。

2)焊缝的表示方法。

①焊缝的画法：在视图中，焊缝可采用一组细实线圆弧或直线段表示，也可采用粗实线表示。

在剖视图或断面图中，焊缝的金属熔焊区通常应涂黑表示，若需要表示坡口等的形状，可采用粗实线绘制熔焊区的轮廓，采用细实线画出焊接前的坡口形状。

②焊缝符号的标注：焊缝的引出线由箭头和两条基准线(实线和虚线)组成。

对于双面对称焊缝，基准线可不加虚线。

焊缝的基本符号、辅助符号和补充符号(尾部符号除外)一律为粗实线，尺寸数字原则上也为粗实线，尾部符号为细实线。

3)特殊焊缝的表示。

①熔透角焊缝。熔透角焊缝的符号为涂黑的圆圈，绘制在引出线的转折处，并用K表示角焊缝焊脚尺寸。

②环绕焊缝。环绕焊缝表示环绕工作件周围的焊缝时，其围焊焊缝符号为圆圈，绘制在引出线的转折处，并标注焊角尺寸K。

4)其他注意事项。

①焊缝尺寸符号的标注：焊缝尺寸符号及数据的标注位置应清晰明确，以便施工人员准确理解。

②补充符号的应用：补充符号用于补充说明焊缝的某些特征，如焊缝的余高、凹度等。在需要时，应正确选择和标注补充符号。

案例2：绘制钢结构施工图纸。

(1)抄绘实际钢结构工程图纸的总平面图，标准层建筑平面图，梁、柱、板标准层结构平面图，节点详图。

(2)绘制钢结构施工图纸的要领。

1)充分准备。

①工具准备：确保拥有齐全的绘图工具，包括铅笔、橡皮擦、尺子（直尺、三角板、比例尺等）、马克笔（用于区分不同图层或注释）、细墨线笔（如针管笔）、粗墨线笔等。同时，准备好足够的绘图纸，并确保其质量适合绘图需求。

②了解图纸：在抄绘前，详细阅读和理解原钢结构工程图纸的内容，包括图纸的比例、尺寸、标注、图例、符号等。特别要注意钢结构的布局、构件类型、连接方式及特殊要求等。

2)准确抄绘。

①保持比例：严格按照原图纸的比例进行抄绘，确保图纸中的每个构件和细节都按比例准确呈现。使用比例尺进行测量和校对，以保证尺寸的精确性。

②注重细节：钢结构工程图纸通常包含大量的细节信息，如焊缝符号、螺栓孔位置、连接板尺寸等。在抄绘过程中，要特别注意这些细节，确保它们被准确无误地表达在图纸上。

③规范标注：使用统一的标注方式和符号表示不同的构件和细节。标注应清晰、准确，符合相关标准和规范的要求。对于重要的尺寸或信息，可以使用加粗、加黑或不同颜色等方式进行突出显示。

④合理利用图层：如果使用 CAD 等绘图软件进行抄绘，应合理利用图层功能来区分不同的构件和细节。这样可以提高绘图效率，并方便后续的修改和检查。

3)注重规范性和可读性。

①遵循规范：在抄绘过程中，要遵循相关的制图规范和标准，如《钢结构设计标准》（GB 50017—2017）、《建筑制图标准》（GB/T 50104—2010）等，确保图纸的规范性和合法性。

②提高可读性：通过合理的布局、清晰的标注和适当的注释来提高图纸的可读性。确保图纸上的信息能够被轻松理解和识别。

4)检查与审核。

①自我检查：完成抄绘后，要进行全面的自我检查，确保图纸的准确性和完整性。特别要注意检查尺寸标注、构件位置、连接方式等关键信息。

②专业审核：如果条件允许，可以请具有钢结构工程背景的专业人士对图纸进行审核。他们可以提供专业的意见和建议，帮助发现潜在的问题并及时解决。

(3)附件：全场景免疫诊断仪器、试剂研发与制造中心项目 2♯车间施工图（建总施 01、建施 P03、结施 07-09、结施 14-15）。

5. 步骤提示

(1)课堂讲解钢结构施工图绘制的基本规范、绘图前的准备工作和绘图过程中的可能出现的问题。

(2)结合课堂讲解内容和提出的问题，组织进行钢结构施工图的绘制，掌握钢结构的绘制规则，并解决课堂疑问。

(3)完成钢结构施工图的绘制，进行自检、互检后提交作品。

钢结构施工图纸抄绘质量评分平见表 3-12。

6. 实操报告

钢结构施工图纸抄绘实操报告样式见表 3-12。

表 3-12　钢结构施工纸抄绘质量评分表

班级		姓名		日期	
项目名称				评分人	
绘图依据	《房屋建筑制图统一标准》（GB/T 50001—2017）、《建筑结构制图标准》（GB/T 50105—2010）、《钢结构深化设计制图标准》（T/CSCS 015—2021）				

班级			姓名		日期		
序号		考核项目	考核内容	评分标准		计分值	操作得分
1	1.1	基本信息准确性	图纸标题与项目名称一致性	完全一致：5分 基本一致但有细微差异：3分 不一致：0分		5分	
	1.2		图纸编号与目录对应性	完全对应无误：5分 少数编号不符：3分 编号混乱或大量不符：0分		5分	
	1.3		设计单位、审核单位及日期标注	完整且清晰：5分 部分缺失或模糊：3分 完全缺失：0分		5分	
	1.4		比例尺标注准确性	比例尺标注正确无误：5分 比例尺有误但不影响理解：3分 比例尺严重错误：0分		5分	
2	2.1	图纸内容完整性	结构构件表达完整性	所有主要构件均清晰表达：15分 少数构件遗漏或表达不清：8～12分 大量构件遗漏或表达混乱：0～6分		15分	
	2.2		连接节点详图	连接节点详图齐全且清晰：15分 部分节点缺失或表达不清：8～12分 节点详图严重缺失或无法识别：0～6分		15分	
	2.3		标注与注释	尺寸、标高、材料规格等标注齐全且准确：10分 标注部分缺失或存在小错误：6～8分 标注严重缺失或错误较多：0～5分		10分	
3	3.1	图纸规范性	图例与符号使用	图例与符号使用符合国家标准或行业规范：5分 少数图例或符号使用不规范：3分 图例或符号使用混乱：0分		5分	
	3.2		线条与字体	线条粗细、类型使用恰当，字体清晰易读：10分 线条或字体存在小瑕疵但不影响阅读：6～8分 线条混乱或字体难以辨认：0～5分		10分	
	3.3		图层管理（针对电子版图纸）	图层管理清晰，便于查阅与修改：5分 图层管理较为混乱，但基本可区分：3分 图层管理严重混乱，无法有效区分：0分		5分	
	3.4		图纸整洁度	图纸整洁，无多余线条或文字：10分 图纸略显杂乱，但不影响主要信息识别：6～8分 图纸杂乱无章，难以阅读：0～5分		10分	

班级			姓名			日期		
4	综合评价		根据上述各项评分，综合评价抄绘质量				10 分	
	总分						100 分	
报告								

备注：如果表里有项目在抄绘图纸上无法体现就按满分计。

任务工单

根据所学知识，完成以下任务工单。

1. 任务目标

通过本任务的学习，学生应能够掌握钢结构施工图的基本绘制规范，包括图纸幅面和比例、常用符号、焊缝的表示，以及标注、螺栓和螺栓孔的表示方法等，并能够进行简单的钢结构施工图绘制实践。

2. 任务内容

(1)学习图纸幅面和比例。

1)查阅相关规范，了解钢结构施工图的图纸幅面及比例的选择原则。

2)熟悉不同幅面图纸的尺寸及其适用范围。

3)掌握比例尺的选用方法，理解比例对图纸表达的影响。

(2)学习常用符号。

1)学习并识记钢结构施工图中常用的符号，如标高、指北针与风玫瑰图、定位轴线与编号、构件，以及截面表示符号、索引标志符号、对称符号等。

2)理解各符号在图纸中的意义及作用。

(3)学习焊缝的表示方法及标注。

1)学习焊接用施工图的焊接符号表示方法，理解不同焊接符号的含义及绘制规则。

2)学习焊接坡口尺寸标注方法，掌握标注的位置、格式及注意事项。

(4)学习螺栓、螺栓孔的表示方法。

1)学习螺栓在钢结构施工图中的表示方法，包括螺栓的类型、规格及布置方式。

2)学习螺栓孔在图纸中的表示方法，包括孔的位置、尺寸及数量等。

(5)实践应用。

在教师的指导下，尝试绘制简单的钢结构构件或节点的施工图，包括选择合适的图纸幅面和比例、使用正确的符号表示、标注焊缝及螺栓、螺栓孔等。

3. 任务要求

(1)认真查阅规范资料，确保对钢结构施工图的绘制规范有清晰的认识。

(2)在实践应用中，要确保图纸的绘制准确、规范，符号使用正确，标注清晰。

(3)按时提交任务成果，包括学习总结和实践绘制的图纸。

》》 任务3.3 钢结构施工图识读

课前认知

钢结构施工图是确保工程施工准确性的关键。本任务将深入讲解门式刚架、多层钢框架和平面网架等结构的构造及施工图识读。通过本任务的学习，学生将掌握这些结构的基本知识，学会准确识读施工图，为后续的钢结构施工提供有力保障。

理论学习

3.3.1 门式刚架构造及施工图识读

1. 门式刚架基本知识

在门式刚架轻型房屋钢结构体系中，主刚架由边柱、刚架梁、中柱等构件组成。边柱和梁通常根据门式刚架弯矩包络图的形状制作成变截面，以达到节省材料的目的。根据门式刚架横向平面承载、纵向支撑提供平面外稳定的特点，要求边柱和梁在横向平面内具有较大的刚度，一般采用焊接I形截面。中柱以承受轴压力为主，通常采用强弱轴惯性矩相差不大的宽翼缘工字钢、矩形钢管或圆管截面，主刚架的下翼缘和刚架柱内翼缘出平面的稳定性，由与檩条或墙梁相连接的隔撑来保证，主刚架间的交叉支撑可采用张紧的圆钢。刚架的主要构件运输到现场后通过高强度螺栓节点相连。屋面宜采用压型钢板屋面板和冷弯薄壁型钢檩条，外墙宜采用压型钢板墙面板和冷弯薄壁型钢墙梁。

2. 门式刚架识图

门式刚架钢结构施工图主要包括钢结构设计说明、预埋锚栓布置图、刚架及屋面支撑布置图、柱间支撑布置图、门式刚架详图、屋面檩条布置图、墙面墙梁布置图、节点详图等图纸。

(1)钢结构设计说明。在钢结构设计说明中主要包括工程概况、设计依据、设计荷载、结构设计、材料的选用、制作与安装、防腐防火处理要求及其他需要说明的事项等内容(图3-14)。

1）工程概况：主要包括建筑功能、平面尺寸、高度、跨度、主体结构体系、起重机吨位及布置等基本资料，由此可以大体了解建筑的整体情况。

2）设计依据：主要包括甲方的设计任务书，现行国家、行业和地方规范与规程及标准图集等，施工时也必须以此为依据。

3）设计荷载：主要包括恒载、活载、风荷载、雪荷载及抗震设防烈度等有关参数，在施工和后期使用过程中结构上的荷载均不得超过所给出的荷载值。

4）结构设计：结构设计中主要包括结构使用年限、安全等级和结构计算原则、结构布置及主要节点构造，由此可以了解结构的整体情况。

5）材料的选用：主要包括钢材、螺栓、焊条、锚栓、压型钢板等有关材料的强度等级，以及应符合的有关标准等，在材料采购时必须以这些作为依据和标准进行。

6）制作与安装：主要包括切割、制孔、焊接等方面的有关要求和验收的标准，以及运输与安装过程中需要注意的事项和应满足的有关要求。

7）防腐防火处理要求：主要包括钢构件的防锈处理方法、防锈等级和漆膜厚度等钢结构涂装，以及钢结构防火等级和构件的耐火极限等方面的要求。

8）其他：主要包括钢结构建筑在后期使用过程中需要定期维护的要求，以及钢结构材料替换、雨期施工等其他需要注意的有关事项，以保证使用和施工过程中的结构安全。

（2）预埋锚栓布置图（图3-15）。

1）在预埋锚栓布置图中，细点画线表示轴线；圆圈内的阿拉伯数字和大写英文字母分别为两个方向上的轴线号；⑴/Ⓐ～⑶/Ⓐ为分轴线号。

2）圆黑点表示预埋锚栓位置，图中"2M24"和"4M24"中，"M"表示预埋锚栓；"M"前面的数字"2"和"4"表示每组预埋锚栓的个数；"M"后面的数字"24"表示预埋锚栓的直径。由此可以看出，在Ⓐ和Ⓑ轴交①～⑨轴上的每个刚架柱的预埋锚栓数量为4个，直径为24 mm，与轴线上下距离为100 mm，左右为75 mm；在①和⑨轴交⑴/Ⓐ～⑶/Ⓐ分轴线上的每个抗风柱的预埋锚栓数量为2个，直径为24 mm，与轴线上下距离为75 mm，距离①和⑨轴为100 mm。

3）预埋锚栓共84副，右侧为预埋锚栓详图。从详图中可以看出，锚栓总长度为650 mm，露丝长度为170 mm，下端弯钩为100 mm。

4）预埋锚栓安装时采用双螺母固定，在柱底板下设置调节螺母，以调节刚架柱的高度，在柱底板上设置20 mm厚、70 mm×70 mm的垫板，垫板开直径为26 mm的圆孔。

（3）刚架、屋面及柱间支撑布置图（图3-16）。

1）"GJ"表示刚架，刚架间距为7.5 m，跨度为24 m，均沿轴线居中布置。刚接截面详见刚架详图。

2）"SC"表示屋面水平支撑，共两道，分别设于厂房两端，宽度为6 m。

3）"ZC"表示柱间支撑，中心高度为7.950 m。屋面水平支撑和柱间支撑均采用十字交叉的圆钢，圆钢直径为25 mm。

4）"KFZ"表示抗风柱，布置在①和⑨轴交⑴/Ⓐ～⑶/Ⓐ分轴线上，共6根抗风柱，抗风柱偏心放置，偏轴线100 mm。抗风柱规格为焊接H型钢H400×20×6×8。

5）"GXG"表示刚性系杆，布置在Ⓐ、Ⓑ及⑵/Ⓐ轴即刚架的檐口和屋脊处，规格为直径140 mm、壁厚5 mm的圆焊接钢管。

门式刚架钢结构设计说明

一、工程概况

本工程为某公司钢结构厂房，宽度为24 m；长度为60 m；柱高为8 m；柱距为7.5 m；

柱脚：铰接；

二、设计依据

1.甲方提供的设计委托书等资料。

2.本工程设计遵循的标准、规范、规程：

《建筑结构荷载规范》(GB 50009—2012)

《钢结构设计标准》(GB 50017—2017)

《冷弯薄壁型钢结构技术规范》(GB 50018—2002)

《钢结构焊接规范》(GB 50661—2011)

《钢结构工程施工质量验收规范》(GB 50205—2020)

《门式刚架轻型房屋钢结构技术规程》(JGJ 82—2011)

三、设计荷载

屋面面荷载：0.30 kN/m²（含檩条）

屋面活载：0.50 kN/m²

基本风压：W_0=0.55 kN/m²（50年遇）地面粗糙度；B类 基本雪压：S_0=0.40 kN/m²

抗震设防烈度：7度(0.10g)，设计地震分组第一组（动地震地）；（Ⅱ类）

四、结构设计

1.结构安全使用年限为50年。

2.本工程安全等级为二级，重要性系数1.0。

3.门式刚架采用实腹刚架。

4.在厂房两端和在对称位置柱间采用上翼缘采用水平交叉交叉支撑，并在厂房柱间内柱采用设拉杆。

5.在门式刚架下翼缘设置隅撑，每隔两个设置一道。

6.在屋面最上层屋面采用Z型钢连接檩条；墙采用薄壁卷边C型钢檩条。

7.屋面最上层墙梁处采用薄壁卷边Z型钢连接檩条。

五、材料选用

1.本工程所采用的钢材采用Q235B钢，其质量应符合现行国家标准《碳素结构钢》，碳、硫、磷、伸长率、屈服强度和硫、且明确测其屈服，应有明显的屈服应力平台的合格保证以及冷弯试验的合格保证，屈服强度实测比不应大于0.85；应有良好的焊接性和合格的冲击的韧性。

2.手工焊Q235B钢材采用E43XX系列焊条，其技术性能应符合《非合金钢及细粒粒钢焊条》(GB/T 5117—2012)的规定。

3.建筑及自动焊或半自动焊用焊丝和药芯焊丝应符合现行国家标准《熔化焊用钢丝》(GB/T 14957—1994)的规定，药芯焊丝应符合现行国家标准《碳钢药芯焊丝》(GB/T 5293—2018)的规定。

4.普通螺栓：均采用4.6C级。其他应能应符合《六角头螺栓 C级》(GB/T 5780—2016)和《六角头螺栓》(GB/T 5782—2016)的规定。

5.高强度螺栓采用10.9级扭剪型，其螺栓、螺母用高强度螺栓检验度螺栓连接副》(GB/T 3632—2008)的规定。

6.墙檩采用符合国家标准《碳素结构钢》(GB/T 700—2006)规定的Q235B钢，由未加工的圆钢制成。

7.屋面板采用YX82—475(0475，360度直立锁边)压型钢板，板厚为0.6 mm，强度等级为S350，墙面板采用YX35—280—840热镀铝锌压型钢板，板厚为0.5 mm，强度等级为S350，墙面连接。

六、制作与安装

1.制作安装的技术要求和允许偏差应符合《钢结构工程施工质量验收标准》(GB 50205—2020)的规定。

2.门式刚架梁、柱翼缘板的对接焊缝，以及梁柱翼缘与端板的焊接采用全熔透，腹板采用对接焊缝质量检验等级为二级。梁柱翼缘与腹板的焊接采用角焊缝，角焊缝质量检验外观要求按三级检验。

3.所有螺栓孔均按Ⅱ类孔制造，高强度螺栓孔应采用钻成孔，孔径比螺栓公称直径大1~2 mm。

4.所有加劲板处在焊缝重置处切角不小于15 mm×15 mm，加劲肋上端采用顶紧型焊后紧贴，在出厂前应进行预拼装。

5.门式刚架翼缘板的拼接采用焊接头和柱料采用的拼装焊接头采用高强度螺栓连接。吊装前应采取防止构件板不将由和损坏的措施。

6.钢构件拼装原则，应选择好吊装时，大跨度吊装时，应对所有吊装点经验复核确定。

7.门式刚架安装在安装过程中应安时设支撑。必要时增设揽风缆绳，以防倾斜。支撑安装置和安装完成时，应对所有支撑装置进行张紧，保证结构整体保证屋面板不渗水。

8.屋面钢板应采用长Z型屋面钢板。安装屋面时应有有效措施保证屋面板不渗水，不漏水。

9.屋面防腐的原则：

防腐防锈措施。

1.所有钢构件制作前表面处理进行除锈处理。表面清洁度的目视评定(GB/T 8923)中除锈质量等级要求达到Sa2.5级。

2.在与混凝土接触或嵌入混凝土部位，高强度螺栓摩擦接触面范围侧100 mm范围内不涂上涂料。

3.所有钢构件表面面部以上所列不需涂涂料部位，均涂环氧富锌底漆两遍，聚氨酯面漆两遍，厚度不小于60 μm；聚氨酯面漆两遍，厚度不小于70 μm；两者不环氧云铁中间涂两遍，厚度不小于60 μm；防火涂料应与防腐涂料相匹配，得发生化学反应。以确保使用过程中结构建筑安全。工地焊接中间碰撞脱落

4.钢构件安装应在现场安装完毕后须对对结合前的外露部件和表面，工地焊接区安装中碰撞脱落的外露部位和钢结构腐蚀要求进行处理。其他

七、其他

1.在使用过程中，应根据材料特性（如涂料材料使用年限等），进行定期检查和维护对处要求进行涂装；维护结构使用前，围护结构材特性和特性应与主体金属性能相适应与对钢构表更换新进行涂表进行定期检查，对结构进行安全，检查内结构对同观要求应符合现行《建筑维护结构腐蚀技术规程》(JGJ/T 251—2011)的规定。以确保使用过程中结构安全。

2.施工单位应根据本施工图进行深化设计，待设计人员确认后方可加工制作，非设计单位向加工制作单位

3.当固结体材质及规格不符时，无论是材质或者何，均应经材质确认后方可代用。而甲施工时，应采取相应的施工技术措施。

8.本设计未经设计单位许可，而甲期施工，而甲期施工时应采取相应的施工技术措施。

图3-14 门式刚架钢结构设计说明

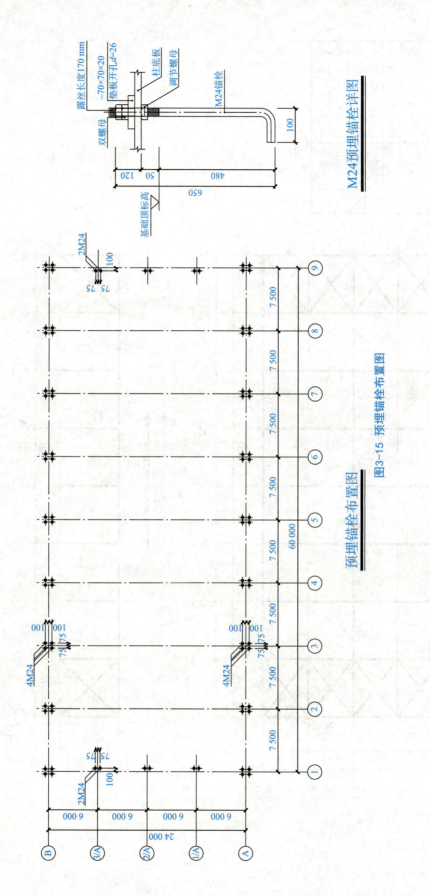

M24预埋锚栓详图

预埋锚栓布置图

图3-15 预埋锚栓布置图

构件规格表

编号	名称	规格	材质
GJ	刚架	详见GJ详图	Q235B
KFZ	抗风柱	H400×200×6×8	Q235B
SC	水平支撑	圆钢φ25	Q235B
ZC	柱间支撑	圆钢φ25	Q235B
GXG	刚性系杆	φ140×5	Q235B

刚架及屋面支撑布置图

柱间支撑布置图

图3-16 刚架、屋面及柱间支撑布置图

(4)门式刚架详图(图 3-17)。

1)刚架柱、刚架梁端部和屋脊处采用变截面焊接 H 型钢,其余为等截面焊接 H 型钢。"H(900～400)×200×6×10"表示变截面的大头高度为 900 mm,小头高度为 400 mm,翼缘宽度为 200 mm,腹板厚度为 6 mm,翼缘厚度为 10 mm。

2)屋面梁坡度为 1:20。

3)刚架柱和刚架梁翼缘与腹板焊接采用双面角焊缝,焊脚高度为 5 mm。

4)柱翼缘厚度为 10 mm,端板厚度为 20 mm,两者厚度差为 10 mm(>4 mm),其对接焊接采用节点Ⓐ的形式,端板端部做坡度不大于 1:2.5 的斜坡。

5)刚架柱底设抗剪键,与底板采用周围角焊缝焊接,焊脚高度为 6 mm。

6)刚架柱与刚架梁及刚架梁之间的拼接采用高强度螺栓,"10M20"中"M"表示高强度螺栓;"M"前面的数字表示每组高强度螺栓的个数;"M"后面的数字"20"表示高强度螺栓的直径。"孔 $d=21.5$"表示端板开圆孔,直径为 21.5 mm。

(5)屋面檩条布置图(图 3-18)。

1)左侧标注的檩条间距为沿屋面的斜向长度,非水平投影长度。

2)"LT"表示屋面檩条,规格为 Z200×70×20×2.0,薄壁卷边 Z 型钢,高度为 200 mm,翼缘宽度为 70 mm,卷边宽度为 20 mm,厚度为 2.0 mm;"LG"表示直拉条,"XLG"表示斜拉条,规格均为直径 12 mm 的圆钢;"CG"表示撑杆,规格为直径 32 mm、厚度 2.5 mm 的钢管,并内套直径为 12 mm 的圆钢;"YC"表示隔撑,规格为 ∟50×3,等边角钢,肢长为 50 mm,厚度为 3 mm。钢材均为 Q235B 钢。

3)节点①为檩条端部节点,采用 4 个直径为 12 mm 的普通螺栓连接;节点②为檩条中间节点,两跨檩条互相搭接,表示檩条形式为连续檩条,在檩托处采用 4 个普通螺栓连接,端部采用两个普通螺栓连接,檩条开圆孔直径为 14 mm。节点③和节点④为拉条与撑杆和檩条的连接节点,拉条与撑杆间距为 60 mm。

(6)墙面墙梁布置图(图 3-19)。

1)"QL"表示墙梁,规格为 C200×70×20×2.5,薄壁卷边 C 型钢,高度为 200 mm,翼缘宽度为 70 mm,卷边宽度为 20 mm,厚度为 2.5 mm;"LG"表示直拉条,"XLG"表示斜拉条,规格均为直径 12 mm 的圆钢;"CG"表示撑杆,规格为直径 32 mm、厚度 2.5 mm 的钢管,并内套直径为 12 mm 的圆钢;"YC"表示隔撑,规格为 ∟50×3,等边角钢,肢长为 50 mm,厚度为 3 mm。"MZ"和"ML"表示门洞处的门柱和门梁,规格为 20a 号普通热轧槽钢。钢材均为 Q235B 钢。

2)节点①为墙梁中间节点,采用 4 个直径为 12 mm 的普通螺栓连接,两跨墙梁在檩托处断开,间隔为 5+5=10(mm),表示墙梁形式为简支墙梁,墙梁开圆孔直径为 14 mm;节点②为拉条与墙梁的连接节点,拉条间距为 60 mm;在 1—1 剖面中可以看出,檩托与钢柱翼缘采用双面角焊缝焊接,焊脚高度为 4 mm;在 2—2 剖面中可以看出拉条靠近檩条内侧放置。

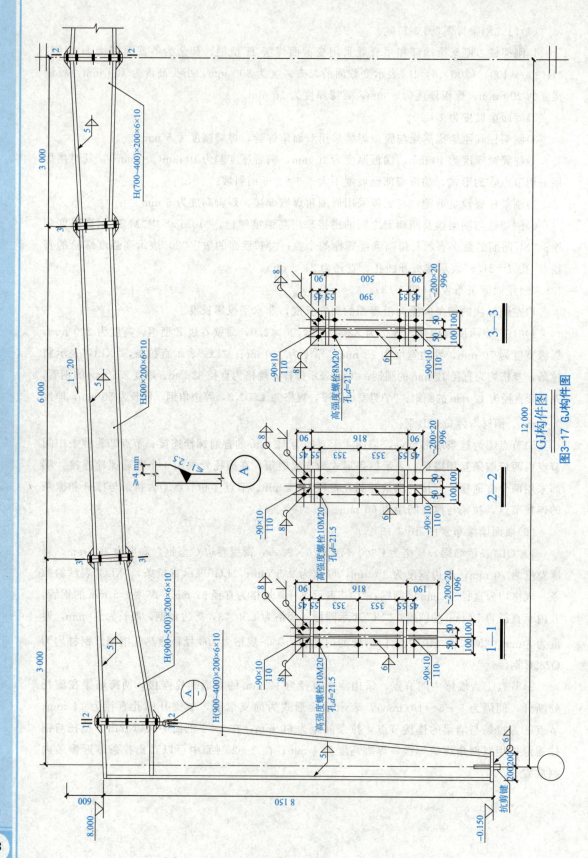

GJ构件图

图3-17 GJ构件图

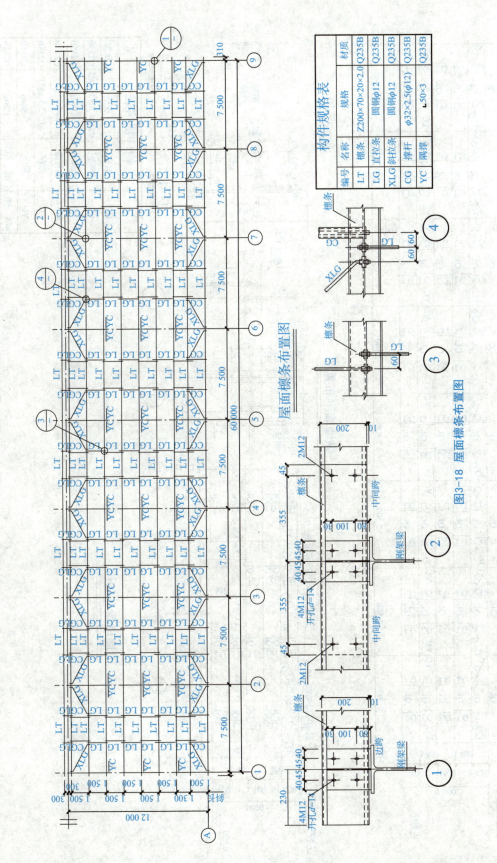

屋面檩条布置图

图3-18 屋面檩条布置图

构件规格表

名称	编号	规格	材质
檩条	LT	Z200×70×2.0	Q235B
直拉条	LG	圆钢φ12	Q235B
斜拉条	XLG	圆钢φ12	Q235B
撑杆	CG	φ32×2.5(φ12)	Q235B
隅撑	YC	L50×3	Q235B

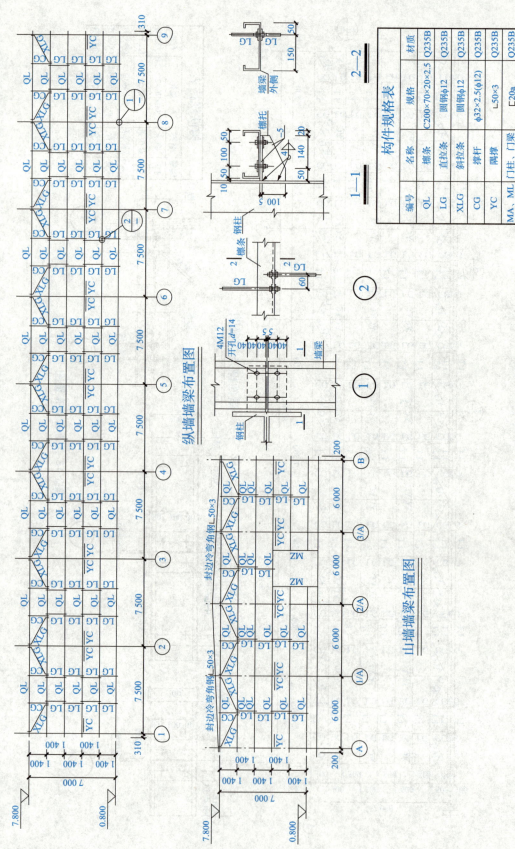

构件规格表

编号	名称	规格	材质
QL	檩条	C200×70×20×2.5	Q235B
LG	直拉条	圆钢φ12	Q235B
XLG	斜拉条	圆钢φ12	Q235B
CG	撑杆	φ32×2.5(φ12)	Q235B
YC	隅撑	L50×3	Q235B
MA、ML 门柱、门梁		C20a	Q235B

纵墙墙梁布置图

山墙墙梁布置图

图3-19 墙面墙梁布置图

(7)节点详图(图 3-20)。

1)抗风柱的作用是将山墙风荷载传递给屋面支撑，抗风柱本身并不承受屋面梁的竖向荷载，因此，抗风柱是只承受弯矩而不承受轴力的受弯构件，端部构造只需要传递剪力而不需要传递轴力，一般抗风柱的端部都采用竖向能够滑动的连接形式。在抗风柱顶部连接详图中，抗风柱顶部与刚架梁采用长圆孔连接，在刚架梁下设厚度为 10 mm 的连接板，连接板与刚架梁采用单边 V 形坡口熔透焊，连接板上开圆孔直径为 22 mm，抗风柱腹板开长圆孔，长度为 100 mm、直径为 22 mm，并通过两个直径为 20 mm 的普通螺栓连接在一起，抗风柱顶与刚架梁底留有 50 mm 变形间隙，以免刚架梁产生竖向变形时压在抗风柱上。刚架梁在抗风柱对应位置两侧对称设置厚度为 8 mm 的加劲肋，加劲肋与刚架梁的腹板和翼缘采用双面角焊缝，焊脚高度为 6 mm，为便于刚架梁腹板和翼缘连接角焊缝的通过，在加劲肋角部设有 15 mm×15 mm 的切角。为有效地传递抗风柱传递的风荷载，在抗风柱对应位置设有刚性系杆(GXG)。刚性系杆与刚架梁的加劲肋采用两个直径为 20 mm 的高强度螺栓连接。

2)为保证刚架梁的平面外稳定，减小其面外计算长度，通常在檩条上设置隔撑来保证。在隔撑 YC 连接详图中，YC 为角钢隔撑，其上端通过直径为 12 mm 的普通螺栓连接在屋面檩条的腹板上，下端也通过直径为 12 mm 的普通螺栓连接在刚架梁的加劲肋上，隔撑和檩条及加劲肋上均开直径为 14 mm 的圆孔，隔撑的倾斜角度为 45°。为保证檩条对刚架梁的侧向支撑作用，不得将隔撑连接在檩条翼缘上，以防止檩条翼缘的局部畸变屈曲致使隔撑失效。刚架柱与隔撑连接形式基本与刚架梁相同，仅屋面檩条和墙面墙梁的截面形式不同。

3)在水平支撑 SC 详图中，屋面水平支撑采用直径为 25 mm 的圆钢，水平支撑两端与刚架梁的腹板连接，且在水平支撑两端设有调节螺母，在安装过程中通过调节两端螺母将水平支撑张紧，但在张紧过程中不得将刚架梁拉弯，为适应不同角度的水平支撑在刚架梁腹板上设置半圆形垫块，在刚架梁腹板上应开长度为 50 mm、直径为 25 mm 的长圆形孔，以便于水平支撑斜向穿入。支撑长度 L 根据放样确定，套丝长度为 200 mm，以便于调节和张紧水平支撑。

4)在水平支撑与刚架梁连接详图中，为便于水平支撑的安装，水平支撑与刚性系杆中心线未交于刚架梁腹板上，各错开 150 mm，屋面水平支撑应与刚性系杆位于同一平面内。

5)门式刚架柱脚形式有刚接和铰接两种。刚接时地脚螺栓应放置在柱翼缘的外侧；铰接时地脚螺栓应放置在柱翼缘内侧，柱截面高度较小时放置 2 根，柱截面高度较大时放置 4 根。在柱脚详图中，采用 4 个直径为 24 mm 的地脚螺栓放置在柱翼缘内侧，柱脚为铰接。柱脚安装时，首先采用调节螺母将柱脚标高调节准确，然后采用不低于基础混凝土强度等级的无收缩混凝土或灌浆料将柱底灌实。地脚螺栓安装时采用双螺母固定，在柱底板上设置 20 mm 厚、70 mm×70 mm 的垫板，垫板开直径为 26 mm 的圆孔，垫板与柱底板在现场采用周围角焊缝焊接，焊脚高度为 10 mm，底板开直径为 30 mm 的圆孔，以便于调节柱的水平位置。刚架柱底端应刨平并于底板顶紧，其翼缘与底板采用坡口熔透焊，腹板采用双面角焊缝焊接。

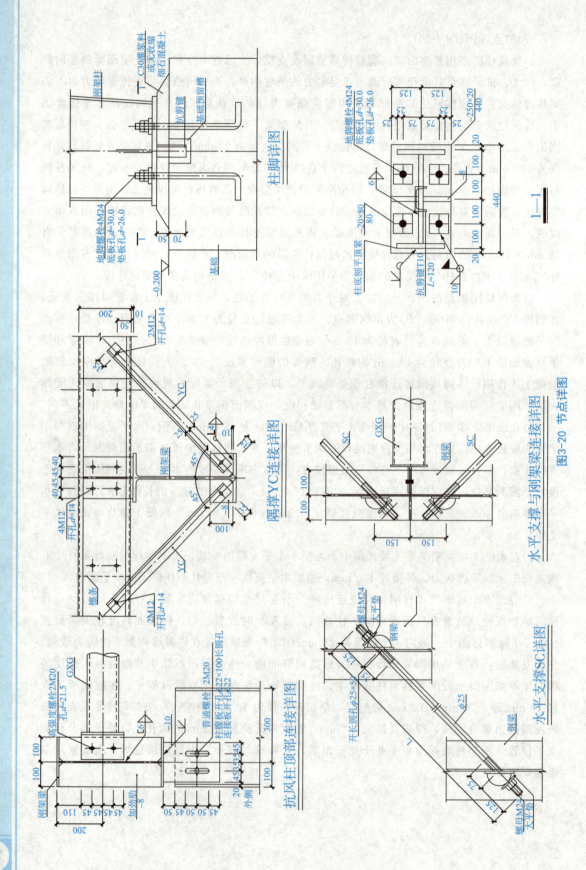

柱脚详图

1—1

隅撑YC连接详图

水平支撑与刚架梁连接详图

抗风柱顶部连接详图

水平支撑SC详图

图3-20 节点详图

3.3.2　多层钢框架构造及施工图识读

1. 多层钢框架基本知识

多层钢框架结构体系是指沿房屋的纵向与横向均采用框架作为承重和抵抗侧力的主要构件所形成的结构体系。该体系类似于钢筋混凝土框架体系，不同的是将混凝土梁、柱改为钢梁和钢柱。钢框架结构体系刚度比较均匀，自重较轻，对地震作用不敏感，且具有较好的延性，是一种较好的抗震结构形式。钢柱截面可选用宽翼缘热轧 H 型钢、焊接 H 型钢、圆钢管、冷弯方钢管、焊接方钢管及圆形和方形钢管混凝土截面等各种形式；钢梁通常采用窄翼缘热轧 H 型钢、焊接 H 型钢等截面形式。钢梁与钢柱通常采用柱贯通式的刚性连接，主、次梁采用铰接；柱脚形式可采用埋入式或外包式刚性柱脚。楼板可采用现浇混凝土楼板或压型钢板组合楼板，并通过栓钉与钢梁可靠连接。

2. 多层框架识图

多层框架钢结构施工图主要包括钢结构设计说明、钢柱及钢柱脚平面布置图、各层结构平面布置图、节点详图等。

（1）钢结构设计说明。钢结构设计说明主要包括工程概况、设计依据、设计荷载、结构设计、材料的选用、制作与安装、防腐防火处理要求及其他需要说明的事项等内容（图 3-21）。

1）工程概况：主要包括建筑功能、平面尺寸、高度、柱网、主体结构体系等，由此可以大体了解建筑的整体情况。

2）设计依据：主要包括甲方的设计任务书，现行国家、行业和地方规范与规程及标准图集等，施工时也必须以此为依据。

3）设计荷载：主要包括楼面不同位置，屋面的恒载、活载、风荷载、雪荷载及抗震设防烈度等有关参数。在后期使用过程中不得改变建筑使用功能。

4）结构设计：结构设计中主要包括结构使用年限、安全等级和结构计算原则、结构布置及主要节点构造，由此可以了解结构的整体情况。

5）材料的选用：主要包括钢材、螺栓、焊条、锚栓、栓钉等有关材料的强度等级及应符合的有关标准等。在材料采购时必须以这些作为依据和标准进行。

6）制作与安装：主要包括切割、制孔、焊接等方面的有关要求和验收的标准，以及运输与安装过程中要注意的事项和应满足的有关要求。

7）防腐防火处理要求：主要包括钢构件的防锈处理方法和防锈等级及漆膜厚度等钢结构涂装，以及钢结构防火等级和构件的耐火极限等方面的要求。

8）其他：主要包括钢结构建筑在后期使用过程中需要定期维护的要求，以及钢结构材料替换、雨期施工等其他需要注意的有关事项，以保证使用和施工过程中的结构安全。

多层钢结构框架设计说明

一、工程概况

本工程为某商店建筑，宽度为18.9 m；长度为42 m；基本柱网为4.2 m×6.3 m；结构高度为15.9 m；柱脚：刚接；柱脚：钢框架结构体系。

二、设计依据

1.甲方所提供的设计委托书等资料。

2.本工程设计遵循的现行的标准、规范、规程：

《建筑结构设计标准》(GB 50009—2012)

《建筑结构设计遵循的标准》(GB 50017—2017)

《冷弯薄壁型钢结构技术规范》(GB 50018—2002)

《钢结构工程施工质量验收标准》(GB 50205—2020)

《钢结构焊接规范》(GB 50661—2011)

《钢结构高强度螺栓连接技术规程》(JGJ 82—2011)

三、设计荷载

楼面恒载(kN/m²)：客房：5.0，屋面：8.0；楼面活载(kN/m²)：客房：2.0，楼梯：3.5；屋面：0.5。

基本风压(kN/m²)：W_0=0.50 kN/m²；地面粗糙度：B类一通；地面粗糙度：B类基本雪压：S_0=0.40 kN/m²；

抗震设防烈度：7度(0.10g)，设计地震分组第一组（场地类别：II类）。

四、结构设计

1.结构使用年限为50年。

2.本工程安全等级为二级，重要性系数1.0。

3.主体结构采用钢框架支撑结构体系。梁采用热轧H型钢，梁设置内隔板，柱设置内隔板，柱设置内两端与钢梁进行拼接，腹板为高强度螺栓摩擦型连接，翼缘为现场焊接，钢支撑梁与梁采用钢梁连接为一体。

4.钢柱与钢梁构架采用钢框架贯通式连接，柱设置内两端式连接，腹板为高强度螺栓摩擦型连接，柱设置内两端式连接，翼缘为现场焊接，钢支撑采用钢梁连接为一体。通过深度不小于柱截面高度的3倍。

5.柱脚采用外包式柱脚，外包深度不小于柱截面高度的3倍。

6.楼板采用现浇混凝土楼板，外包深度采用现浇混凝土楼板连接为一体。

五、材料选用

1.本工程钢材均采用Q345B钢材与Q345B钢材质量应满足《低合金高强度结构钢》(GB/T 1591—2018)的规定。所有钢材应具有屈服强度、抗拉强度、屈服比值及冷弯等试验的合格保证，且钢材应采用实测的屈服强度比不应大于0.85，屈服比值应有明显的屈服台阶，伸长率不应小于20%；钢材应具有良好的焊接性和合格的碳当量的冲击韧性。

2.手工工焊采用Q345钢焊接采用E50XX系列焊条，其技术条件应符合《热强钢焊条》(GB/T 5118—2012)的规定。

3.埋弧自动焊或半自动焊采用焊丝和焊剂相应的焊剂应与主体金属力学性能相匹配，焊接用焊丝应符合现行国家标准《熔化焊用钢丝》(GB/T 14957—1994)的规定，焊丝和焊剂的选用应符合《建筑钢结构焊接技术规范》(JGJ 81—2002)的规定，以确保焊缝金属与主体金属力学性能相适应，焊剂应符合现行行业标准《埋弧焊用热轧钢丝、药芯焊丝和焊剂》(GB/T 12470—2018)的规定。

4.普通螺栓：均为4.6级 C级，其性能应符合《六角头螺栓 C级》(GB/T 5780—2016)和《六角头螺栓》(GB/T 5782—2016)的规定。

5.高强度螺栓采用10.9级扭剪型，其螺栓、螺母和垫圈应符合《钢结构用扭剪型高强度螺栓连接副》(CB/T 3632—2008)的规定。

6.锚栓采用符合国家标准《碳素结构钢》(GB/T 700—2006)规定的Q235B钢，由未加工的圆钢制成。

7.圆柱柱头焊钉应满足《电弧螺柱焊用圆柱头焊钉》(GB/T 10433—2002)的材料。

8.方钢管应符合《建筑结构用冷弯矩形钢管》(JG/T 178—2005)的有关要求。

六、制作与安装

1.钢结构制作与安装的技术要求和允许偏差和允许误差应符合《钢结构工程施工质量验收标准》(GB 50205—2020)的规定。

2.框架梁翼缘和腹板的对接焊缝，以及梁翼缘板与柱的连接处采用全熔透对接焊缝，其焊接采用角焊缝。加劲肋与腹板的焊缝采用角焊缝。角焊缝的其外观要求按三级检验检查。

3.所有螺栓孔应均为II类孔，高强度螺栓孔应采用钻成的孔，孔径比螺栓公称直径大1～2 mm。

4.钢材面的焊缝重叠处均切角不小于15 mm×15 mm，加劲肋应均为平顶后端焊。

5.钢柱脚板或者钢柱翼缘、腹板和加劲肋等下端均要制平顶采制平顶后端焊。

6.所有高强度螺栓连接接触面的钢材表面处理，处理后摩擦面滑移系数不小于0.50。

7.钢管端口均采用钢板进行焊缝封闭，使内外空气隔绝，安装过程应满足其设计要求，钢管内不得积水。

8.梁与梁的拼接采用钢板连接，并确保焊接其外观要求。

焊接后再终焊采用高强度螺栓。

七、防腐与防火

1.所有钢构件制作前表面均应进行除锈处理。除锈质量等级要求达到《涂覆涂料前钢材表面处理 表面清洁度的目视评定》(GB/T 8923中的Sa2.5等级。

2.与混凝土接触或采入混凝土部位，商强度螺栓摩擦制面处置，工地焊接部位及其两侧100 mm范围内应采用防滑涂料处理，其余表面均应停止涂漆。

3.所有钢构件除锈以上所列不需涂漆涂料外，均应环氧富锌底漆两遍，厚度不小于60 μm；聚氨富面漆两遍，厚度不小于70 μm。

4.钢结构防火，柱应根据建筑等级要求按防火涂料，应根据建筑防火设计（如对钢结构进行防火要求二级）进行防火涂料厚度。耐火极限应满足设计要求。

八、其他

1.在使用过程中，应根据装修材料特性（如装修材料使用年限、围护结构使用年限、结构使用年限等），进行定期和特殊检查，对结构进行必要维护（如对钢结构重新进行涂装，更换损坏的材料等），以确保结构的安全，检查材质规范规定，无论在设计内容和预期使用年限内均应由专门的施工技术人员。

2.施工单位应根据本图纸及设计人员确认后方可加工制作。

3.当图纸材料确认与设计有矛盾时，无论在设计内容和预期服务年限内，均应由相应的施工技术单位。

4.本设计参考未及收集相关资料。

申报，经现场设计确认后方可代用。雨期施工时，雨期施工时应采取相应的施工技术措施。

图3-21 多层钢结构框架设计说明

(2)钢柱及钢柱脚平面布置图(图 3-22)。

1)平面轴线尺寸为 18.9 m×42 m,基本轴网为 4.2 m×6.3 m。

2)柱的形状采用粗实线表示,柱脚形状采用细虚线表示。柱的平面布置反映结构柱在建筑平面中的位置,本图中的柱均沿轴线居中布置。

3)"GKZ"表示钢框架柱,"GZJ"表示钢柱柱脚,可根据柱和柱脚截面尺寸、高度的不同进行分别编号。

4)在构件规格表中可查出钢柱采用方钢管,截面高度为 300 mm,厚度为 10 mm,柱底标高为 -1.150 m,即柱底板底标高,顶标高为 15.470 m,即屋顶楼板板底标高。

5)在钢柱脚截面示意图中可以查出钢柱与钢柱脚的截面形式和相互关系,柱脚平面尺寸为 700 m×700 mm,每边厚度为 200 mm,标高为 -1.200～-0.250 m。

(3)各层结构平面布置图(图 3-23)。

1)钢框架、次梁及钢柱均采用粗实线表示,当绘图比例较大时也采用双线(构件轮廓线)表示。本图中的梁均沿轴线居中布置。

2)"GKL"表示钢框梁,"CL"表示钢次梁。数字"1"为钢框梁的编号,不同的截面形式编号也不同。

3)黑三角符号"▶——"表示梁柱刚接,其余为铰接。"▱"表示楼梯间、天井、设备洞口等楼板开洞。

4)图中③轴交Ⓐ和Ⓑ轴间的梁右侧标注的标高表示梁顶标高与该层钢梁结构标高不一致,此梁顶标高较该层钢梁结构标高低 0.200 m。

5)从构建规格表中可查出 GKL-1 和 CL-1 均采用窄翼缘热轧 H 型钢,其截面特性可查现行国家标准《热轧 H 型钢和剖分 T 型钢》(GB/T 11263—2017),热轧 H 型钢的示意图中也给出了 H 型钢表示方法中各数字的意义。

(4)柱脚详图(图 3-24)。

1)本图中的柱脚为外包式刚接柱脚。

2)钢柱截面为宽度 300 mm、厚度 10 mm 的方钢管,底板长和宽均为 500 mm,厚度为 16 mm,钢柱端部刨平并与底板顶紧后采用焊脚高度为 6 mm 的周围角焊缝焊脚。端部刨平顶紧的目的是让柱承担的轴力直接传递给底板,而不需要角焊缝承担轴力,角焊缝仅按构造设置即可。底板与基础采用 4 个直径为 20 mm 的地脚螺栓固定。地脚螺栓安装时采用单螺母固定,在柱底板上设置 20 mm 厚 70 mm×70 mm 的垫板,垫板开直径为 22 mm 的圆孔,垫板与柱底板在现场采用周围角焊缝焊接,焊脚高度为 10 mm,底板开直径为 26 mm 的圆孔。

3)在柱底板中心设置直径为 200 mm 的泌浆孔,在二层浇灌层浇筑时可以有效地将底板下的空气排出,以保证二层浇灌层密实。

4)为保证钢柱与外围混凝土可靠连接,在钢柱四边设置 8 个直径为 16 mm 的圆头栓钉,栓钉长度为 100 mm,栓钉竖向的间距为 140 mm。

5)钢柱外包混凝土的厚度为 200 mm,高度为 900 mm,外包混凝土内设置 16 根直径为 20 mm 的 HRB400 级纵筋,箍筋为直径 10 mm、间距 100 mm 的 HPB300 级钢筋,在柱脚顶部设置 3 道直径为 12 mm、间距为 50 mm 的 HRB400 级加强箍筋。

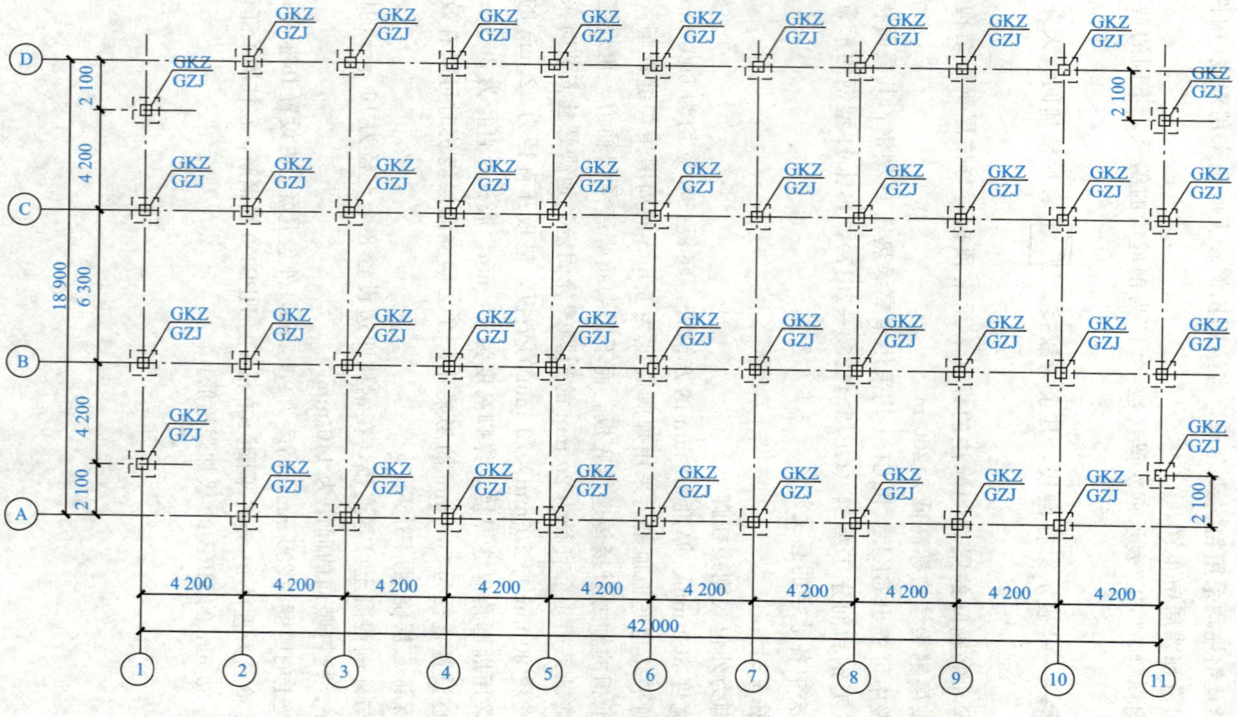

编号	名称	规格	标高	材质
GKZ	钢框架柱	□300×10	-1.150~15.470	Q345B
GZJ	钢柱脚	700×700	-1.200~-0.250	C30

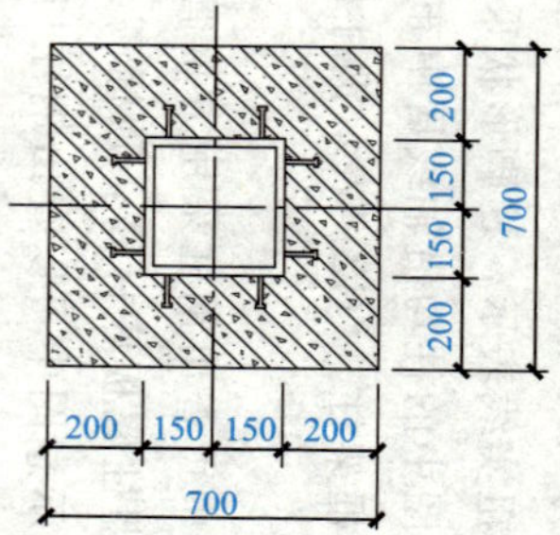

构件规格表

钢柱脚截面示意图

钢柱及钢柱脚平面布置图

图3-22 钢柱及钢柱脚平面布置图

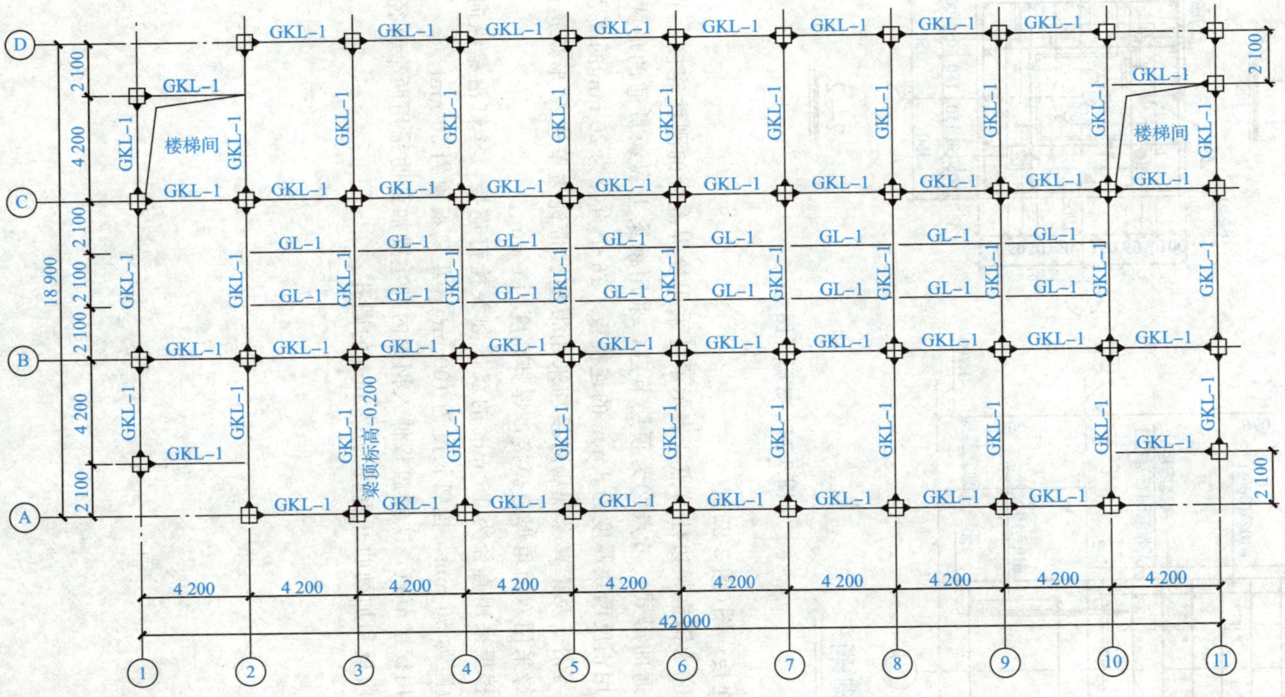

编号	名称	规格 $H \times B \times t_w \times t$	材质
GKL-1	钢框梁	HN400×200×8×13	Q345B
GL-1	钢次梁	HN250×125×6×9	Q345B

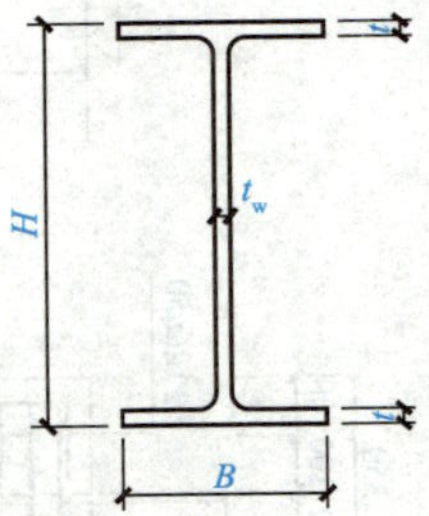

构件规格表

热轧H型钢布置图

2~5层结构平面布置图

图3-23 2~5层结构平面布置图

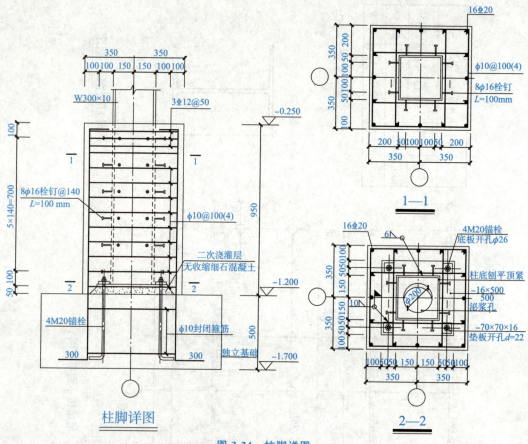

图 3-24 柱脚详图

(5)梁柱和梁梁连接详图(图 3-25)。

1)节点①和节点②为钢框架边柱节点,表示梁柱采用栓焊混合的刚性连接,节点①为中间层节点,采用柱贯通的形式;节点②为顶层节点,采用钢梁上翼缘贯通的形式。在 1—1 剖面中,主梁腹板采用正反两块厚度为 8 mm 的连接板、16 个直径为 20 mm 的高强度螺栓连接,梁翼缘、加劲肋与钢柱及梁翼缘现场对接均采用带垫板带钝边单边 V 形熔透焊缝焊接。钢梁腹板与柱和梁翼缘采用双面角焊缝焊接,焊脚高度为 6 mm。

2)钢梁与混凝土楼板采用直径为 16 mm 的双排圆头栓钉连接,栓钉沿梁纵向的间距为 150 mm,距离钢梁边距为 50 mm,栓钉长度为 100 mm,距离板顶为 30 mm。

3)主次梁连接采用铰接节点,次梁腹板伸入钢梁内与主梁加劲肋采用两个直径为 20 mm 的高强度螺栓连接,腹板和加劲肋开直径为 22 mm 的圆孔。

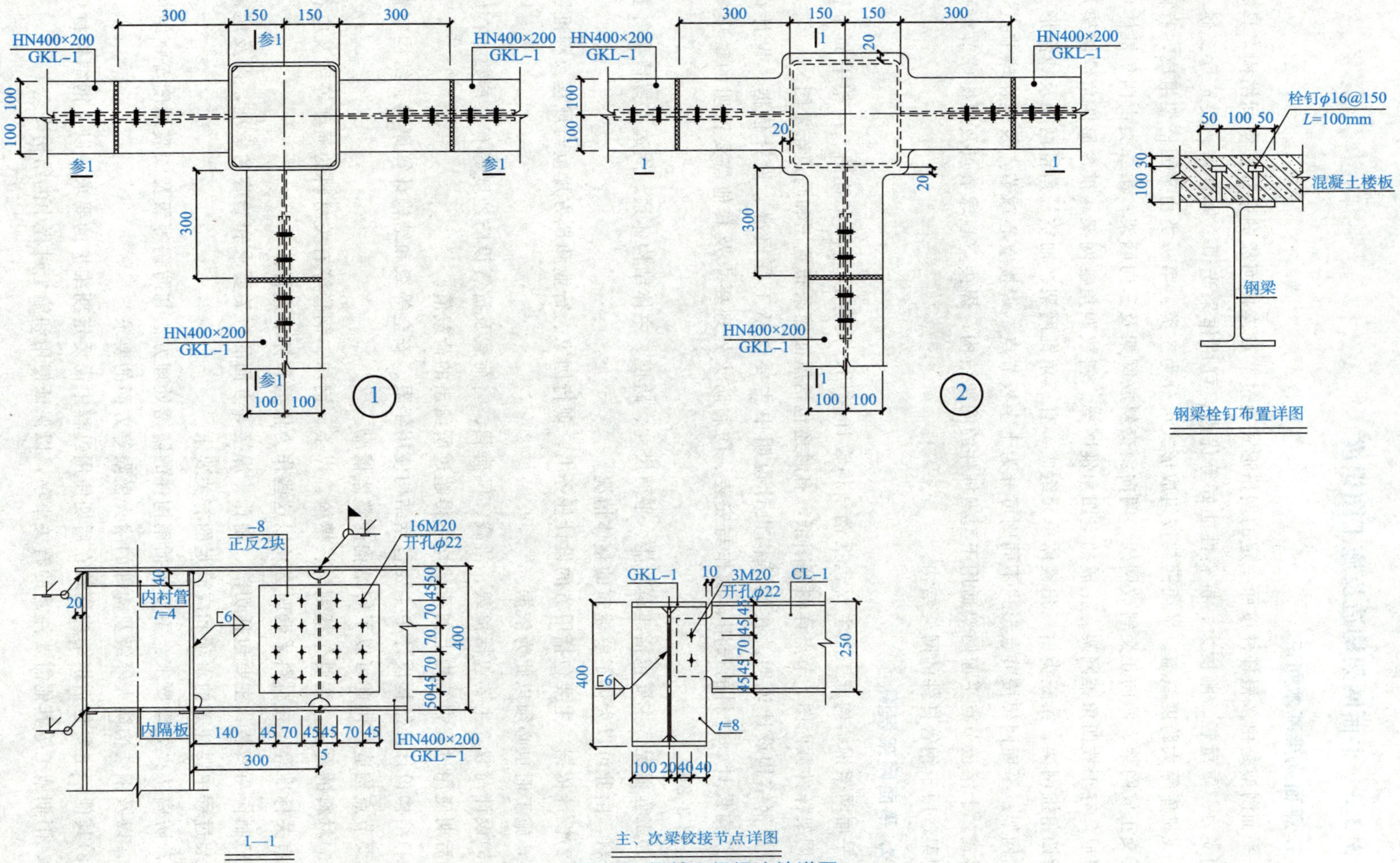

栓钉φ16@150
混凝土楼板
L=100mm
钢梁

50 100 50
100 30

钢梁栓钉布置详图

HN400×200
GKL-1

300
150
20
150
300

20
1
1
20

300

100 100
HN400×200
GKL-1

100 100
HN400×200
GKL-1

②

HN400×200
GKL-1

300
150
参1
150
300

参1

300

100 100
参1
HN400×200
GKL-1

100 100
HN400×200
GKL-1

①

250
CL-1
10 3M20
开孔φ22
45 45 70 45 45
l=8

GKL-1
100 2(4) 4
6
400

主、次梁铰接节点详图

图3-25 梁柱和梁梁连接详图

16M20
开孔φ22
50 45 70 70 45 50
45 70 45 45 5
HN400×200
GKL-1
140
300

8
正反2块
6
内衬管
l=4

内隔板

20
1—1

3.3.3 平面网架构造及施工图识读

1. 平面网架基本知识

平面网架是由多根杆件按照一定的网格形式通过节点连接而成的平板式空间结构，具有空间受力、质量轻、刚度大、抗震性能好等优点，可用作采光顶、体育馆、展览厅、候车厅、飞机库等大跨度屋盖。平面网架按组成形式可分为三类：第一类由平面桁架组成，有两向正交正放网架、两向正交斜放网架、两向斜交斜放网架及三向网架；第二类由四角锥体单元组成，有正放四角锥网架、正放抽空四角锥网架、斜放四角锥网架、棋盘形四角锥网架及星形四角锥网架；第三类由三角锥体单元组成，有三角锥网架、抽空三角锥网架及蜂窝形三角锥网架。平面网架按节点形式不同则可分为十字板节点、焊接空心球节点及螺栓球节点三种形式。十字板节点平面网架适用于型钢杆件的网架结构；焊接空心球节点及螺栓球节点平面网架适用于钢管杆件的网架结构。

2. 平面网架识图

平面网架钢结构施工图主要包括钢结构设计说明、网架预埋件布置图、网架平面布置图、网架杆件截面图、节点详图等图纸，有时还包括屋面檩条布置图和马道布置图。

(1)钢结构设计说明。在钢结构设计说明中主要包括工程概况、设计依据、设计荷载、结构设计、材料的选用、制作与安装、防腐防火处理要求及其他需要说明的事项等内容(图3-26)。

1)工程概况：主要包括建筑功能、平面尺寸、跨度、主体结构体系、周边支撑情况等基本资料，由此可以大体了解建筑的整体情况。

2)设计依据：主要包括甲方的设计任务书，现行国家、行业和地方规范与规程及标准图集等，施工时也必须以此为依据。

3)设计荷载：主要包括恒载、活载、风荷载、雪荷载及抗震设防烈度等有关参数。在施工和后期使用过程中结构上的荷载均不得超过所给出的荷载值。

4)结构设计：结构设计中主要包括结构使用年限、安全等级和结构计算原则、结构布置及主要节点构造，由此可以了解结构的整体情况。

5)材料的选用：主要包括钢材、螺栓、焊条、钢球、钢管等有关材料的强度等级及应符合的有关标准等。在材料采购时必须以这些作为依据和标准进行。

6)制作与安装：主要包括切割、制孔、焊接等方面的有关要求和验收的标准，以及运输和安装过程中要注意的事项和应满足的有关要求。

7)防腐防火处理要求：主要包括钢构件的防锈处理方法和防锈等级及漆膜厚度等钢结构涂装，以及钢结构防火等级及构件的耐火极限等方面的要求。

8)其他：主要包括钢结构建筑在后期使用过程中需要定期维护的要求，以及钢结构材料替换、雨期施工等其他需要注意的有关事项，以保证使用和施工过程中的结构安全。

螺栓球节点网钢结构设计说明

一、工程概况

本工程为某建筑中庭采光顶；下部为混凝土结构，长度为24 m；宽度为24 m；支承在屋面周边框架结构、网架支座上。

二、设计依据

1.甲方提供的设计委托书等资料。

2.结构设计遵循的标准、规范、规程：
《建筑结构可靠性设计统一标准》(GB 50017-2017)
《空间网格结构技术规程》(JGJ 7-2010)
《冷弯薄壁型钢结构技术规范》(GB 50018-2002)
《钢结构焊接质量验收标准》(GB 50205-2020)
《钢网架螺栓球节点高强度螺栓》(GB/T 16939-2016)

三、设计荷载

屋面荷载：0.80 kN/m²(含檩条)
屋面活载：0.50 kN/m²
基本风压：W0=0.55 kN/m²(50年一遇)　地面粗糙度：B类
基本雪压：S0=0.40 kN/m²。
温度：±30℃。
抗震设防烈度：7度(0.10g)，设计地震分组第一组(场地类别：II类)。

四、结构设计

1.结构设计使用年限为50年。
2.结构安全等级为二级，重要性系数1.0。
3.屋面坡度采用四角锥螺栓球节点网架，周边上弦支承。
4.网架支座采用橡胶垫板式支座。
5.网架支座取用L0，受压杆件最大长细比180，受拉杆件最大长细比250，其余荷载作用于节点上，杆件不承受横向荷载。
6.杆件计算长度取中心L0，受压杆件最大长细比180，受拉杆件最大长细比250。
7.静载荷载不包括杆件自重，自重由程序自动生成。

五、材料选用

1.本工程所采用钢管、锥头、套筒、封板等，其质量应符合现行国家标准《碳素结构钢》(GB/T 700-2006)的合格保证。
2.手工电弧焊Q235钢焊接采用E43XX系列焊条，其技术条件应符合现行国家标准《非合金钢及细晶粒钢用焊条》(GB/T 5117-2012)中的规定要求。
3.埋弧焊自动焊或半自动焊焊丝和焊剂应与主体金属力学性能相适应，并应符合现行国家标准《熔化焊用钢丝》(GB/T 14957-1994)的规定。焊剂应符合现行国家标准《埋弧焊用非合金钢及细晶粒钢实心焊丝、药芯焊丝—焊剂组合分类要求》(GB/T 5293-2018)的规定。
4.普通螺栓采用4.6 C级，其性能应符合《六角头螺栓 C级》(GB/T 5780-2016)和《六角头螺栓》(GB/T 5782-2016)的规定。

5.高强度螺栓，材质为40Cr、10.9级，其尺寸和技术条件性能应符合《合金结构钢》(GB 3077-2015)和《钢网架螺栓球节点用高强度螺栓》(GB/T 16939-2015)的规定。
6.紧定螺钉，材质为40Cr，其技术条件性能应符合《合金结构钢》(GB 3077-2015)的规定。
7.锥球，材质为45号钢，其技术条件应符合《优质碳素结构钢》(GB/T 699-2015)的规定。
8.钢管均采用无缝钢管，其尺寸和技术条件应符合《结构用无缝钢管》(GB/T 8162-2018)的规定。

六、制作与安装

1.钢结构的制作应遵循《钢结构工程施工质量验收标准》(GB 50205—2020)规定的二级焊缝螺缝验收的检验标准。
2.网架杆件对接焊缝均应符合国家标准《钢结构工程施工质量验收标准》(GB 50205—2020)规定的二级焊缝验收的检验标准。
3.所标注焊缝长度为螺栓球中心间距。
4.所标注杆件长度为杆件长度及杆件杆端的任何截面任何截面的实际下料长度，实际下料长度应根据螺栓球尺寸，并考虑焊接收缩量。
5.钢制作中当杆件直径≥75 mm时采用锥头，焊接及锥头的连接与连接的焊缝应做出检查结果。
6.网架制作时需进行一次预热至150~200℃后再施焊。且每个节点所有焊缝均须通过检查，并做出复查结果。
7.网架拼装完成后，须将焊逢过渡板与顶埋件焊板有接焊。
8.网架制造、运输、安装中应遵守《空间网格结构技术规程》(JGJ 7—2010)、《钢结构工程施工质量验收标准》等有关规定。
9.网架螺栓球节点防火 (JG/T 10—2009)等有关规定。

七、钢结构防腐及防火

1.所有钢结构件制作前表面须进行除锈处理，除锈质量等级为二级，表面清洁度的目视评定达到《涂覆涂料前钢材表面处理 表面清洁度的目视评定 第1部分：未涂覆过的钢材表面和全面清除原有涂层后的钢材表面的锈蚀等级和除锈等级》(GB/T 8923)中的Sa2.5级。
2.所有钢构件表面均应采用环氧富锌底漆两遍，厚度不小于70 μm，环氧云铁中间漆两遍，厚度不小于70 μm。
3.本设计采用防火涂料应达到耐火极限为1.5 h，网架采用超薄型防火涂料，所有薄型防火涂料的施工须通过有关规范。
4.钢结构防火涂料的施工应符合《钢结构防火涂料》(CECS 24—1990)的有关规定。同时亚满足建筑设计防火规范的要求。

八、其他

1.在使用过程中，应根据材料特性(如涂料特性等)，进行定期和和特殊检查，对必要处进行维护。围护结构使用年限、围护结构使用年限，对结构进行定期维护更换进行涂装，更换损坏构件等，以确保使用过程中的结构安全。检查中的损伤的修复要求应符合《建筑钢结构防腐蚀技术规程》(JGJ/T 251—2011)的规定。
2.施工单位应根据本施工图进行图纸深化设计，待设计人员确认后方可加工制作。
3.当图纸材料供应规格缺省时，不应由加工制作单位自行采用规格代用，均须由加工前期和图期要求设计应符合《建筑钢结构防腐蚀技术规程》相应规范代用。
4.本设计未考虑雨期相应的施工技术措施。经现场处理后方可实施，雨期施工时，应由设计单位申报，经现场确认后雨期施工可代用。

图3-26 螺栓球节点网架钢结构设计说明

（2）网架预埋件布置图（图3-27）。

1）"YM"表示预埋件，采用粗实线表示，混凝土框架梁采用双细实线（轮廓线）表示，轴线采用细点画线表示。

2）预埋件布置在混凝土框架梁上，间距为3 000 mm，预埋件沿轴线居中布置。

3）从1—1剖面中可以看出，预埋件沿梁居中布置，预埋件顶与混凝土梁顶平齐。

4）从预埋件详图中可以看出，锚板长和宽均为360 mm，厚度为16 mm，采用4根直径为16 mm的HRB400级锚筋与锚板穿孔塞焊。

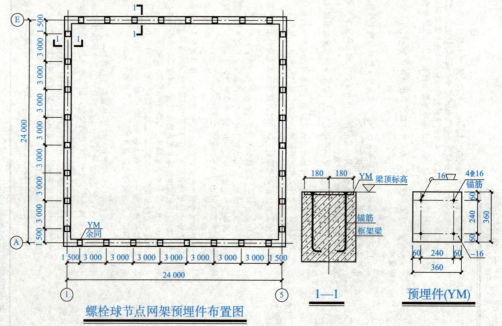

螺栓球节点网架预埋件布置图

图3-27　螺栓球节点网架预埋件布置图

（3）网架平面布置图（图3-28）。

1）从平面布置图可以看出，网架平面尺寸为24 m×24 m，网架高度为1.8 m，为平板网架结构。上弦杆与建筑轴线呈45°，节间长度为$1\,500×\sqrt{2}=2\,121（mm）$；下弦杆和腹杆与建筑轴线平行，下弦杆节间长度为3 000 mm，腹杆节间长度为$\sqrt{1\,500^2+1\,800^2}=2\,343（mm）$，网架组成形式为斜放四角锥结构。

2）网架上弦杆采用粗实线表示，下弦杆采用细虚线表示，腹杆采用细实线表示，节点用"○"表示，支座用"□"表示。

3）下部混凝土梁仅与网架上弦节点连接，支撑形式为上弦周边支撑。

4）R_z表示网架竖向的反力，"−"表示方向向下，"＋"表示方向向上，一般正号省略不写。反力单位为kN。

5）从对称符号上看，网架杆件在两个方向上分别沿中心线对称。

（4）网架杆件截面图（图3-29）。

1）图3-29是按照网架杆件在两个方向上分别沿中心线对称的方式给出的网架上、下弦杆和腹杆的杆件截面图。

2）在杆件编号中，上弦杆用"S"表示、下弦杆用"X"表示、腹杆用"F"表示。第二个数字是按照杆件截面的不同进行编号的，a及后面的数字是按杆件截面相同而长度不同进行编号的。ϕ表示圆钢管，其后的数字为直径×厚度。钢管有无缝钢管和焊接钢管之分，两者受压性能不同，应按设计说明选用。

3）球节点用①表示，○内的数字按照球规格的不同进行编号。"BS"表示螺栓球，其后的数字表示螺栓球直径。螺栓球采用45号优质碳素结构钢。

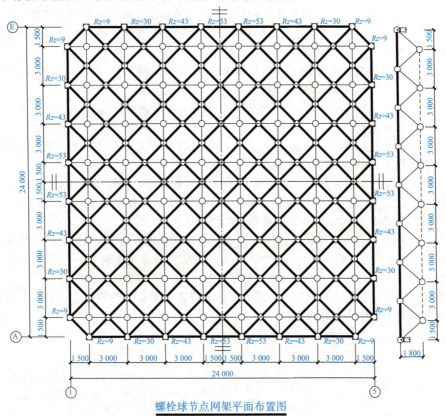

螺栓球节点网架平面布置图

图 3-28　螺栓球节点网架平面布置图

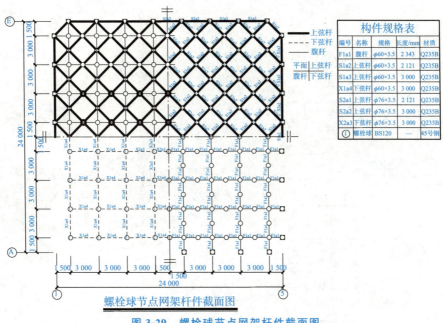

螺栓球节点网架杆件截面图

图 3-29　螺栓球节点网架杆件截面图

构件规格表				
编号	名称	规格	长度/mm	材质
F1a1	腹杆	φ60×3.5	2 343	Q235B
S1a2	上弦杆	φ60×3.5	2 121	Q235B
S1a3	上弦杆	φ60×3.5	3 000	Q235B
X1a4	下弦杆	φ60×3.5	3 000	Q235B
S2a1	上弦杆	φ76×3.5	2 121	Q235B
S2a2	上弦杆	φ76×3.5	3 000	Q235B
X2a3	下弦杆	φ76×3.5	3 000	Q235B
①	螺栓球	BS120	—	45号钢

(5)节点详图(图 3-30)。

1)平板网架的支座节点根据受力特点不同可选用压力支座、拉力支座、可滑动和转动的弹性支座及刚性支座等,节点①选用的支座形式是可转动和变形的橡胶板式支座。

2)在节点①中,螺栓球焊接在支承斜板上,在螺栓球上焊接时应将钢球预热到 150～200 ℃后再施焊,以防止 45 号钢常温焊接时出现裂缝。

3)十字板采用焊脚高度为 10 mm 的双面角焊缝焊接在底板上。底板长和宽均为 280 mm,厚度为 16 mm,开直径为 30 mm 的圆孔。

4)橡胶垫板长和宽均为 260 mm,厚度为 50 mm,板上开直径为 60 mm 的圆孔,以防止橡胶垫板阻碍支座变形。

5)过渡板长和宽均为 280 mm,厚度为 16 mm,过渡板与螺栓采用穿孔塞焊,与预埋件采用焊脚高度为 10 mm 的周围角焊缝现场焊接。

6)支座底板与过渡板采用两个直径为 24 mm 的螺栓固定。地脚螺栓安装时采用双螺母固定,在底板上设置 16 mm 厚 70 mm×70 mm 的垫板,垫板开直径为 26 mm 的圆孔,垫板与柱底板采用焊脚高度为 10 mm 的周围角焊缝现场焊接。

7)节点②为网架上弦杆与腹板的连接节点,当杆件直径小于 75 mm 时,杆件采用平封板;当杆件直径不小于 75 mm 时,应设置锥头,以防止杆件端部碰撞,尽量减少螺栓球直径。在螺栓球上部通过普通螺栓连接屋面檩条支托。

8)节点③为网架下弦杆与腹杆的连接节点,与节点②相似,当网架下弦杆有吊挂灯具等设备时,可以利用螺栓球工艺孔吊挂。

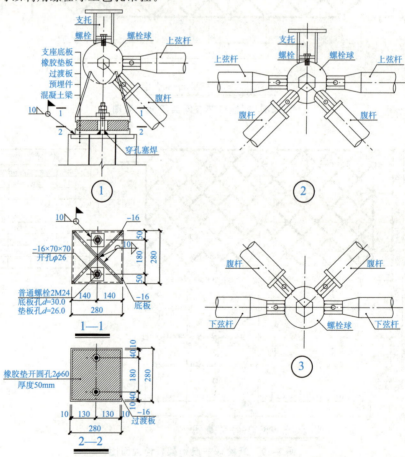

图 3-30 节点详图

焊接球节点网架钢结构设计说明

一、工程概况

本工程为某建筑中庭轻质屋面。宽度为24 m；长度为24 m；下部为混凝土结构，网架支座在承重屋面周围边框架梁柱上。

二、设计依据

1. 甲方提供的设计委托书等资料。
2. 建筑结构设计遵循的标准、规范：

《钢结构设计标准》（GB 50017—2017）

《空间网格结构技术规程》（JGJ 7—2010）

《冷弯薄壁型钢结构技术规范》（GB 50018—2002）

《钢结构焊接规范》（GB 50661—2011）

《钢网架焊接空心球节点》（JG/T 11—2009）

三、设计荷载

屋面恒载：0.50 kN/m²（含檩条）

屋面活载：0.50 kN/m²

基本风压：W_0=0.55 kN/m²（50年一遇）　基本雪压S_0=0.40 kN/m²。

地面粗糙度：B类

抗震设防烈度：7度（0.10g），设计地震分组第一组（场地类别：Ⅱ类）。

四、结构设计

1. 结构设计使用年限为50年。
2. 本工程安全等级为二级，重要性系数1.0。
3. 屋面结构采用平板型网架。
4. 屋面支座采用平板压力支托型支座。
5. 屋面支座采用周边四角锥接球支托投。周边上支托支撑。
6. 杆件计算长度取$L=L$，应符合细比180，受拉杆件最大长细比250。其余杆件自动生成。其余荷载必须作用在节点上。杆件不受弯。
7. 静态荷载

横向荷载

五、材料选用

1. 本工程所用钢管、连接板采用Q235B钢，其质量应符合现行国家标准《碳素结构钢》（GB/T 700—2006）的规定。钢材应具有抗拉强度、屈服强度、伸长率、冷弯试验的合格保证。
2. 手工焊Q235钢焊接采用E43XX系列焊条。其技术条件应符合现行国家标准《非合金钢及细晶粒钢焊条》（GB/T 5117—2012）中的规定要求。
3. 埋弧自动焊或半自动焊用焊丝应符合现行国家标准《埋弧焊用非合金钢及细晶粒钢焊丝和焊剂》（GB/T 5293—2018）的规定。药芯焊丝—焊剂组合分类符合 C级。其性能应符合《六角头螺栓》（GB/T 5782—2016）和《六角头螺栓 C级》（GB/T 5780—2016）的规定。
4. 普通螺栓：均采用4.6级 C级，其性能应符合《六角头螺栓》（GB/T 5782—2016）的规定。
5. 橡胶，采用氯丁橡胶，网架支座上。
6. 铜球，材质为Q235B钢，其技术条件应符合《空间网格结构》（GB/T 700—2006）的规定。
7. 钢管采用无缝钢管（GB/T 8162—2018）的规定。

六、制作与安装

1. 焊接球与杆件采用剖口焊，确保焊接强度与杆件等强，与球体之间应留有一定空隙，焊接前应做好焊接工艺试验，网架杆件对接以及限焊缝连接应符合现行国家标准《钢结构焊接标准》（GB 50205—2020）规定，实际下料长度应为螺栓球中心间距。所标注的杆件长度为据球接球的有接头。
2. 所标注的钢管长度均为螺栓球中心间距。
3. 球体与杆件钢管焊接时，球表面的焊缝平面应与杆平面平行。受压与对称焊接。
4. 网架施工中不允许有加焊有接头，且每一个节点有接缝的杆件，受压杆件在需加焊时需做严格复查，并作出复查结果。网架施工单位的测量结果为准。必须对土建单位进行现场确认，球接球时需加焊有接缝的杆件，受压与对称焊接，并作出复查结果。
5. 网架拼装裁设后，须将网架支座过渡板与预埋件钢板焊接处理，除锈质量等级达到Sa2.5级，并应做好防火。
6. 网架超焊接完成后，须将焊接部位及质量分级应符合《涂覆涂料前钢材表面处理 表面清洁度的目视评定》（GB/T 8923）中的Sa2.5级的规定，验收应遵守《空间网格结构技术规程》（JGJ 7—2010）、《钢网架螺栓球节点》（JG/T 10—2009）等有关规定。
7. 所有钢结构表面均应除油，富氧脂富溶面漆，聚氨酯面漆两遍，网架杆件应用二级，网架杆件的防火涂料应用环保氨酯富溶面漆两遍。使用过程中，应确保与油脂烃车油物质以及其他物质对橡胶有害的物质。
8. 网架螺栓球节点，《JG/T 10—2009》等有关规定。
9. 橡胶垫板应在安装。
10. 橡胶垫板制作前的目视评定为焊接表面处理，在橡胶垫板周围用502胶粘结，在橡胶垫板间应采用超薄型钢板焊接。

七、防火

1. 有钢结构件制作前须进行除锈处理《空间网格结构钢》所有钢结构件使用环境条件、应根据材料使用年限、围护结构构件更新对应进行涂装，对结构进行加油对应有必要时要素达到2.5级，厚度不小于70 μm。
2. 所有钢结构均须根据方案对结构安全，对设计人员应确认后方可加工制作，待设计与图纸深化设计、图纸进行图纸深化设计，待设计人员确认后方可加工制作。

八、其他

1. 使用过程中，应根据材料使用（含装修材料如涂料等）进行定期使用目视检查，对结构构件检查，检查中的结构元件，检查合格使用，均由加工制作单位向原设计单位申报。
2. 本网架的防火涂件应用二级，网架杆件的耐火极限1.5 h，应采用超薄型防火涂料《钢结构防火涂料》（JG/T 251—2011）的规定。遵守《钢结构防火涂料应用技术规程》（T/CECS 24—2020）的防火涂料应满足建筑装饰装修材料配。
3. 当图材料被代用时，无论是材质规格代用，均须由加工制作单位向原设计单位申报。经设计确认后方可代用。
4. 本设计中未考虑雨期施工，雨期施工时应采取相应的施工技术措施。

图3-31　焊接球节点网架钢结构设计说明

(7)网架预埋件布置图(图3-32)。

1)"YM"表示预埋件,采用粗实线表示;混凝土框架梁采用双细实线(轮廓线)表示,轴线采用细点画线表示。

2)预埋件布置在混凝土框架梁上,间距为 3 000 mm,预埋件沿轴线居中布置。

3)从1—1剖面中可以看出,预埋件沿梁居中布置,预埋件顶与混凝土梁顶平齐。

4)从预埋件详图中可以看出,锚板的长和宽均为 300 mm,厚度为 16 mm,采用 4 根直径为 16 mm 的 HRB400 级锚筋与锚板穿孔塞焊。

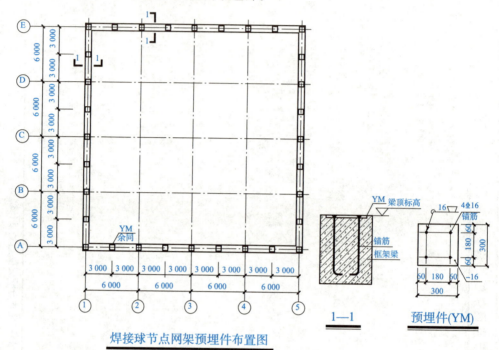

焊接球节点网架预埋件布置图

图 3-32　焊接球节点网架预埋件布置图

(8)网架平面布置图(图3-33)。

1)从平面布置图可以看出网架平面尺寸为 24 m×24 m,网架高度为 2.0 m,为平板网架结构。上、下弦杆与建筑轴线平行,上、下弦杆节间长度为 3 000 mm,腹杆与建筑轴线呈 45°,节间长度为 $\sqrt{2\ 121^2+2\ 000^2}=2\ 915(\text{mm})$,网架组成形式为正放四角锥结构。

2)网架上弦杆采用粗实线表示,下弦杆采用细虚线表示,腹杆采用细实线表示,节点用"○"表示,支座用"□"表示。

3)下部混凝土梁仅与网架上弦节点连接,支撑形式为上弦周边支撑。

4)R_z 表示网架竖向的反力,"-"表示方向向下,"+"表示方向向上,一般正号省略不写。反力单位为 kN。

5)从对称符号上看,网架杆件在两个方向上分别沿中心线对称。

(9)网架杆件截面图(图3-34)。

1)本图是按照网架杆件在两个方向上分别沿中心线对称的方式给出的网架上、下弦杆和腹杆的杆件截面图。

2)杆件编号中,上弦杆用"S"表示,下弦杆用"X"表示,腹杆用"F"表示。第二个数字是按照杆件截面的不同进行编号的,a 及后面的数字是按杆件截面相同而长度不同进行编号的。φ 表示圆钢管,其后的数字为直径×厚度。钢管有无缝钢管和焊接钢管之分,两者受压性能不同,应按设计说明选用。

3) 球节点用①表示，○内的数字按照球规格的不同进行编号。焊接空心球有焊接空心球和加肋焊接空心球两种。"WS"表示焊接空心球；"WSR"表示加肋焊接空心球。其后的数字表示焊接球直径×厚度。焊接空心球的材质为 Q235B 碳素结构钢。

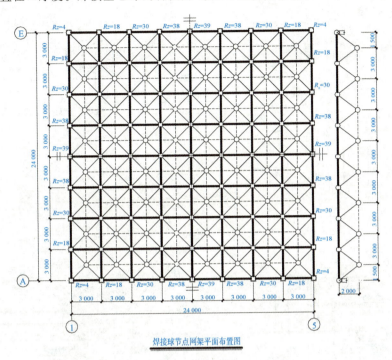

焊接球节点网架平面布置图

图 3-33　焊接球节点网架平面布置图

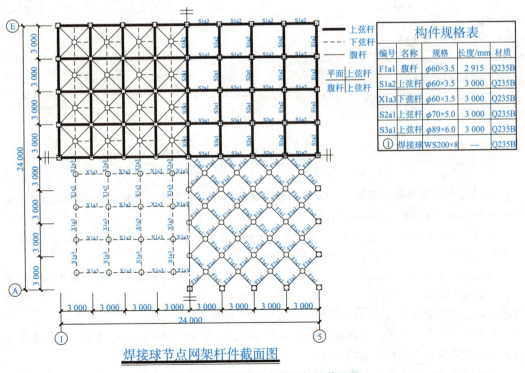

构件规格表				
编号	名称	规格	长度/mm	材质
F1a1	腹杆	φ60×3.5	2 915	Q235B
S1a2	上弦杆	φ60×3.5	3 000	Q235B
X1a3	下弦杆	φ60×3.5	3 000	Q235B
S2a1	上弦杆	φ70×5.0	3 000	Q235B
S3a1	上弦杆	φ89×6.0	3 000	Q235B
①	焊接球	WS200×8	—	Q235B

焊接球节点网架杆件截面图

图 3-34　焊接球节点网架杆件截面图

77

（10）节点详图（图 3-35）。

1）节点①选用的支座形式是平板压力支座。

2）在节点①中，空心球焊接在支撑斜板上。

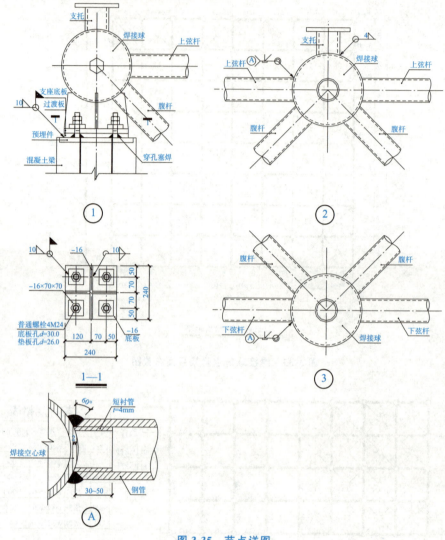

图 3-35　节点详图

3）十字板采用焊脚高度为 10 mm 的双面角焊缝焊接在底板上。底板长和宽均为 240 mm，厚度为 16 mm，开直径为 30 mm 的圆孔。

4）过渡板长和宽均为 240 mm，厚度为 16 mm，过渡板与螺栓采用穿孔塞焊，与预埋件采用焊脚高度为 10 mm 的周围角焊缝现场焊接。

5）支座底板与过渡板采用 4 个直径为 24 mm 的螺栓固定。地脚螺栓安装时采用双螺母固定，在底板上设置 16 mm 厚、70 mm×70 mm 的垫板，垫板开直径为 26 mm 的圆孔，垫板与柱底板采用焊脚高度为 10 mm 的周围角焊缝现场焊接。

6）节点②为网架上弦杆与腹板的连接节点，网架杆件直接焊接在空心球上，屋面檩条支托采用周围角焊缝直接焊接在空心球上。

7）节点③为网架下弦杆与腹杆的连接节点，与节点②相似，当网架下弦杆有吊挂灯具等设备时，可利用在焊接空心球上直接焊接吊挂。

8)在焊缝详图中，可看出网架杆件与焊接空心球采用带垫板单边 V 形熔透焊缝焊接，钢管内设置长度为 30～50 mm、厚度为 4 mm 的短衬管，剖口角度为 60°，预留间隙为 2 mm。

技能测试

1. 目的

通过多种钢结构施工图绘制，掌握钢结构杆件和节点识读。

2. 能力标准和要求

能识读多种钢结构施工详图，能根据设计结果绘制钢结构施工详图。

3. 活动条件

智能建造馆机房；"全场景免疫诊断仪器、试剂研发与制造中心"项目。

4. 技能操作

案例：全场景免疫诊断仪器、试剂研发与制造中心项目：1♯仓库、2♯车间、3♯车间、4♯车间(地下采用筏板＋下柱墩基础，地上钢框架结构)；7♯车间(地下采用独立柱基，地上采用钢框架结构)。

(1)结构设计说明。钢框架结构的结构设计说明往往根据工程的繁简情况不同，说明中所列的条文也不尽相同。当工程较为简单时，结构设计说明的内容也比较简单，但是工程结构设计说明中所列条文都是钢框架结构工程中所必须涉及的内容。主要包括设计依据，设计荷载，材料要求，构件制作、运输、安装要求，施工验收，图中相关图例的规定，主要构件材料表等。

(2)柱子平面布置图。柱子平面布置图是反映结构柱在建筑平面中的位置，用粗实线反映柱子的截面形式，根据柱子断面尺寸的不同，给柱子进行不同的编号，并且标出柱子断面中心线与轴线的关系尺寸，给柱子定位。对于柱截面中板件尺寸选用往往另外用列表方式表示。在读图时，首先明确图中一共有几种类型的柱子，每种类型的柱子的截面形式如何，各有多少个。

(3)结构平面布置图。结构平面布置图是确定建筑物各构件在建筑平面上的位置图，具体绘制内容包括以下几项：

1)根据建筑物的宽度和长度，绘制出柱网平面图；

2)用粗实线绘制出建筑物的外轮廓线及柱的位置和截面示意；

3)用粗实线绘制出梁及各构件的平面位置，并标注构件定位尺寸；

4)在平面图的适当位置处标注所需的剖面，以反映结构楼板、梁等不同构件的竖向标高关系；

5)在平面图上对梁构件编号；

6)表示出楼梯间、结构留洞等的位置，对于结构平面布置图的绘制数量，与确定绘制建筑平面图的数量原则相似，只要各层结构平面布置相同，可以只绘制某一层的平面布置图来表达相同各层的结构平面布置图。在对某结构平面布置图详细识读时，具体步骤见表 3-13。

表 3-13 结构平面布置图详细识读的步骤

项目	内容
明确本层梁的信息	结构平面布置图是在柱网平面上绘制出来的，而在识读结构平面布置图之前，已经识读了柱子平面布置图，所以，在此图上的识读重点就首先落到了梁上。这里提到的梁的信息主要包括梁的类型数、各类梁的截面形式、梁的跨度、梁的标高及梁柱的连接形式等信息

项目	内容
掌握其他构件的布置情况	其他构件主要是指梁之间的水平支撑、隔撑及楼板层的布置。水平支撑和隔撑并不是所有的工程中都有，如果有，在结构平面布置图中一起表示出来；楼板层的布置主要是指当采用钢筋混凝土楼板时，应将钢筋的布置方案在平面图中表示出来，或者将板的布置方案单列一张图纸
查找图中洞口位置	楼板层中的洞口主要包括楼梯间和配合设备管道安装的洞口，在平面图中主要明确它们的位置和尺寸大小
屋面檩条平面布置图	屋面檩条平面布置图主要表达檩条的平面布置位置、檩条的间距及檩条的标高。在识读时可以参考轻钢门式刚架的屋面檩条平面布置图的识读方法，阅读其要表达的信息
楼梯施工详图	对于楼梯施工详图，首先要弄清楚各构件之间的位置关系，其次要明确各构件之间的连接问题。前面提到，对于钢结构楼梯，往往做成梁板式楼梯，因此，它的主要构件有踏步板、梯斜梁、平台梁、平台柱等。楼梯施工详图主要包括楼梯平面布置图、楼梯剖面图、平台梁与梯斜梁的连接详图、踏步板详图、平台梁与平台柱的连接详图、楼梯底部基础详图等。 楼梯施工详图的识读步骤一般为先读楼梯平面图，掌握楼梯的具体位置和楼梯的具体平面尺寸；再读楼梯剖面图，掌握楼梯在竖向上的尺寸关系和楼梯本身的构造形式及结构组成；最后阅读钢楼梯的节点详图，从而掌握组成楼梯的各构件之间的连接做法
节点详图	节点详图在设计阶段应表示清楚各构件间的相互连接关系及其构造特点，节点上应标明整个结构物的相关位置，即应标出轴线编号、相关尺寸、主要控制标高、构件编号和截面规格、节点板厚度及加劲肋做法。构件与节点板采用焊接连接时，应标明焊脚尺寸及焊缝符号。构件采用螺栓连接时，应标明螺栓的型号，螺栓的直径、数量。 图纸共有两张节点详图，绝大多数的节点详图是用来表达梁与梁之间各种连接、梁与柱子的各种连接和柱脚的各种做法。往往采用2～3个投影方向的断面图来表达节点的构造做法。对于节点详图的识读，首先要判断清楚该详图对应于整体结构的什么位置（可以利用定位轴线或索引符号等），其次判断该连接特点（即两构件之间在何处连接，是铰接连接还是刚接等），最后才是识读图上的标注

对于钢框架施工图的识读，可以按照如图3-36所示流程进行。

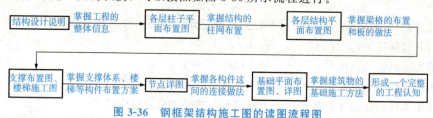

图3-36　钢框架结构施工图的读图流程图

5. 步骤提示

查阅实际工程钢结构图纸，熟悉钢结构施工详图的内容，用CAD绘图软件进行钢结构施工图的绘制，进行识读，并完成实训报告（表3-14）。

表3-14　钢结构施工图识读报告

班级		姓名		时间	
课目				指导教师	
项目	全场景免疫诊断仪器、试剂研发与制造中心项目				
序号	项目内容			计分值	操作得分
1	1#仓库（2#车间、3#车间、4#车间及7#车间）钢结构工程CAD绘图			20	

序号	项目内容	计分值	操作得分
2	1♯仓库(2♯车间、3♯车间、4♯车间及7♯车间)钢结构工程看图步骤及注意事项	10	
3	1♯仓库(2♯车间、3♯车间、4♯车间及7♯车间)钢结构工程地上柱箱型柱种类及数量	10	
4	1♯仓库(2♯车间、3♯车间、4♯车间及7♯车间)钢结构工程地下箱型柱种类及数量	10	
5	1♯仓库(2♯车间、3♯车间、4♯车间及7♯车间)钢结构工程地下十字柱种类及数量	10	
6	1♯仓库(2♯车间、3♯车间、4♯车间及7♯车间)钢结构工程钢梁种类及数量	15	
7	1♯仓库(2♯车间、3♯车间、4♯车间及7♯车间)钢结构工程钢结构节点连接形式	25	
报告			

任务工单

根据所学知识，完成以下任务工单。

1. 任务目标

通过本任务的学习，学生能够掌握门式刚架、多层钢框架和平面网架的基本构造知识，并能够准确识读相应的施工详图，提高钢结构施工图识读能力。

2. 任务内容

(1)门式刚架构造及施工图识读。

1)复习门式刚架的基本知识，包括其组成、特点、适用范围等。

2)选取典型的门式刚架施工详图，进行识读练习。

3)识别并解释详图中的构件尺寸、连接方式、材料说明等关键信息。

(2)多层钢框架构造及施工图识读。

1)回顾多层钢框架的基本知识，理解其结构特点和受力性能。

2)选取多层钢框架的施工详图，进行识读和分析。

3)特别注意楼层板、梁柱节点等关键部位的构造细节和连接方式。

(3)平面网架构造及施工图识读。

1)学习平面网架的基本知识，包括其类型、构造特点和应用场景。

2)选取平面网架的施工详图进行识读，理解网架的整体布局和构件之间的相互关系。

3)分析网架节点的构造形式和连接方式，理解其受力原理。

3. 任务要求

(1)认真复习相关知识，确保对门式刚架、多层钢框架和平面网架的基本构造有清晰的认识。

(2)在识读施工详图时，要细心观察、准确理解，确保不遗漏关键信息。

(3)对于不理解的地方，要及时查阅相关资料或向教师请教。

项目 4　钢结构连接工程

知识目标 >>>

1. 掌握钢结构焊接连接的基础知识。
2. 掌握角焊缝和对接焊缝的形式与构造特点、强度计算。
3. 掌握焊接应力和焊接变形的相关知识，并了解减小焊接残余应力和变形的方法。
4. 了解高强度螺栓的分类、性能及其在工程中的应用。
5. 了解高强度螺栓紧固与放松的原理和操作要求。
6. 熟悉高强度螺栓连接的计算方法。
7. 掌握普通螺栓连接的基础知识，包括螺栓的分类、直径和长度的确定方法。
8. 掌握普通螺栓连接的排列与构造要求。
9. 了解铆钉连接的种类及其连接形式。
10. 熟悉铆接参数的确定方法。
11. 掌握铆接施工的基本流程，以及铆接质量的检验方法。

能力目标 >>>

1. 能够根据施工图纸和现场实际情况，合理选择和使用焊接方法，掌握焊接质量的控制技巧，减少焊接应力和变形。
2. 能够熟练进行高强度螺栓的孔加工、连接施工和紧固放松操作，确保高强度螺栓连接的质量和安全。
3. 能够正确选择普通螺栓并进行连接施工，掌握螺栓紧固及其检验的方法，了解螺栓螺纹放松的措施，提高螺栓连接的可靠性和耐久性。
4. 能够按照铆接施工的规范流程进行操作，确保铆接质量和连接强度满足设计要求，掌握铆接质量的检验技巧。

素养目标 >>>

1. 培养学生创新意识和解决问题的能力，面对复杂的钢结构连接问题能够灵活应对，提出有效的解决方案。
2. 增强学生对安全生产的认识，严格遵守安全操作规程，确保自身和他人的安全，为企业的安全生产作出贡献。

任务4.1 钢结构焊接连接

课前认知

焊缝连接是现代钢结构最主要的连接方法，它是通过加热或加压，或两者并用，并且用或不用填充材料，使工件达到原子间结合的一种加工方法。焊接连接的优点：构造简单，制造省工；不削弱截面，经济；连接刚度大，密闭性能好；易采用自动化作业，生产效率高。其缺点：焊缝附近有热影响区，该处材质变脆；在焊件中产生焊接残余应力和残余应变，对结构工作常有不利影响；焊接结构对裂纹很敏感，裂缝易扩展，尤其在低温下易发生脆断。另外，焊缝连接的塑性和韧性较差，施焊时可能会产生缺陷，使结构的疲劳强度降低。

理论学习

4.1.1 焊接基础知识

4.1.1.1 焊接方法

焊接有气焊、接触焊和电弧焊等方法。建筑钢结构常用的焊接方法是电弧焊。电弧焊又可分为手工电弧焊、自动或半自动埋弧焊和气体保护焊等。目前，钢结构中较常用的焊接方法是手工电弧焊。

1. 手工电弧焊

图 4-1(a)所示为手工电弧焊原理。它由焊件、焊条、焊钳、电焊机等组成电路。施焊时，首先使分别连接在电焊机两极的焊条和焊件瞬间短路打火引弧，从而使焊条和焊件迅速熔化。熔化的焊条金属与焊件金属结合成为焊缝金属。

视频：手工电弧焊

由于电弧焊设备简单，使用方便，只需要用焊钳夹持住焊条，再对准待焊部位即可施焊；手工电弧焊适用于全方位空间焊接，故应用广泛且特别适用于工地安装焊缝、短焊缝和曲折焊缝的焊接。但它生产效率低，劳动条件差，弧光炫目，焊接质量在一定程度上取决于焊工水平，容易波动。

2. 自动或半自动埋弧焊

图 4-1(b)所示为自动或半自动埋弧焊原理。焊丝埋在焊剂层下，当通电引弧后，使焊丝、焊件和焊剂熔化。焊剂熔化后形成熔渣浮在熔化的焊缝金属表面，使其与空气隔绝，并供给必要的合金元素以改善焊缝质量。焊丝随着焊机的自动移动而下降和熔化，颗粒状的焊剂也不断由漏斗漏下埋住炫目电弧。当全部焊接过程自动进行时，称为自动埋弧焊。焊机移动由人工操纵时，称为半自动埋弧焊。

埋弧焊的焊接速度快，生产效率高，成本低，劳动条件好。然而，它们的应用也受到其自身条件的限制，由于焊机沿着焊缝的导轨移动，故要有一定的操作条件，特别适用于梁、柱、板等的大批量拼装制造焊缝的焊接。

3. 气体保护焊

气体保护焊是用喷枪喷出二氧化碳气体或其他惰性气体作为电弧的保护介质，使熔化金属与空气隔绝，以保持焊接过程稳定。由于焊接时没有焊剂产生的熔渣，故便于观察焊缝的成型过程，但操作须在室内避风处，在工地则须搭设防风棚。

埋弧自动焊电弧加热集中、焊接速度快、熔深大，故焊缝强度比手工焊高，且塑性和抗腐蚀性好，适合厚钢板或特厚钢板($t > 100$ mm)的焊接。

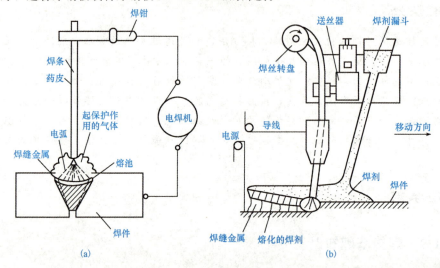

图 4-1 电弧焊原理
(a)手工电弧焊原理；(b)自动或半自动埋弧焊原理

4.1.1.2 焊接接头、焊缝形式和焊接方式

1. 焊接接头与焊缝形式

钢结构连接可分为对接、搭接、T形和角接等接头形式。当采用焊接形式进行连接时，根据焊缝的截面形状，可分为对接焊缝和角焊缝及由这两种形式焊缝组合成的对接与角接组合焊缝，如图 4-2 所示。

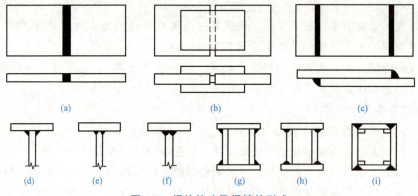

图 4-2 焊接接头及焊缝的形式

对接焊缝又称为坡口焊缝，因为在施焊时，焊件之间须具有适用于焊条运转的空间，故一般均将焊件边缘开成坡口，焊缝则焊在两焊件的坡口面间或一焊件的坡口与另一焊件的表面间，如图 4-2(a)所示。对接焊缝按是否焊透可分为焊透的和部分焊透的两种。焊透的对接焊缝强度高，受力性能好，故应用广泛，"对接焊缝"一词通常指焊透的焊缝。

角焊缝为沿两直交或斜交焊件的交线边缘焊接的焊缝，如图 4-2(b)～(d)、(g)所示。直交的称为直角角焊缝；斜交的称为斜角角焊缝。后者除因构造需要有所采用外，一般不宜用作受力焊缝（钢管结构除外）；前者受力性能较好，应用广泛，角焊缝一词通常指直角角焊缝。

对接与角接组合焊缝的形式是在部分焊透或全焊透的对接焊缝外再增焊一定焊脚尺寸的角焊缝，如图4-2(e)、(h)、(f)、(i)所示。相对于（无焊脚的）对接焊缝，增加的角焊缝可减少应力集中，改善焊缝受力性能，尤其是疲劳性能。

对接焊缝由于和焊件处在同一平面，截面也相同，故其受力性能好于角焊缝，且用料省，但制造较费工；角焊缝则反之；对接与角接组合焊缝的受力性能优于对接焊缝。

角焊缝按沿长度方向的布置可分为连续角焊缝和断续角焊缝两种形式，如图4-3所示。前者为基本形式，其受力性能好，应用广泛；后者因在焊缝分段的两端应力集中严重，一般只用在次要构件或次要焊缝的连接。断续角焊缝之间的净距不宜过大，以免连接不紧密，导致潮气侵入引起锈蚀，一般应不大于$15t$（对受压构件）或$30t$（对受拉构件），t为较薄焊件厚度。断续角焊缝焊段的长度不得小于$10h_f$或50 mm，h_f为角焊缝的焊脚尺寸。

图4-3　焊缝

(a)连续角焊缝；(b)断续角焊缝

2. 焊接方式

焊接方式按施焊位置的不同可分为平焊、横焊、立焊和仰焊四种，如图4-4(a)所示。平焊：施焊方便，质量易于保证，故应尽量采用；横焊、立焊施焊较难，焊缝质量和效率均较平焊低；仰焊：施焊条件最差，焊缝质量不易保证，故应从设计构造上尽量避免。T形接头角焊缝在工厂常采用的焊接方法是船形焊，它也属于平焊，如图4-4(b)所示。

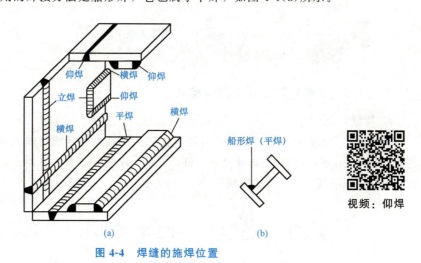

图4-4　焊缝的施焊位置

4.1.1.3　焊缝符号及标注

焊缝一般应按《焊缝符号表示法》(GB/T 324—2008)和《建筑结构制图标准》(GB/T 50105—2010)的规定，采用焊缝符号在钢结构施工图中标注。

表4-1为部分常用焊缝符号。它们主要由图形符号、辅助符号和引出线等部分组成。图

形符号表示焊缝截面的基本形式，如□表示角焊缝（竖线在左、斜线向右），V表示V形坡口的对接焊缝等；辅助符号表示焊缝的辅助要求，如涂黑的三角形旗号表示安装焊缝、3/4圆弧表示相同焊缝等，均绘制在引出线的转折处；引出线由横线、斜线及箭头组成，横线的上方和下方用来标注各种符号和尺寸等，斜线和箭头用来将整个焊缝符号指到图形上的有关焊缝处。对单面焊缝，当箭头指在焊缝所在的一面时，应将图形符号和尺寸标注在横线的上方；当箭头指在焊缝所在的另一面时，应将图形符号和尺寸标注在横线的下方。必要时，还可以在横线的末端加一尾部，以做其他辅助说明之用，如标注焊条型号等。

表4-1　部分常用焊缝符号表

类型\项目	角焊缝				对接焊缝	T形角焊缝	塞焊缝	三面围焊
	单面焊缝	双面焊缝	安装焊缝	相同焊缝				
形式								
标注方法								E50为对焊条的辅助说明

当焊缝分布不规则时，在标注焊缝符号的同时，宜在焊缝处加粗线以表示可见焊缝，加栅线以表示不可见焊缝，加×符号以表示工地安装焊缝。图4-5所示为焊缝标注图形。

(a)　　　　　　　(b)　　　　　　　(c)

图4-5　焊缝标注图形

(a)可见焊缝；(b)不可见焊缝；(c)工地安装焊缝

4.1.1.4　焊缝缺陷及焊缝质量检验

1. 焊缝缺陷

焊缝缺陷是指焊接过程中产生于焊缝金属或附近热影响区钢材表面或内部的缺陷（常见的缺陷如图4-6所示），以及焊缝尺寸不符合要求、焊缝成型不良等。焊缝不得有裂纹、未熔合、夹渣、未填满弧坑、焊瘤等缺陷。

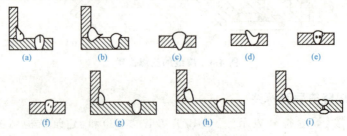

图4-6　焊缝缺陷

(a)裂纹；(b)焊瘤；(c)烧穿；(d)弧坑；(e)气孔；

(f)夹渣；(g)咬边；(h)未熔合；(i)未焊透

2. 焊缝质量检验

（1）设计要求的一、二级焊缝应进行内部缺陷的无损检测，一、二级焊缝的质量等级和检测要求应符合表 4-2 的规定。

检查数量：全数检查。

检验方法：检查超声波或射线探伤记录。

表 4-2　一级、二级焊缝质量等级及无损检测要求

焊缝质量等级		一级	二级
内部缺陷 超声波探伤	缺陷评定等级	Ⅱ	Ⅲ
	检验等级	B 级	B 级
	检测比例	100%	20%
内部缺陷 射线探伤	缺陷评定等级	Ⅱ	Ⅲ
	检验等级	B 级	B 级
	检测比例	100%	20%
注：二级焊缝检测比例的计数方法应按以下原则确定：工厂制作焊缝按照焊缝长度计算百分比，且探伤长度不小于 200 mm；当焊缝长度小于 200 mm 时，应对整条焊缝探伤；现场安装焊缝应按照同一类型、同一施焊条件的焊缝条数计算百分比，且不应少于 3 条焊缝。			

（2）焊缝内部缺陷的无损检测应符合下列规定：

1）采用超声波检测时，超声波检测设备、工艺要求及缺陷评定等级应符合现行国家标准《钢结构焊接规范》（GB 50661—2021）的规定。

2）当不能采用超声波探伤或对超声波检测结果有疑义时，可采用射线检测验证，射线检测技术应符合现行国家标准《焊缝无损检测 射线检测 第 1 部分：X 和伽玛射线的胶片技术》（GB/T 3323.1—2019）或《焊缝无损检测 射线检测 第 2 部分：使用数字化探测器的 X 和伽玛射线技术》（GB/T 3323.2—2019）的规定，缺陷评定等级应符合现行国家标准《钢结构焊接规范》（GB 50661—2021）的规定。

3）焊接球节点网架、螺栓球节点网架及圆管 T、K、Y 节点焊缝的超声波探伤方法及缺陷分级应符合国家和行业现行标准的有关规定。

【特别提示】

对于不同类型的焊接接头和不同的材料，可以根据图纸要求或有关规定，选择一种或几种检验方法，以确保质量。

3. 焊缝质量等级的选用

《钢结构设计标准》（GB 50017—2017）有以下规定：

（1）在承受动荷载且需要进行疲劳验算的构件中，凡要求与母材等强连接的焊缝应焊透。其质量等级应符合下列规定：

1）作用力垂直于焊缝长度方向的横向对接焊缝或 T 形对接与角接组合焊缝，受拉时应为一级，受压时不应低于二级；

2）作用力平行于焊缝长度方向的纵向对接焊缝不应低于二级；

3）重级工作制（A6～A8）和起重量 $Q \geqslant 50$ t 的中级工作制（A4、A5）吊车梁的腹板与上翼缘之间，以及吊车桁架上弦杆与节点板之间的 T 形连接部位焊缝应焊透，焊缝形式宜为对接与角接的组合焊缝，其质量等级不应低于二级。

（2）不需要疲劳验算的构件中，凡要求与母材等强的对接焊缝宜焊透，其质量等级受拉时不应低于二级，受压时不宜低于二级。

4.1.2 角焊缝连接

4.1.2.1 角焊缝的形式与构造

1. 角焊缝的形式

(1)角焊缝按其与作用力的关系可分为平行于力作用方向的侧面角焊缝、垂直于力作用方向的正面角焊缝、与力作用方向呈斜角的斜向角焊缝，如图 4-7 所示。

1)正面角焊缝：焊缝长度方向与作用力垂直。

2)侧面角焊缝：焊缝长度方向与作用力平行。

3)斜向角焊缝：焊缝长度方向与作用力呈斜角。

(2)角焊缝按其截面形式可分为直角角焊缝、斜角角焊缝。

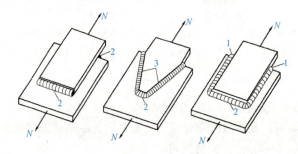

图 4-7 角焊缝的受力形式

1—侧面角焊缝；2—正面角焊缝；3—斜向角焊缝

2. 角焊缝的构造

(1)一般规定。钢结构角焊缝的构造应符合下列规定：

1)在直接承受动荷载的结构中，角焊缝表面应做成普通型或凹面型。焊脚尺寸的比例：正面角焊缝宜为 1∶1.5(长边顺内力方向)；侧面角焊缝可为 1∶1。

2)在次要构件或次要焊缝连接中，可采用断续角焊缝。断续角焊缝焊段的长度不得小于 $10h_f$ 或 50 mm，其净距不应大于 15t(对受压构件)或 30t(对受拉构件)，t 为较薄焊件的厚度。

3)当板件的端部仅有两侧面角焊缝连接时，每条侧面角焊缝长度不应小于两侧面角焊缝之间的距离；同时，两侧面焊缝之间的距离不应大于 16t(t>12 mm)或 190 mm(t≤12 mm)，t 为较薄焊件的厚度。

4)当角焊缝的端部在构件转角处做长度为 $2h_f$ 的绕角焊时，转角处必须连续施焊。

5)在搭接连接中，搭接长度不得小于焊件较小厚度的 5 倍，并不得小于 25 mm。

(2)尺寸要求。钢构件角焊缝的构造尺寸应符合下列规定：

1)角焊缝的焊脚尺寸 h_f 不应小于 $1.5\sqrt{t}$，t 为较厚焊件的厚度(当采用低氢型碱性焊条施焊时，t 可采用较薄焊件的厚度)。但对埋弧自动焊，最小焊脚尺寸可减小 1 mm；对 T 形连接的单面角焊缝，应增加 1 mm。当焊件厚度等于或小于 4 mm 时，最小焊脚尺寸应与焊件厚度相同。

2)角焊缝的焊脚尺寸不应大于较薄焊件厚度的 1.2 倍(钢管结构除外)，但板件(厚度为 t)边缘的角焊缝最大焊脚尺寸还应符合下列要求：

①当 t≤6 mm 时，h_f≤t；

②当 t>6 mm 时，h_f≤t−(1～2)mm。

圆孔或槽孔内的角焊缝尺寸也不应大于圆孔直径或槽孔短径的1/3。

3）角焊缝的两焊脚尺寸一般相等。当焊件的厚度相差较大且等焊脚尺寸不能符合最大（最小）焊脚尺寸要求时，可采用不等焊脚尺寸，与较薄焊件接触的焊脚边应符合最小焊脚尺寸要求，与较厚焊件接触的焊脚边应符合最大焊脚尺寸的要求。

4）侧面角焊缝或正面角焊缝的计算长度不应小于 $8h_f$ 和 40 mm。

5）侧面角焊缝的计算长度不应大于 $60h_f$，当大于上述数值时，其超过部分在计算中不予考虑。若内力沿侧面角焊缝全长分布，其计算长度不受此限。

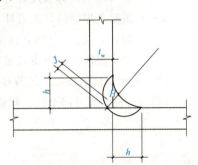

（3）单面角焊缝的构造要求。为减少腹板因焊接产生变形并提高工效，当 T 形接头的腹板厚度不大于 8 mm 且不要求全熔透时，可采用单面角焊缝（图 4-8）。单面角焊缝应符合下列规定：

1）单面角焊缝适用于仅承受剪力的焊缝。

2）单面角焊缝仅可用于承受静荷载和间接动荷载的、非露天和不接触强腐蚀性介质的结构构件。

图 4-8　单面角焊缝参数

3）焊脚尺寸、焊喉及最小根部熔深应符合表 4-3 的要求。

4）经工艺评定合格的焊接参数、方法不得变更。

5）柱与底板的连接、柱与牛腿的连接、梁端板的连接、吊车梁及支承局部悬挂荷载的吊架等，除非设计有专门规定，否则不得采用单面角焊缝。

表 4-3　单面角焊缝部分焊接参数　　　　　　　　　　　　　　　　　　mm

腹板厚度 t_w	最小焊脚尺寸 h	有效厚度 H	最小根部熔深 J（焊丝直径为 1.2～2.0）
3	3	2.1	1.0
4	4	2.8	1.2
5	5	3.5	1.4
6	5.5	3.9	1.6
7	6	4.2	1.8
8	6.5	4.6	2.0

4.1.2.2　角焊缝的计算

1. 直角角焊缝强度计算的基本公式

图 4-9 所示为直角角焊缝的截面。试验表明，直角角焊缝的破坏常发生在有效截面处，故对角焊缝的研究均着重于这一部分。

直角角焊缝在各种应力综合作用下的计算公式为

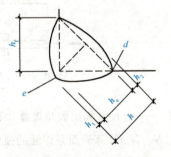

$$\sqrt{\left(\frac{\sigma_f}{\beta_f}\right)^2 + \tau_f^2} \leqslant f_f^w \qquad (4-1)$$

图 4-9　直角角焊缝的截面

h—焊缝厚度；h_f—焊脚尺寸；h_e—焊缝有效厚度（焊喉部位）；h_1—熔深；h_2—凸度；d—焊趾；e—焊根

式中 σ_f——按焊缝有效截面($h_e l_w$)计算，垂直于焊缝长度方向的应力；

τ_f——按焊缝有效截面($h_e l_w$)计算，沿焊缝长度方向的剪应力；

h_e——直角角焊缝的计算厚度[当两焊件间隙 $6 \leqslant 1.5$ mm, $h_e = 0.7 h_f$；1.5 mm$< b \leqslant 5$ mm 时，$h_e = 0.7(h_f - b)$，h_f 为焊脚尺寸]；

l_w——角焊缝的计算长度，对每条焊缝取其实际长度减去 $2 h_f$；

β_f——正面角焊缝的强度设计值增大系数(对承受静力荷载和间接承受动力荷载的结构，$\beta_f = 1.22$；对直接承受动力荷载的结构，$\beta_f = 1.0$。由于正面角焊缝的刚度大，韧性差，应将其强度降低使用)；

f_f^w——角焊缝的抗拉、抗剪和抗压强度设计值。

(1)力与焊缝长度方向平行。侧缝 $\sigma_f = 0$，假定 τ_f 均匀分布，则

$$\tau_f = \frac{N}{h_e \sum l_w} \leqslant f_f^w \tag{4-2}$$

式中 N——轴心拉力或轴心压力。

(2)力与焊缝长度方向垂直。正缝 $\tau_f = 0$，假定 σ_f 均匀分布，则

$$\sigma_f = \frac{N}{h_e \sum l_w} \leqslant \beta_f f_f^w \tag{4-3}$$

(3)斜向力(即不平行也不垂直于焊缝长度方向)。只要将焊缝应力分解为垂直于焊缝长度方向的应力 σ_f 和平行于焊缝长度方向的应力 τ_f，即可按式(4-1)计算。

2. 各种受力状态下直角角焊缝的计算

(1)承受轴心力的角焊缝连接计算。用盖板的对接连接承受轴心力(拉力或压力)时，当焊件受轴心力且轴心力通过连接焊缝中心时，可以认为焊缝应力是均匀分布的。

在图 4-10 所示的连接中：

1)当只有侧面角焊缝时，按式(4-1)计算。

2)当只有正面角焊缝时，按式(4-3)计算。

3)当采用三面围焊时，对矩形拼接板，先按式(4-4)计算正面角焊缝所承担的内力：

$$N' = \beta_f f_f^w \sum l_w h_e \tag{4-4}$$

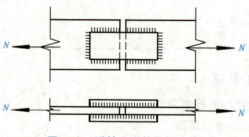

图 4-10 受轴心力的盖板连接

式中 $\sum l_w$——连接一侧正面角焊缝计算长度的总和。

再由力($N - N'$)计算侧面角焊缝的强度：

$$\tau_f = \frac{N - N'}{\sum l_w h_e} \leqslant f_f^w \tag{4-5}$$

式中 $\sum l_w$——连接一侧侧面角焊缝计算长度的总和。

(2)承受斜向轴心力的角焊缝连接计算。若有受斜向轴心力的角焊缝连接，则将 N 分解为垂直于焊缝和平行于焊缝的分力 $N_x = N\sin\theta$，$N_y = N\cos\theta$，并计算应力：

$$\left.\begin{array}{c} \sigma_f = \dfrac{N\sin\theta}{\sum h_e l_w} \\[3mm] \tau_f = \dfrac{N\cos\theta}{\sum h_e l_w} \end{array}\right\} \tag{4-6}$$

代入式(4-1)得

$$\sqrt{\left(\frac{N\sin\theta}{\beta_f h_e l_w}\right)^2 + \left(\frac{N\cos\theta}{h_e l_w}\right)^2} \leqslant f_f^w \tag{4-7}$$

若将 $\beta_f = 1.22^2 \approx 1.5$ 代入式(4-7)中，得

$$\frac{N}{h_e \sum l_w}\sqrt{1 - \frac{1}{3}\sin^2\theta} \leqslant f_f^w \tag{4-8}$$

取

$$\beta_{f0} = \frac{1}{\sqrt{1 - \dfrac{1}{3}\sin^2\theta}} \tag{4-9}$$

则

$$\frac{N}{h_e \sum l_w} \leqslant \beta_{f0} f_f^w \tag{4-10}$$

(3)承受轴心力的角钢角焊缝计算。钢桁架中角钢腹杆与节点板的连接焊缝一般采用两面侧焊[图 4-11(a)]或三面围焊[图 4-11(b)]，特殊情况也可采用 L 形围焊[图 4-11(c)]。腹杆受轴心力作用，为了避免焊缝偏心受力，焊缝所传递的合力的作用线应与角钢杆件的轴线重合。

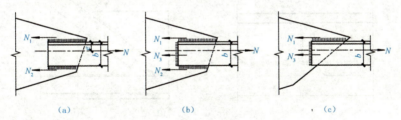

(a)　　　　　　　　　(b)　　　　　　　．(c)

图 4-11　钢与节点板的连接

(a)两面侧焊；(b)三面围焊；(c)L 形围焊

1)对于三面围焊，可先假定正面角焊缝的焊脚尺寸 h_f，计算出正面角焊缝所分担的轴心力(当腹杆为双角钢组成的 T 形截面且肢宽为 b 时)。

$$N_3 = 2 \times 0.7 h_f b \beta_f f_f^w \tag{4-11}$$

由平衡条件可得：

$$N_1 = K_1 N - \frac{N_3}{2} \tag{4-12}$$

$$N_2 = K_2 N - \frac{N_3}{2} \tag{4-13}$$

式中　N_1，N_2——角钢肢背和肢尖的侧面角焊缝所承受的轴力；

　　　　K_1，K_2——角钢肢背和肢尖焊缝的内力分配系数(不等肢角钢短肢连接：$K_1 = 0.75$，$K_2 = 0.25$。不等肢角钢长肢连接：$K_1 = 0.65$，$K_2 = 0.35$。等肢角钢连接：$K_1 = 0.7$，$K_2 = 0.3$。)。

2)对于两面侧焊，因 $N_3=0$，则

$$N_1 = K_1 N \tag{4-14}$$

$$N_2 = K_2 N \tag{4-15}$$

求得各条焊缝所受的内力后，按构造要求假定肢背和肢尖焊缝的焊脚尺寸，即可计算出焊缝的计算长度。对双角钢截面

$$\sum l_{w1} = \frac{N_1}{0.7 h_{f1} f_f^w} \tag{4-16}$$

$$\sum l_{w2} = \frac{N_2}{0.7 h_{f2} f_f^w} \tag{4-17}$$

3)当杆件受力很小时，可采用 L 形围焊。由于只有正面角焊缝和角钢肢背上的侧面角焊缝，令 $N_2=0$，得

$$N_3 = 2K_2 N$$

$$N_1 = N - N_3$$

求得 N_3 和 N_1 后，可分别计算角钢正面角焊缝和肢背侧面角焊缝。

4.1.2.3　角焊缝接头

(1)由角焊缝连接的部件应密贴，根部间隙不应超过 2 mm；当接头的根部间隙超过 2 mm 时，角焊缝的焊脚尺寸应根据根部间隙值增加，但最大不应超过 5 mm。

(2)当角焊缝的端部在构件上时，转角处应连续包角焊，起弧和熄弧点距焊缝端部应大于 10.0 mm；角焊缝端部不设置引弧和引出板的连续焊缝，起熄弧点(图 4-12)距离焊缝端部应大于 10.0 mm，弧坑应填满。

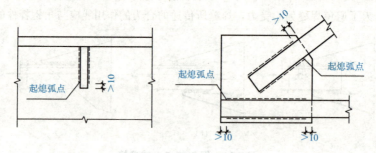

图 4-12　起熄弧点位置

(3)间断角焊缝每焊段的最小长度不应小于 40 mm，焊段之间的最大间距不应超过较薄焊件厚度的 24 倍，且不应大于 300 mm。

4.1.3　对接焊缝连接

4.1.3.1　对接焊缝的形式与构造

对接焊缝按是否焊透可分为焊透和部分焊透两种。后者性能较差，一般只用于板件较厚且内力较小或不受力的情况。以下只讲述焊透的对接焊缝连接的构造和计算。

1. 坡口形式

当焊件厚度很小(手工焊 $t \le 6$ mm，埋弧焊 $t \le 10$ mm)时可用直边缝；对于一般厚度的焊件，可采用具有坡口角度的单边 V 形焊缝或 V 形焊缝；对于较厚的焊件($t > 20$ mm)，常用

U形、K形和X形坡口(图4-13),但在焊缝根部还需补焊。没有条件补焊时,要事先在根部加垫板(图4-14)。当焊件可随意翻转施焊时,使用K形坡口和X形坡口较好。

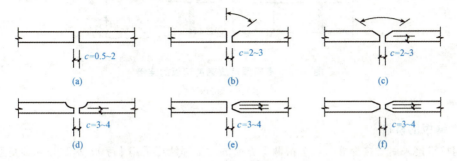

图4-13 对接焊缝的坡口形式

(a)直边缝;(b)单边V形坡口;(c)V形坡口;(d)U形坡口;(e)K形坡口;(f)X形坡口

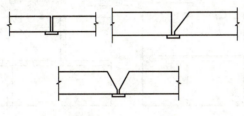

图4-14 根部加垫板

2. 截面的改变

在对接焊缝的拼接处,当焊件的宽度不同或厚度在一侧相差不大于4 mm时,可不做斜坡;如果相差大于4 mm以上时,按以下规定:

(1)当焊接接头承受静力荷载时,应分别在宽度方向或厚度方向从一侧或两侧做成坡度不大于1:2.5的斜角(图4-15);当厚度不同时,焊缝坡口形式应根据较薄焊件厚度相关要求选择。

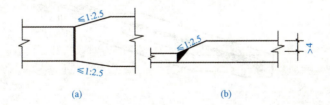

图4-15 不同宽度或厚度钢板的拼接

(a)不同宽度;(b)不同厚度

(2)当焊接接头需要计算疲劳时,在钢板厚度或宽度有变化的焊接中,为了使构件传力均匀,应在板的一侧或两侧做成坡度不大于1:4的斜角,形成平缓的过渡,如图4-16所示。

(3)当采用部分焊透的对接焊缝时,应在设计图中注明坡口的形式和尺寸,其计算厚度 h_e 不得小于 $1.5\sqrt{t}$,t 为较大的焊件厚度。在直接承受动荷载的结构中,垂直于受力方向的焊缝不宜采用部分焊透的对接焊缝。

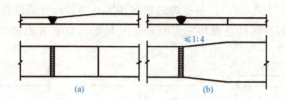

图 4-16　不同厚度或宽度钢板的连接

(a)改变厚度；(b)改变宽度

3. 钢板的拼接

钢板拼接采用对接焊缝时，纵横两个方向的对接焊缝可采用十字形交叉或 T 形交叉；当为 T 形时，交叉点的间距不得小于 200 mm，如图 4-17 所示。

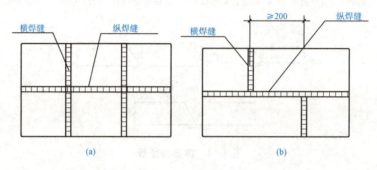

图 4-17　钢板拼接

(a)十字形交叉；(b)T 形交叉

在焊缝起灭弧处会出现弧坑等缺陷，这些缺陷对连接的承载力影响较大，故焊接时一般应设置引弧板和引出板(图 4-18)，焊缝后将它割除。对受静荷载的结构设置引弧板和引出板有困难时，允许不设置，此时可令焊缝计算长度等于实际长度减去 $2t$（t 为较薄焊件厚度）。

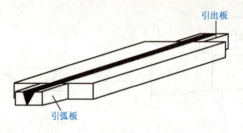

图 4-18　用引弧板和引出板焊接

4.1.3.2　对接焊缝的计算

对接焊缝中的应力分布情况与焊件原来的情况基本相同。以下根据焊缝受力情况分述焊缝的计算公式。

1. 轴心力作用下对接焊缝的计算

在对接接头和 T 形接头中，垂直于轴心拉力或轴心压力的对接焊缝或对接与角接组合焊缝。其强度应按下式计算：

$$\sigma = \frac{N}{l_w h_e} \leqslant f_t^w \ \text{或} \ f_c^w \tag{4-18}$$

式中　N——轴心拉力或轴心压力；

　　　l_w——焊缝长度；

　　　h_e——对接焊缝的计算厚度，在对接接头中取连接件的较小厚度，在 T 形连接接头中取腹板的厚度；

　　　f_t^w，f_c^w——对接焊缝的抗拉、抗压强度设计值，按表 4-4 选用。

表 4-4　焊缝的设计强度

焊接方法和焊条型号	构件钢材		对接焊缝				角焊缝
	牌号	厚度或直径/mm	抗压 f_c^w /(N·mm^{-2})	焊缝质量为下列等级时，抗拉 f_t^w/(N·mm^{-2})		抗剪 f_v^w /(N·mm^{-2})	抗拉、抗压和抗剪 f_f^w /(N·mm^{-2})
				一级、二级	三级		
自动焊、半自动焊和 E43 型焊条的手工焊	Q235钢	≤16	215	215	185	125	160
		>16～40	205	205	175	120	
		>40～60	200	200	170	115	
		>60～100	190	190	160	110	
自动焊、半自动焊和 E50 型焊条的手工焊	Q335钢	≤16	310	310	265	180	200
		>16～35	295	295	250	170	
		>35～50	265	265	225	155	
		>50～100	250	250	210	145	
自动焊、半自动焊和 E55 型焊条的手工焊	Q390钢	≤16	350	350	300	205	220
		>16～35	335	335	285	190	
		>35～50	315	315	270	180	
		>50～100	295	295	250	170	
	Q420钢	≤16	380	380	320	220	
		>16～35	360	360	305	210	
		>35～50	340	340	290	195	
		>50～100	325	325	275	185	

注：1. 自动焊和半自动焊所采用的焊丝和焊剂，应保证其熔敷金属的力学性能不低于《埋弧焊用非合金钢及细晶粒钢实心焊丝、药芯焊丝和焊丝-焊剂组合分类要求》(GB/T 5293—2018)中相关的规定。

2. 焊缝质量等级应符合《钢结构工程施工质量验收标准》(GB 50205—2020)的规定。

3. 对接焊缝在受压区的抗弯强度设计值取 f_c^w，在受拉区的抗弯强度设计值取 f_t^w。

4. 表中厚度是指计算点的钢材厚度，对轴心受拉和轴心受压构件，指截面中较厚板件的厚度。

2. 弯矩和剪力共同作用下对接焊缝的计算

在对接接头和 T 形接头中，承受弯矩和剪力共同作用的对接焊缝或对接与角接组合焊缝，其正应力和剪应力应分别进行计算。弯矩作用下焊缝产生正应力，剪力作用下焊缝产生剪应力。其应力分布如图 4-19 所示。

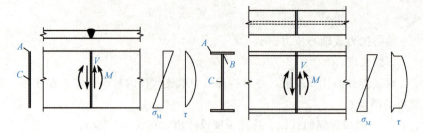

图 4-19　弯矩和剪力共同作用下的对接焊缝

$$\sigma_M = \frac{M}{W_w} \tag{4-19}$$

式中　W_w——焊缝计算截面的截面模量。

剪力作用下焊缝截面上 C 点的剪应力最大，可按下式计算：

$$\tau = \frac{VS_w}{I_w t} \tag{4-20}$$

式中　V——焊缝承受的剪力；

　　　I_w——焊缝计算截面对其中和轴的惯性矩；

　　　S_w——计算剪应力处以上焊缝计算截面对中和轴的面积矩。

对于 I 形、箱形等构件，在腹板与翼缘交接处，焊缝截面的 B 点同时受到较大的正应力 σ_1 和较大的剪应力 τ_1 作用，还应计算折算应力 σ_f。其计算公式如下：

$$\sigma_f = \sqrt{\sigma_1^2 + 3\tau_1^2} \tag{4-21}$$

$$\sigma_1 = \frac{M}{W_w} \cdot \frac{h_0}{h}$$

$$\tau_1 = \frac{VS_1}{I_w t} \tag{4-22}$$

式中　σ_1——腹板与翼缘交接处焊缝正应力；

　　　h_0，h——焊缝截面处腹板高度、总高度；

　　　τ_1——腹板与翼缘交接处焊缝剪应力；

　　　S_1——B 点以上面积对中和轴的面积矩；

　　　t——腹板厚度。

3. 承受弯矩、剪力与轴心力共同作用的对接焊缝

（1）矩形截面。当轴心力与弯矩、剪力共同作用时，焊缝的最大正应力 σ_{max} 应为轴心力和弯矩引起的应力之和，并位于焊缝端部，最大剪应力 τ_{max} 在截面的中和轴上，则采用下式进行其强度验算：

$$\sigma_{max} = \sigma_N + \sigma_M = \frac{N}{l_w t} + \frac{M}{W_w} \leqslant f_t^w \text{ 或 } f_c^w \tag{4-23}$$

$$\tau_{max} = \frac{VS_w}{I_w t} \leqslant f_v^w \tag{4-24}$$

当作用的轴心力较大而弯矩较小时，虽然在中和轴 $\sigma_M = 0$，但尚有 σ_N 的作用，因而还要验算该处的折算应力，即

$$\sqrt{\sigma_N^2 + 3\tau_{max}^2} \leqslant 1.1 f_t^w \tag{4-25}$$

（2）I 形截面。与矩形截面一样，也应按下式分别验算 I 形截面的最大正应力、最大剪应力和折算应力。

$$\sigma_{\max} = \frac{N}{A_{\mathrm{w}}} + \frac{M}{W_{\mathrm{w}}} \leqslant f_{\mathrm{t}}^{\mathrm{w}} \text{ 或 } f_{\mathrm{c}}^{\mathrm{w}} \tag{4-26}$$

$$\tau_{\max} = \frac{VS_{\mathrm{w}}}{I_{\mathrm{w}}t_{\mathrm{w}}} \leqslant f_{\mathrm{v}}^{\mathrm{w}} \tag{4-27}$$

$$\sqrt{(\sigma_{\mathrm{N}} + \sigma_1)^2 + 3\tau_1^2} \leqslant 1.1f_{\mathrm{t}}^{\mathrm{w}} \tag{4-28}$$

$$\sqrt{\sigma_{\mathrm{N}}^2 + 3\tau_{\max}^2} \leqslant 1.1f_{\mathrm{t}}^{\mathrm{w}} \tag{4-29}$$

式中 A_{w}——焊缝计算截面面积;

σ_1,τ_1——由弯矩和剪力产生的腹板边缘对接焊缝处的正应力和剪应力。

式中其他符号意义同前。

式(4-28)是验算腹板与翼缘交接处的折算应力,式(4-29)是验算焊缝截面中和轴处的折算应力。

4.1.3.3 对接焊缝接头

1. 全熔透或部分熔透焊接

(1)T形接头、十字接头、角接接头等要求全熔透的对接和角接组合焊缝,其加强角焊缝的焊脚尺寸不应小于 $t/4$[图 4-20(a)、(b)、(c)],设计有疲劳验算要求的吊车梁或类似构件的腹板与上翼缘连接焊缝的焊脚尺寸应为 $t/2$,且不应大于 10 mm[图 4-20(d)]。焊脚尺寸的允许偏差为 0~4 mm。

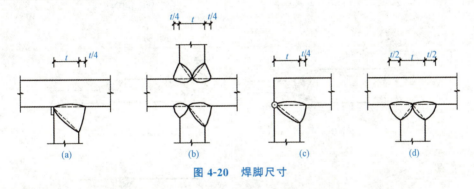

图 4-20 焊脚尺寸

(2)全熔透坡口焊缝对接接头的焊缝余高应符合表 4-5 的规定。

表 4-5 对接接头焊缝余高　　　　　　　　　　　　　　　　　　　　　mm

设计要求焊缝等级	焊缝宽度	焊缝余高
一、二级焊缝	<20	0~3
	≥20	0~4
三级焊缝	<20	0~3.5
	≥20	0~5

(3)全熔透双面坡口焊缝可采用不等厚的坡口深度,较浅坡口深度不应小于接头厚度的 1/4。

(4)部分熔透焊接应保证设计文件要求的有效焊缝厚度。T形接头和角接接头中部分熔透坡口焊缝与角焊缝构成的组合焊缝,其加强角焊缝的焊脚尺寸应为接头中最薄板厚的 1/4,且不应超过 10 mm。

2. 不同厚度及宽度材料的对接

不同厚度及宽度的材料对接时，应做平缓过渡并应符合下列规定：

(1)不同厚度的板材或管材对接接头受拉时，其允许厚度差(t_1-t_2)应符合表 4-6 的规定。当超过表 4-6 的规定时，应将焊缝焊接成斜坡状，其坡度最大允许值应为 1:2.5；也可将较厚板的一面或两面及管材的内壁或外壁在焊接前加工成斜坡，其坡度最大允许值应为 1:2.5（图 4-21）。

表 4-6　不同厚度钢材对接的允许厚度差　　　mm

较薄钢材厚度 t_2	≥5~9	10~12	>12
允许厚度差(t_1-t_2)	2	3	4

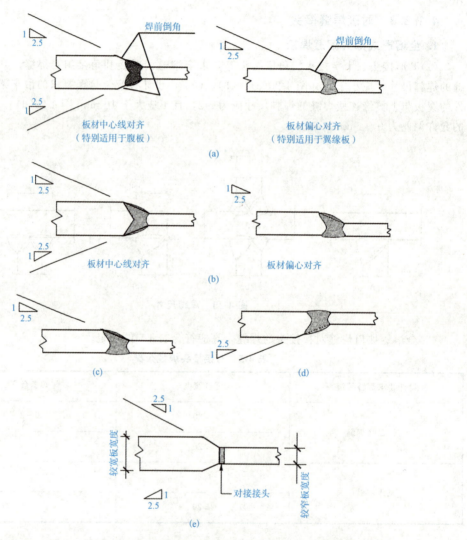

图 4-21　对接接头部件厚度、宽度不同时的平缓过渡示意
(a)板材厚度不同，加工成斜坡状；(b)板材厚度不同，焊成斜坡状；
(c)管材内径相同，壁厚不同，焊成斜坡状；(d)管材外径相同，壁厚不同，焊成斜坡状；
(e)板材宽度不同，加工成斜坡状

（2）不同宽度的板材对接时，应根据工厂及工地条件采用热切割、机械加工或砂轮打磨的方法使之平缓过渡，其连接处最大允许坡度值应为 1：2.5。

4.1.4　焊接应力和焊接残余变形

钢结构在焊接过程中，焊件局部范围加热至熔化，而后又冷却凝固，结构经历了一个不均匀的升温冷却过程，导致焊件各部分热胀冷缩不均匀，连接件和焊缝区之间产生相应的变形和内应力，这些变形和内应力称为焊接残余变形和残余应力。由于它们会直接影响焊接结构的加工质量，也是形成各种焊接裂纹的因素之一，因此在设计、制造和焊接过程中应对其有足够的重视。

4.1.4.1　焊接应力的分类和产生的原因

焊接应力分为暂时应力和残余应力。暂时应力只在焊接过程中有一定的温度条件下才存在，当焊件冷却至常温时，暂时应力即行消失；残余应力是指焊件冷却后残留在焊件内的应力，它主要包括沿焊缝长度方向的纵向焊接应力、垂直于焊缝长度方向的横向焊接应力和沿厚度方向的焊接应力（图 4-22）。

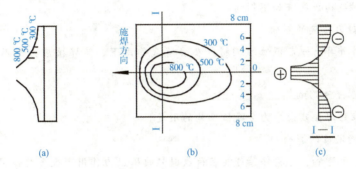

图 4-22　施焊时焊缝及附近的温度场和焊接残余应力
（a）、（b）施焊时焊缝及附近的温度场；（c）钢板上纵向焊接应力

1. 纵向焊接应力

纵向焊接应力是由焊缝的纵向收缩引起的。一般情况下，焊缝区及靠近焊缝两侧的纵向应力区是拉应力区，远离焊缝的两侧是压应力区。

2. 横向焊接应力

横向焊接应力是由两部分收缩力引起的，如图 4-23 所示。

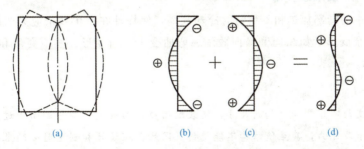

图 4-23　焊缝的横向焊接应力
（a）焊缝纵向收缩；（b）、（c）焊缝受拉应力；（d）两部分应力合成的结果

3. 厚度方向的焊接应力

在厚钢板的焊接连接中，焊缝需要多层施焊。因此，除有纵向和横向焊接应力 σ_x、σ_y 外，还存在着沿钢板厚度方向的焊接应力 σ_z（图4-24）。这三种应力形成三向拉应力场，将大大降低连接的塑性。

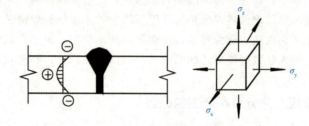

图4-24　厚度方向的焊接应力

【特别提示】

焊接应力对结构性能有如下影响。

1. 对结构静力强度的影响

常温下工作并具有一定塑性的钢材，在静荷载作用下，其焊接应力是不会影响结构强度的。

2. 对结构刚度的影响

构件上存在的焊接残余应力会降低结构的刚度。

3. 对构件稳定性的影响

轴心受压、受弯和压弯构件等可能在荷载引起的压应力作用下丧失整体稳定。这些构件中外荷载引起的压应力与截面残余压力叠加时，会使部分截面提前达到受压屈服强度而进入塑性受压状态。这部分截面丧失了继续承受荷载的能力，降低了刚度，对保证构件稳定也不再起作用，因而将降低构件的整体稳定性。

4. 对低温工作的影响

厚板焊接处或具有交叉焊缝的部位将产生三向焊接拉应力，阻碍该区域钢材塑性变形的发展，从而增加钢材在低温下的脆断倾向。

4.1.4.2　焊接残余变形

焊接过程中的局部加热和不均匀的冷却收缩，使焊件在产生残余应力的同时，还将伴随产生焊接残余变形，如纵向和横向收缩、弯曲变形、角变形、波浪变形和扭曲变形等，如图4-25所示。

【特别提示】

焊接残余变形不仅影响结构的尺寸，使装配困难，影响使用质量，而且过大的变形将显著降低结构的承载能力，甚至使结构不能使用。因此，在设计和制造时必须采取适当措施来减小残余应力和残余变形的影响。如果残余变形超出验收规范的规定，必须加以矫正，使其不致影响构件的使用和承载能力。

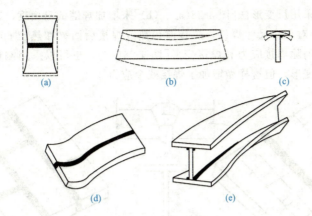

图 4-25　焊接残余变形

收缩和横向收缩；(b)弯曲变形；(c)角变形；(d)波浪变形；(e)扭曲变形

4.1.4.3　减小焊接残余应力和焊接残余变形的方法

如前所述，焊接残余应力和残余变形对结构性能均有不利影响。若为了减小残余变形，在施焊时对焊件加强约束，则残余应力将随之增大；反之则减小。因此，随意加强约束并不合理。正确的方法应从设计和制造、焊接工艺上采取一些有效措施。

1. 合理设计焊缝

(1)焊接位置要安排合理。安排焊缝时应尽可能对称于截面中和轴，或者使焊缝接近中和轴，这对减少梁、柱等构件的焊接残余应力及残余变形有良好的效果。

(2)焊缝尺寸要适当。焊缝的尺寸不宜过大，在构造容许范围内，宜用细长焊缝，不宜使用较粗短的焊缝。

(3)焊缝不宜过分集中[图 4-26(a)]，并应尽量避免三向焊缝交叉。当不可避免时，应采取措施加以改善[图 4-26(b)]，也可使主要焊缝连续通过，而使次要焊缝中断[图 4-26(c)]。

(4)尽可能减少不必要的焊缝。在设计焊接结构时，常常采用加劲肋来提高板稳定性和刚度。为了减轻自重而采用薄板时，不适当地大量采用加劲肋，反而不经济。

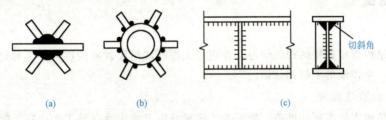

切斜角

图 4-26　减少焊接残余应力的设计措施

(a)不合理；(b)、(c)合理

2. 合理安排焊接及制造工艺

(1)采取合理的施焊次序。如图 4-27 所示，对于长焊缝，实行分段退焊(逆方向施焊)；对于较厚的焊缝，应分层施焊；Ⅰ形焊缝采用对称跳焊；钢板采用分块拼焊等。采用这些做法的目的是避免在焊接时热量过于集中，从而减少焊接残余应力和残余变形。

(2)采用反变形。事先估计好结构变形的大小和方向，然后在装配时给予一个相反方向的变形与焊接变形相抵消，使焊接后的构件保持设计的要求。在焊接封闭焊缝或其他刚性较大的焊缝时，可以采用反变形法［图 4-28(a)、(b)］来增加焊缝的自由度，减小焊接应力。

（3）局部加热。对于小尺寸焊件，焊接前预热或焊接后回火加热至 600 ℃左右，然后缓慢冷却，可以部分消除焊接应力和焊接变形［图 4-28(c)］，也可以采用刚性固定法将构件加以固定来限制焊接变形，但这样做增加了焊接残余应力。

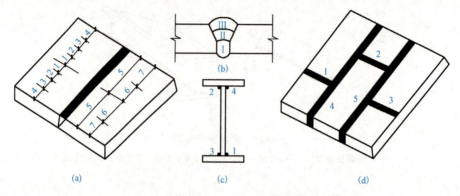

图 4-27　合理的焊接次序
(a)分段退焊；(b)分层施焊；(c)对称跳焊；(d)分块拼焊

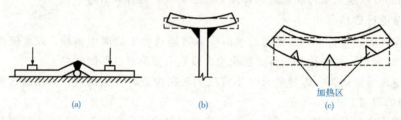

图 4-28　减少残余变形的工艺措施
(a)预折；(b)预弯；(c)局部加热

技能测试

1. 目的

通过钢结构焊接连接的现场学习，在现场工程师或指导教师的讲解下，对钢结构的焊接连接工艺有一个详细的了解和认识。

2. 能力标准及要求

掌握钢结构焊接连接的准备、施工工艺流程及施工操作要点等工作内容，能进行钢结构焊接连接工艺设计。

3. 活动条件

钢结构焊接实训室；全场景免疫诊断仪器、试剂研发与制造中心项目。

4. 技能操作

案例：焊接 H 型钢构件。

（1）焊接 H 型钢构件的工艺流程如图 4-29 所示。

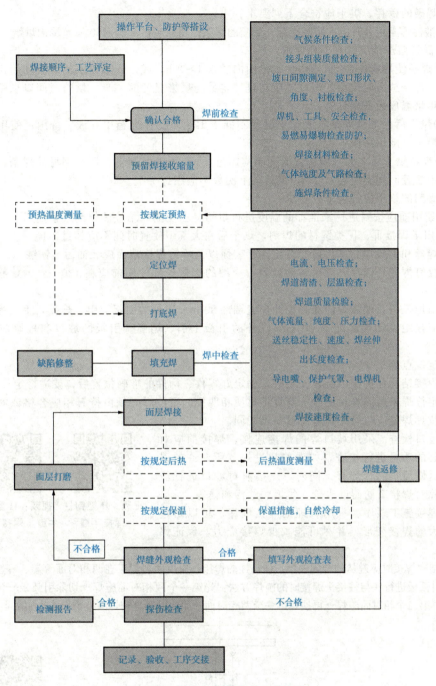

图 4-29　焊接 H 型钢构件工艺流程

(2)焊接 H 型钢钢构件要领。

1)焊接施工准备。

①焊条、焊丝、焊剂规格和型号等的选择：先根据焊接工艺试验确定合适焊接方法，再根据不同的焊接方法的操作工艺进行选择；

②焊接材料贮存场所应干燥、通风良好，应由专人保管、烘干、发放和回收，并应有详细记录。

③焊条的保存、烘干应符合下列要求：

a. 酸性焊条保存时应有防潮措施，受潮的焊条使用前应在100～150 ℃范围内烘焙1～2 h；

b. 低氢型焊条应符合下列要求：

（a）焊条使用前应在300～430 ℃范围内烘焙1～2 h，或按厂家提供的焊条使用说明书进行烘干。焊条放入时烘箱的温度不应超过规定最高烘焙温度的一半，烘焙时间以烘箱达到规定最高烘焙温度后开始计算；

（b）烘干后的低氢焊条应放置于温度不低于120 ℃的保温箱中存放、待用；使用时应置于保温筒中，随用随取；

（c）焊条烘干后在大气中放置时间不应超过4 h，用于焊接Ⅲ、Ⅳ类钢材的焊条，烘干后在大气中放置时间不应超过2 h，重新烘干次数不应超过1次。

④焊剂的烘干应符合下列要求：

a. 使用前应按制造厂家推荐的温度进行烘焙，已受潮或结块的焊剂严禁使用；

b. 用于焊接Ⅲ、Ⅳ类钢材的焊剂，烘干后在大气中放置时间不应超过4 h。

⑤焊丝和电渣焊的熔化或非熔化导管表面以及栓钉焊接端面应无油污、锈蚀。

⑥栓钉焊瓷环保存时应有防潮措施，受潮的焊接瓷环使用前应在120～150 ℃范围内烘焙1～2 h。

⑦引熄弧板：埋弧焊应在距设计焊缝端部80 mm以外的引板上引、熄弧，手工焊、气体保护焊应在距设计焊缝端部30 mm以外的引板上引、熄弧。引板的坡口和板厚应与母材相同。

2）定位点焊。

①焊接结构在拼接组装、安装时，确定好零件、构件的准确位置后，就进行定位点焊。

②定位焊采用的焊材型号应与焊件材质相匹配。定位焊必须由持有相应合格证的焊工施焊，定位焊焊缝应与最终焊缝质量要求相同。

3）坡口检查。采用坡口焊的焊接连接，焊接前应对坡口组装的质量进行检查，如误差超过规范所允许的误差，应返修后再进行焊接。同时，焊接前对坡口进行清理，去除对焊接有妨碍的水分、垃圾、油污和锈等。

视频：H型钢柱焊接牛腿　视频：H型钢柱牛腿上焊接加劲板

4）焊接施工顺序。采用合理的焊接顺序，可以防止产生过大的焊接变形，并尽可能减少焊接应力，保证焊接质量。

钢结构焊接时应遵从的合理顺序：柱与柱的焊接，应由两名焊工在两相对面等温、等速对称施焊。加引弧板进行柱与柱接头焊接时的施焊方法：先第一个两相对面施焊→切除引弧板→清理焊缝表面→再第二个相对面施焊→再换焊第一个两相对面→如此循环直到焊满整个焊缝，如图4-30所示。

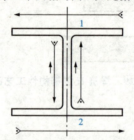

视频：H型钢柱焊缝手工砂轮打磨

图 4-30　钢构件接头施焊顺序

5）焊接变形控制及应力消除措施。为控制局部及整体焊接变形，采取以下原则：

①减小坡口，减少收缩量；

②在保证焊透的前提下采用小角度、窄间隙焊接坡口，以减少收缩量；

③要求提高构件制作精度，构件长度按正偏差验收；

④扩大拼装块，减少高空拼装接口的数量；

⑤采用小热输入量、小焊道、多道多层焊接方法，以减少收缩量。

（3）附图：全场景免疫诊断仪器、试剂研发与制造中心 2#车间一层雨篷柱与楼层钢梁连接节点图（结施 01）（图 4-31）。

钢柱截面表

构件编号	名称	截面 箱型:$H \times B \times H_{tw} \times t_f$	材质	备注
GKZ1	框架柱	箱500×500×20×20	Q355B	
GKZ2	框架柱	箱500×500×16×16	Q355B	
GKZ3	框架柱	箱400×400×20×20	Q355B	
GKZ3a	框架柱	箱400×400×25×25	Q355B	
GYPZ1	雨篷柱	箱200×200×10×10	Q355B	钢雨篷柱顶、底均为铰接，不参与结构的整体计算。

GYPZ与楼层钢梁连接节点

图 4-31　雨篷柱与楼层钢梁连接节点

5. 步骤提示

（1）课堂讲解钢结构焊接前的准备工作、钢结构焊接的工序和工艺流程，提出钢结构焊接中可能出现的问题。

（2）结合课堂讲解内容和提出的问题，组织钢结构焊接的现场学习，详细了解钢结构焊接工艺过程，并解决课堂疑问。

（3）完成钢结构焊接的现场学习报告，内容包括钢结构焊接的工序和工艺流程。

6. 实操报告

钢结构焊接连接实操报告见表 4-7。

表 4-7　钢结构焊接连接实操报告

班级		姓名		时间	
课目				指导教师	
施工依据	《钢结构焊接规范》(GB 50661—2011)、全场景免疫诊断仪器、试剂研发与制造中心施工图			验收依据	《钢结构工程施工质量验收标准》(GB 50205—2020)
序号	项目内容		设计/规范要求	计分值	操作得分
1	焊接材料与母材的匹配		第 5.2.1 条	10	
2	焊工持证施焊		第 5.2.2 条	10	

班级			姓名		时间	
3	焊接工艺评定是否符合要求		第 5.2.3 条		10	
4	焊接工艺规程是否符合要求		第 5.2.3 条		10	
5	焊缝外观质量要求	裂纹	表 5.2.7-2		5	
		未焊满	表 5.2.7-2		5	
		根部收缩	表 5.2.7-2		3	
		咬边	表 5.2.7-2		3	
		电弧擦伤	表 5.2.7-2		3	
		接头不良	表 5.2.7-2		3	
		表面气孔	表 5.2.7-2		3	
		表面夹渣	表 5.2.7-2		3	
6	焊缝外观尺寸要求	焊脚尺寸	表 5.2.8-2		3	
		焊缝高低差	表 5.2.8-2		3	
		余高	表 5.2.8-2		3	
		余高铲磨后表面	表 5.2.8-2		3	
7	焊缝内部质量		表 5.2.4		20	
报告						

任务工单

根据所学知识，完成以下任务工单。

1. 任务目标

(1)熟练掌握焊接基础知识，包括焊接方法、接头、焊缝形式等基本概念。

(2)理解角焊缝连接的特点及计算方法。

(3)掌握焊接应力和焊接变形的相关知识，并了解减小焊接残余应力和残余变形的方法。

2. 任务内容

(1)焊接基础知识复习。回顾并总结焊接方法的特点和应用范围，识别焊接接头、焊缝形式、焊缝符号及标注方法，熟悉常见的焊缝缺陷，并了解焊缝质量检验的基本方法。

(2)角焊缝连接分析与实践。分析不同角焊缝形式(如直角角焊缝、斜角角焊缝)的适用场景和构造特点，设计一个简单的角焊缝连接接头，并绘制详细的施工图纸。

(3)焊接应力和焊接残余变形研究。分析焊接应力和焊接残余变形产生的原因，了解它们对结构性能的影响，并提出减小焊接残余应力和焊接残余变形的方法，通过实践验证其有效性。

3. 任务要求

(1)学生需独立完成任务工单中的各项内容，并结合所学理论知识进行分析和实践。

(2)学生需提交一份详细的焊接连接设计报告，报告中应包括设计思路、计算过程、施工图纸等内容。

(3)报告应清晰、准确，符合工程实际，并能够体现学生对钢结构焊接连接知识的理解和应用。

任务4.2 钢结构高强度螺栓连接

课前认知

高强度螺栓是钢结构工程中发展起来的一种新型连接形式，它已发展成为当今钢结构连接的主要手段之一，并在高层建筑钢结构中成为主要的连接件。高强度螺栓是用优质碳素钢或低合金钢材料制成的一种特殊螺栓，由于该螺栓的强度高，故称为高强度螺栓。高强度螺栓连接具有安装简便、迅速、能装能拆和承压高、受力性能好、安全可靠等优点。

理论学习

4.2.1 高强度螺栓分类

高强度螺栓采用经过热处理的高强度钢材做成，施工时需要对螺栓杆施加较大的预拉力。钢结构用高强度大六角头螺栓从性能等级上可分为8.8S、10.9S。根据其受力特征可分为摩擦型高强度螺栓与承压型高强度螺栓两类。

摩擦型高强度螺栓是指靠被连接板件之间的摩擦阻力传递剪力，以摩擦阻力被克服作为连接承载力的极限状态。其具有连接紧密、受力良好、耐疲劳的特点，适宜承受动力荷载，但连接面需要做摩擦面处理，如喷砂、喷砂后涂无机富锌漆等。承压型高强度螺栓是指当剪力大于摩擦阻力后，以栓杆被剪断或连接板被挤坏作为承载力极限状态，其计算方法与普通螺栓基本一致，它们的承载力极限值大于摩擦型高强度螺栓。

根据螺栓构造及施工方法不同，高强度螺栓可分为大六角头高强度螺栓和扭剪型高强度螺栓两类(图4-32)。

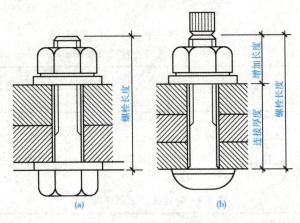

图4-32 高强度螺栓构造
(a)大六角头高强度螺栓；(b)扭剪型高强度螺栓

视频：大六角头
高强螺栓介绍

1. 大六角头高强度螺栓

大六角头高强度螺栓的头部尺寸比普通六角头螺栓要大，可适应施加预拉力的工具及操作要求，同时，也增大与连接板之间的承压或摩擦面积。大六角头高强度螺栓施加预拉力的工具有电动、风动扳手及人工特制扳手。

2. 扭剪型高强度螺栓

扭剪型高强度螺栓的尾部连接一个梅花头，该梅花头与螺栓尾部之间有一个沟槽。当用特制扳手旋拧螺母时，以梅花头作为反拧支点，终拧时梅花头沿沟槽被拧断，并以拧断为标准表示已达到规定的预拉力值，如图 4-33 所示。

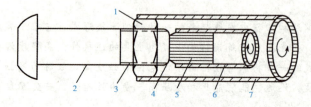

图 4-33　扭剪型高强度螺栓构造

1—螺母；2—螺杆；3—螺纹；4—檐口；
5—螺杆尾部梅花头；6—电动扳手筒；7—大套筒

4.2.2　高强度螺栓孔加工

高强度螺栓孔应采用钻孔，如用冲孔工艺会使孔边产生微裂纹，降低钢结构疲劳强度，还会使钢板表面局部不平整，所以，必须采用钻孔工艺。因高强度螺栓连接是靠板面摩擦传力，为使板层密贴，应有良好的面接触，所以，孔边应无飞边、毛刺。

1. 孔的分组

(1)在节点中，连接板与一根杆件相连接的所有连接孔划为一组。

(2)接头处的孔：通用接头——半个拼接板上的孔为一组；阶梯接头——两接头之间的孔为一组。

(3)在两相邻节点或接头间的连接孔为一组，但不包括上述(1)、(2)两项所指的孔。

(4)受弯构件翼缘上，每 1 m 长度内的孔为一组。

2. 孔径选配

高强度螺栓制孔时，其孔径的大小可参照表 4-8 进行选配。

表 4-8　高强度螺栓孔径选配表　　mm

螺栓公称直径	12	16	20	22	24	27	30
螺栓孔直径	13.5	17.5	22	24	26	30	33

3. 螺栓孔孔距

零件的孔距要求应按设计执行。安装时，还应注意两孔之间距离的允许偏差，也可参照表 4-9 所列的数值来控制。

表 4-9　螺栓孔孔距允许偏差　　mm

螺栓孔孔距范围	≤500	501～1 200	1 201～3 000	>3 000
同一组内任意两孔间距离	±1.0	±1.5	—	—
相邻两组的端孔间距离	±1.5	±2.0	±2.5	±3.0

4. 螺栓孔错位处理

高强度螺栓孔错位时，应先用不同规格的孔量规分次进行检查：第一次用比孔公称直径小 1.0 mm 的孔量规检查，每组通过孔数应占 85%；第二次用比螺栓公称直径大 0.2～0.3 mm 的孔量规检查，应全部通过。对第二次不能通过的孔应经主管设计同意后，方可采用扩孔或补焊后重新钻孔的方法来处理，并应符合以下要求：

高强度螺栓应能自由穿入螺栓孔，当不能自由穿入时，应用铰刀修正。修孔数量不应超过该节点螺栓数量的 25%，扩孔后的孔径不应超过 1.2 d（d 为螺栓直径）。

4.2.3　高强度螺栓连接计算

(1)高强度螺栓摩擦型连接应按下列规定计算：

1)在抗剪连接中，每个高强度螺栓的承载力设计值 N_v^b 应按下式计算：

$$N_v^b = 0.9 n_f \mu P \tag{4-30}$$

式中　n_f——传力摩擦面数目；

　　　μ——摩擦面的抗滑移系数，应按表 4-10 采用；

　　　P——一个高强度螺栓的预拉力，应按表 4-11 采用。

表 4-10　摩擦面的抗滑移系数(μ)

连接处构件接触面的处理方法	构件钢号		
	Q235 钢	Q345 钢、Q390 钢	Q420 钢
喷砂(丸)	0.45	0.50	0.50
喷砂(丸)后涂无机富锌漆	0.35	0.40	0.40
喷砂(丸)后生赤锈	0.45	0.50	0.50
钢丝刷清除浮锈或未经处理的干净轧制表面	0.30	0.35	0.40

表 4-11　一个高强度螺栓的预拉力(P)　　　　　　　　　　　　kN

螺栓的性能等级	螺栓公称直径/mm					
	M16	M20	M22	M24	M27	M30
8.8S	80	125	150	175	230	280
10.9S	100	155	190	225	290	355

2)在螺栓杆轴方向受拉的连接中，每个高强度螺栓的承载力设计值取 $N_t^b = 0.8P$。

3)当高强度螺栓摩擦型连接同时承受摩擦面之间的剪力和螺栓杆轴方向的外拉力时，其承载力应按下式计算：

$$\frac{N_v}{N_v^b} + \frac{N_t}{N_t^b} \leqslant 1 \tag{4-31}$$

式中　N_v，N_t——某个高强度螺栓所承受的剪力和拉力；

　　　N_v^b，N_t^b——一个高强度螺栓的受剪、受拉承载力设计值。

(2)高强度螺栓承压型连接应按下列规定计算：

1)承压型连接的高强度螺栓的预拉力 P 应与摩擦型连接的高强度螺栓相同。连接处构件接触面应清除油污及浮锈。高强度螺栓承压型连接不应用于直接承受动力荷载的结构。

2)在抗剪连接中，虽然每个承压型连接高强度螺栓的承载力设计值的计算方法与普通螺栓相同，但当剪切面在螺纹处时，其受剪承载力设计值应按螺纹处的有效面积进行计算。

3)在杆轴方向受拉的连接中，每个承压型连接高强度螺栓的承载力设计值的计算方法与普通螺栓相同。

4)同时承受剪力和杆轴方向拉力的承压型连接高强度螺栓应符合下列公式的要求：

$$\sqrt{\left(\frac{N_v}{N_v^b}\right)^2+\left(\frac{N_t}{N_t^b}\right)^2}\leqslant 1 \tag{4-32}$$

$$N_v\leqslant N_c^b/1.2$$

式中　N_v，N_t——某个高强度螺栓所承受的剪力和拉力；

　　　　N_v^b，N_t^b——一个高强度螺栓的受剪、受拉承载力设计值。

4.2.4　高强度螺栓连接施工

(1)高强度大六角头螺栓连接副应由一个螺栓、一个螺母和两个垫圈组成；扭剪型高强度螺栓连接副应由一个螺栓、一个螺母和一个垫圈组成，使用组合应符合表 4-12 的规定。

表 4-12　高强度螺栓连接副的使用组合

螺栓	螺母	垫圈
10.9S	10H	35～45HRC
8.8S	8H	35～45HRC

(2)高强度螺栓长度应以螺栓连接副终拧后外露 2～3 扣丝为标准计算，可按下列公式计算。选用的高强度螺栓公称长度应取修约后的长度，并应根据计算出的螺栓长度 l 按修约间隔 5 mm 进行修约。

$$l=l'+\Delta l \tag{4-33}$$

$$\Delta l=m+ns+3p$$

式中　l'——连接板层总厚度；

　　　　Δl——附加长度，或按表 4-13 选取；

　　　　m——高强度螺母公称厚度；

　　　　n——垫圈个数，扭剪型高强度螺栓为 1，高强度大六角头螺栓为 2；

　　　　s——高强度垫圈公称厚度，当采用大圆孔或槽孔时，高强度垫圈公称厚度按实际厚度取值；

　　　　p——螺纹的螺距。

表 4-13　高强度螺栓附加长度 Δl　　　　mm

高强度螺栓种类	螺栓规格						
	M12	M16	M20	M22	M24	M27	M30
高强度大六角头螺栓	23	30	35.5	39.5	43	46	50.5
扭剪型高强度螺栓	—	26	31.5	34.5	38	41	45.5

注：本表附加长度 Δl 由标准圆孔垫圈公称厚度计算确定。

(3)高强度螺栓连接副的储运应轻装、轻卸，防止损伤螺纹；对其存放、保管必须按规定进行，以防止生锈和沾染污物。所选用材质必须经过检验，符合有关标准。制作厂必须有质量保证书，严格制作工艺流程，用超探或磁粉探伤检查连接副有无发丝裂纹情况，合格后方可出厂。

(4)高强度螺栓安装时应先使用安装螺栓和冲钉。在每个节点上穿入的安装螺栓和冲钉数量应根据安装过程所承受的荷载计算确定，并应符合下列规定：

1)不应少于安装孔总数的1/3。

2)安装螺栓不应少于2个。

3)冲钉穿入数量不宜多于安装螺栓数量的30%。

4)不得用高强度螺栓兼作安装螺栓。

(5)在施拧前进行严格检查，严禁使用螺纹损伤的连接副，生锈和沾染污物的工件要除锈和去除污物。

(6)螺栓螺纹外露长度应为2~3个螺距，其中，允许有10%的螺栓螺纹外露1个螺距或4个螺距。

(7)大六角头型高强度螺栓如图4-32(a)所示。在施工前，应按出厂批复验高强度螺栓连接副的扭矩系数，每批复验8套，8套扭矩系数的平均值应在0.110~0.150，其标准偏差应小于或等于0.010。

(8)扭剪型高强度螺栓如图4-32(b)所示。在施工前，应按出厂批复验高强度螺栓连接副的紧固轴力，每批复验8套，8套紧固预拉力的平均值和标准偏差应符合规定。

对于不符合规定者，由制作厂家、设计单位、监理单位协商解决，或作为废品处理。为防止假冒伪劣产品，严禁使用无正式质量保证书的高强度螺栓连接副。

4.2.5　高强度螺栓紧固与防松

4.2.5.1　螺栓紧固顺序

(1)高强度大六角头螺栓连接副的拧紧应分为初拧、终拧。对于大型节点应分为初拧、复拧、终拧。初拧扭矩和复拧扭矩为终拧扭矩的50%左右。初拧或复拧后的高强度螺栓应用颜色在螺母上标记，按《钢结构高强度螺栓连接技术规程》(JGJ 82—2011)第6.4.13条规定的终拧扭矩值进行终拧。终拧后的高强度螺栓应用另一种颜色在螺母上标记。高强度大六角头螺栓连接副的初拧、复拧、终拧宜在一天内完成。

(2)扭剪型高强度螺栓连接副的拧紧应分为初拧、终拧。对于大型节点应分为初拧、复拧、终拧。初拧扭矩和复拧扭矩值为 $0.065 \times P_c \times d$，或按《钢结构高强度螺栓连接技术规程》(JGJ 82—2011)表6.4.15选用。初拧或复拧后的高强度螺栓应用颜色在螺母上标记，用专用扳手进行终拧，直至拧掉螺栓尾部梅花头。对于个别不能用专用扳手进行终拧的扭剪型高强度螺栓，应按《钢结构高强度螺栓连接技术规程》(JGJ 82—2011)第6.4.13条规定的方法进行终拧(扭矩系数可取0.13)。扭剪型高强度螺栓连接副的初拧、复拧、终拧宜在一天内完成。

1)一般接头，应从螺栓群中间顺序向外侧进行紧固，如图4-34(a)所示。

2)箱形接头，螺栓群A、B、C、D按如图4-34(b)所示的箭头方向进行。

3)工字梁接头，按①~⑥的顺序进行，即柱右侧上下翼缘→柱右侧腹板→另一侧(左侧)上下翼缘→另一侧(左侧)腹板的先后次序进行，如图4-34(c)所示。

4)螺栓接头，各群螺栓的紧固顺序应从梁的拼接处向外侧紧固，按图4-34(d)所示的号码顺序进行。

5)同一连接面上的螺栓紧固应由接缝中间向两端交叉进行。

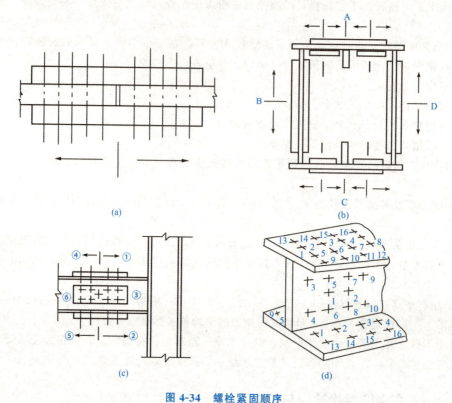

图 4-34 螺栓紧固顺序

（a)一般接头；（b)箱形接头；（c)工字梁接头；（d)螺栓接头

4.2.5.2 螺栓紧固方法

高强度螺栓的紧固方法有三种，大六角头型高强度螺栓采用转角法和扭矩法；扭剪型高强度螺栓采用扭掉螺栓尾部的梅花卡头法。

1. 大六角头型高强度螺栓紧固

(1)高强度大六角头螺栓连接副施拧可采用转角法或扭矩法，施工时应符合下列规定：

1)施工用的扭矩扳手使用前应进行校正，其扭矩相对误差不得大于±5%；校正用的扭矩扳手，其扭矩相对误差不得大于±3%。

2)施拧时，应在螺母上施加扭矩。

3)施拧应分为初拧和终拧。大型节点应在初拧和终拧之间增加复拧。初拧扭矩可取施工终拧扭矩的50%，复拧扭矩应等于初拧扭矩。终拧扭矩应按下式计算：

$$T_c = KP_c d \qquad (4\text{-}34)$$

式中　T_c——施工终拧扭矩（N·m)；

　　　K——高强度螺栓连接副的扭矩系数平均值，取 0.110～0.150；

　　　P_c——高强度大六角头螺栓施工预拉力，可按表 4-14 选用(kN)；

　　　d——高强度螺栓公称直径(mm)。

4)采用转角法施工时，初拧(复拧)后连接副的终拧转角度应符合表 4-15 的要求。

5)初拧或复拧后应对螺母涂画颜色标记。

表 4-14　高强度大六角头螺栓施工预拉力　　　　　　　　　　　　　　kN

螺栓性能等级	螺栓公称直径/mm						
	M12	M16	M20	M22	M24	M27	M30
8.8S	50	90	140	165	195	255	310
10.9S	60	110	170	210	250	320	390

表 4-15　初拧(复拧)后连接副的终拧转角度

螺栓长度 l	螺母转角	连接状态
$l \leqslant 4d$	1/3 圆(120°)	
$4d < l \leqslant 8d$ 或 200 mm 及以下	1/2 圆(180°)	连接形式为一层芯板加两层盖板
$8d < l \leqslant 12d$ 或 200 mm 以上	2/3 圆(240°)	

注：1. d 为螺栓公称直径。

　　2. 螺母的转角为螺母与螺栓杆间的相对转角。

　　3. 当螺栓长度 l 超过螺栓公称直径 d 的 12 倍时，螺母的终拧角度应由试验确定。

(2)高强度大六角头螺栓连接用扭矩法施工紧固时，应进行下列质量检查：

1)应检查终拧颜色标记，并应用 0.3 kg 的小锤敲击螺母对高强度螺栓进行逐个检查。

2)终拧扭矩应按节点数 10% 抽查，且不应少于 10 个节点；对每个被抽查节点，应按螺栓数 10% 抽查，且不应少于两个螺栓。

3)检查时应先在螺杆端面和螺母上画一条直线，然后将螺母拧松约 60°；再用扭矩扳手重新拧紧，使两线重合，测得此时的扭矩应为 $0.9T_{ch} \sim 1.1T_{ch}$。T_{ch} 可按下式计算：

$$T_{ch} = kPd \tag{4-35}$$

式中　T_{ch}——检查扭矩(N·m)；

　　　　P——高强度螺栓设计预拉力(kN)；

　　　　k——扭矩系数；

　　　　d——高强度螺栓公称直径(mm)。

4)发现有不符合规定者时，应再扩大 1 倍检查；发现仍有不合格者时，整个节点的高强度螺栓应重新施拧。

5)扭矩检查宜在螺栓终拧 1 h 以后、24 h 之前完成，检查用的扭矩扳手，其相对误差不得大于 ±3%。

(3)高强度大六角头螺栓连接用转角法施工紧固，应进行下列质量检查：

1)应检查终拧颜色标记，同时应用 0.3 kg 的小锤敲击螺母对高强度螺栓进行逐个检查。

2)终拧转角应按节点数抽查 10%，且不应少于 10 个节点；对每个被抽查节点应按螺栓数抽查 10%，且不应少于两个螺栓。

3)应在螺杆端面和螺母相对位置画线，然后全部卸松螺母，再按规定的初拧扭矩和终拧角度重新拧紧螺母，测量终止线与原终止线画线之间的角度，应符合表 4-14 的要求，误差在 ±30° 者应为合格。

4)发现有不符合规定者时，应再扩大 1 倍检查；仍有不合格者时，整个节点的高强度螺栓应重新施拧。

5)转角检查宜在螺栓终拧 1 h 以后、24 h 之前完成。

2. 扭剪型高强度螺栓紧固

(1)扭剪型高强度螺栓连接副应采用专用电动扳手施拧，施工时应符合下列规定：

1）施拧应分为初拧和终拧，大型节点宜在初拧和终拧间增加复拧。

2）初拧扭矩值应取 T_c 计算值的 50%，其中 k 应取 0.13，也可按表 4-16 选用；复拧扭矩应等于初拧扭矩。

表 4-16　扭剪型高强度螺栓初拧（复拧）扭矩值

螺栓公称直径/mm	M16	M20	M22	M24	M27	M30
初拧（复拧）扭矩/(N·m)	115	220	300	390	560	760

3）终拧应以拧掉螺栓尾部梅花头为准，少数不能采用专用扳手进行终拧的螺栓，可按高强度大六角头螺栓连接副施拧方法进行终拧，扭矩系数 k 应取 0.13。

4）初拧或复拧后应对螺母涂画颜色标记。

（2）扭剪型高强度螺栓终拧检查，应以目测螺栓尾部梅花头拧断为合格。不能采用专用扳手拧紧的扭剪型高强度螺栓，应按规定进行质量检查。

扭剪型高强度螺栓的拧紧，对于大型节点应分为初拧、复拧、终拧。初拧扭矩值为 $0.13 \times P_c \times d$ 的 50% 左右，可参照表 4-16 选用，复拧扭矩等于初拧扭矩值。初拧或复拧后的高强度螺栓应用颜色在螺母上涂上标记，然后采用专用扳手进行终拧，直至拧掉螺栓尾部梅花头。

视频：扭剪扳手

扭剪型高强度螺栓终拧时，应采用专用的电动扳手，在作业有困难的地方，也可采用手动扳手进行。终拧扭矩，按设计要求进行。用电动扳手进行紧固时，螺栓尾部卡头拧断后即终拧完毕，外露螺纹不得少于两个螺距。

4.2.5.3　螺栓防松

（1）垫放弹簧垫圈的可在螺母下面垫一开口弹簧垫圈，螺母紧固后在上下轴向产生弹性压力，可起到防松作用。为防止开口垫圈损伤构件表面，可在开口垫圈下面垫一平垫圈。

（2）在紧固后的螺母上面，增加一个较薄的副螺母，使两螺母之间产生轴向压力，同时，也能增加螺栓、螺母凹凸螺纹的咬合自锁长度，以达到相互制约而不使螺母松动。使用副螺母防松动的螺栓，在安装前应计算螺栓的准确长度，待防松副螺母紧固后，应使螺栓伸出副螺母外的长度不少于两个螺距。

（3）对永久性螺母可将螺母紧固后，采用电焊将螺母与螺栓的相邻位置对称点焊 3 处或 4 处；或将螺母紧固后，用尖锤或钢冲在螺栓伸出螺母的侧面或靠近螺母上平面螺纹处进行对称点铆 3 处或 4 处，使螺栓上的螺纹乱丝凹陷，螺母无法旋转，进而起到防松作用。

4.2.6　高强度螺栓连接摩擦面处理

高强度螺栓连接摩擦面的处理方法及抗滑移系数值是确定摩擦型连接承载力的主要参数，所以，高强度螺栓连接施工的连接板摩擦面处理是非常重要的。

摩擦面抗滑移系数值的影响因素主要有连接板厚度、摩擦面涂层状态、摩擦面处理方法及生锈时间、环境温度等。

4.2.6.1　摩擦面的常用处理方法

一般摩擦面结合钢构件表面一并进行处理，但不用涂刷防锈底漆。摩擦面的常用处理方法如下：

（1）喷砂（丸）法。利用压缩空气为动力，将砂（丸）直接喷射到钢板表面使钢板表面达到一定的粗糙度，把铁锈除掉。试验结果表明，经过喷砂（丸）处理过的摩擦面，在露天生锈一段时间后，安装前除掉浮锈，能够得到比较大的抗滑移系数值，理想的生锈时间为 60～90 d。

（2）化学处理一般洗法。将加工完成的构件浸入酸洗槽中，硫酸浓度为18%（质量比），内加少量硫脲，温度为70～80 ℃，停留时间为30～40 min，其停留时间不能过长，否则酸洗过渡，钢材厚度减薄；然后放入石灰槽中中和，再用清水清洗。中和使用的石灰水，温度为60 ℃左右，将钢材放入停留1～2 min提起，然后继续放入水槽中1～2 min，再转入清洗工序；清洗的水温为60 ℃左右，清洗2次或3次；最后用pH试纸检查中和清洗程度，以无酸、无锈和洁净为合格。

（3）砂轮打磨法。对于小型工程或已有建筑物加固改造工程，常常采用手工方法进行摩擦面处理，砂轮打磨是最直接、最简便的方法。试验结果表明，砂轮打磨以后，在露天生锈60～90 d，其摩擦面的粗糙度能达到50～55 μm。

（4）钢丝刷人工除锈。用钢丝刷将摩擦面处的铁屑、浮锈、灰尘、油污等污物刷掉，使钢材表面露出金属光泽，此法一般用于不重要的结构或受力不大的连接处。使用此法处理后摩擦面的抗滑移系数值在0.3左右。

4.2.6.2　摩擦面抗滑移系数检验

摩擦面抗滑移系数检验主要是对处理后摩擦面抗滑移系数能否达到设计要求的检验。如果检验设计值等于设计值时，说明摩擦处理满足要求；如果试验值低于设计值，需要重新处理摩擦面，直至达到设计要求。抗滑移系数检验采用标准试件，并按规定严格进行试验。

1. 基本要求

制造厂和安装单位应分别以钢结构制造批为单位进行抗滑移系数试验。制造批可按分部（子分部）工程划分规定的工程量，每2 000 t为一批，不足2 000 t的可视为一批。选用两种及两种以上表面处理工艺时，每种处理工艺应单独检验，每批三组试件。

抗滑移系数试验应采用双摩擦面的二栓拼接的拉力试件，如图4-35所示。

抗滑移系数试验用的试件应由制造厂加工，试件与所代表的钢结构构件应为同一材质、同批制作、采用同一摩擦面处理工艺和具有相同的表面状态（含有涂层），并应采用同批同一性能等级的高强度螺栓连接副，在同一环境条件下存放。

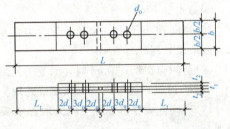

图 4-35　抗滑移系数拼接试件的形式和尺寸
L—试件总长度；L_1—试验机夹紧长度
注：$2t_2 \geqslant t_1$

试件钢板的厚度 t_1、t_2 应根据钢结构工程中有代表性的板材厚度来确定。同时，应考虑在摩擦面滑移之前，试件钢板的净截面始终处于弹性状态；宽度 b 可参照表4-17的规定取值。L_1 应根据试验机夹具的要求确定。

表 4-17　试件板的宽度　　　　　　　　　　　　　　　mm

螺栓直径 d	16	20	22	24	27	30
板宽 b	100	100	105	110	120	120

试件板面应平整，无油污，孔和板的边缘无飞边、毛刺。

2. 试验方法

试验用的试验机误差应在1%以内。试验用的贴有电阻片的高强度螺栓、压力传感器和电阻应变仪应在试验前用试验机进行标定，其误差应在2%以内。

试件的组装顺序应符合下列规定：先将冲钉打入试件孔定位，然后逐个换成装有压力传感器或贴有电阻片的高强度螺栓，或换成同批经预拉力复验的扭剪型高强度螺栓。

紧固高强度螺栓应分为初拧、终拧。初拧应达到螺栓预拉力标准值的 50% 左右；终拧后，每个螺栓的预拉力应在 0.95P~1.05P（P 为高强度螺栓设计预拉力值）范围内。

加荷时，应先加 10% 的抗滑移设计荷载值，停 1 min 后，再平稳加荷，加荷速度为 3~5 kN/s，直拉至滑动破坏，测得滑移荷载 N_v。

抗滑移系数 μ 应根据试验所测得的滑移荷载 N_v 和螺栓预拉力 P 的实测值，按下式计算：

$$\mu = \frac{N_v}{n_f \cdot \sum\limits_{i=1}^{m} P_i} \tag{4-36}$$

式中　N_v——由试验测得的滑移荷载（kN）；

　　　n_f——摩擦面面数，取 $n_f = 2$；

　　　$\sum\limits_{i=1}^{m} P_i$——试件滑移一侧高强度螺栓预拉力实测值之和（kN）；

　　　m——试件一侧螺栓数量，取 $m = 2$。

4.2.6.3　接触面间隙处理

由于板厚公差、制造偏差及安装偏差等，接头摩擦面之间会产生间隙。有间隙的摩擦面会降低其抗滑移系数。在实际工程中，一般规定高强度螺栓连接接头板缝间隙采取接头缓坡处理和加填板处理两种方法，如图 4-36 所示。

(1) 当间隙小于 1 mm 时，对受力的滑移影响不大，可不做处理。

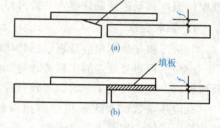

图 4-36　接头板缝间隙的处理
(a) 接头缓坡处理；(b) 接头加填板处理

(2) 当间隙在 1~3 mm 时，对受力后的滑移影响较大，为了消除影响，将厚板一侧削成 1:10 缓坡过渡，也可以采取加填板处理。

(3) 当间隙大于 3 mm 时应采取加填板处理，填板材质及摩擦面应与构件做同样级别的处理。

技能测试

1. 目的

通过钢结构高强度螺栓连接的现场学习，在现场工程师或指导教师的讲解下，对钢结构的高强度螺栓连接工艺有一个详细的了解和认识。

2. 能力标准及要求

掌握钢结构高强度螺栓连接的准备、施工工艺流程及施工操作要点等工作内容，能进行钢结构高强度螺栓连接工艺设计。

3. 活动条件

钢结构高强度螺栓连接实训室；全场景免疫诊断仪器、试剂研发与制造中心项目。

4. 技能操作

案例：钢结构高强度螺栓连接。

(1) 钢结构高强度螺栓连接工艺流程，如图 4-37 所示。

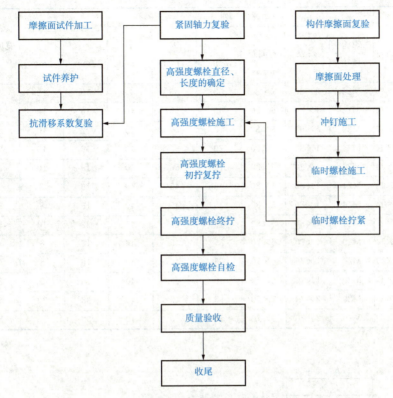

图 4-37　钢结构高强度螺栓连接工艺流程

（2）钢结构高强度螺栓连接要领。

1）高强度螺栓准备。高强度螺栓进场后开箱随机抽检其质量，室内防潮存放。

2）钢构件连接处摩擦面检查。

①在安装前对钢构件连接处的摩擦面进行检查，连接板必须平整无弯曲；

②构件的摩擦面应保持干燥、整洁；清除飞边、毛刺、焊接飞溅物、焊疤氧化薄钢板和不需要有的涂料等。

3）高强度螺栓的安装。

①高强度螺栓应顺畅穿入孔内，严禁强行敲打，如不能自由穿入时，该孔应用铰刀进行修整，修整后的最大孔径应小于 1.2 倍的螺栓直径；

②高强度螺栓的穿入方向宜以施工方便为准，并力求一致，高强度螺栓连接副组装时，螺母带圆台面的一侧应朝向垫圈有倒角的一侧。

4）高强度螺栓连接副的拧紧。

①高强度螺栓连接副的拧紧可分为初拧、终拧。对于大型节点可分为初拧、复拧、终拧。初拧、复拧和终拧应在 24 h 内完成。

②高强度螺栓连接副初拧、复拧、终拧时，由螺栓群节点中心位置顺序向外缘拧紧的方向施拧，先腹板后翼缘。

（3）附图：全场景免疫诊断仪器、试剂研发与制造中心 2♯ 车间梁柱刚接连接节点图，如图 4-38 所示。

箱形柱与工形梁刚接连接

| 梁截面 ($H \times B \times t_w \times t_f$) | 螺栓 列 | | | | | | 加劲板 t_1 /mm | 连接板 t_2 /mm | 贴板宽度 $B1$ /mm | 备注 |
	螺栓尺寸	螺栓列数 ($m \times s_1$)	螺栓行间距 ($n \times s_2$)	a /mm	b /mm	c /mm				
H800×270×14×16	M24	2×80	7×80	65	55	40	18	12	60	
H700×230×12×14	M24	1×80	6×80	55	55	40	16	10	50	
H650×300×12×20	M24	1×80	5×80	70	55	40	22	10	50	
H650×230×12×14	M24	1×80	5×80	70	55	40	16	10	50	
H650×200×12×14	M24	1×80	5×80	70	55	40	16	10	50	
H600×200×10×14	M24	1×80	5×80	45	45	40	16	8	50	
H600×220×10×14	M24	1×80	5×80	45	45	40	16	8	50	
H600×300×12×20	M24	1×80	5×80	45	45	40	22	10	50	
H550×220×10×14	M20	1×70	5×70	55	45	40	16	8	50	
H500×200×10×14	M20	1×70	4×70	65	45	40	16	8	50	
H450×200×10×14	M20	1×70	4×70	40	45	40	16	8	50	
H450×300×25×35	M20	2×70	3×70	75	45	40	38	22	50	
H400×300×20×30	M20	2×70	3×70	50	45	40	32	18	50	

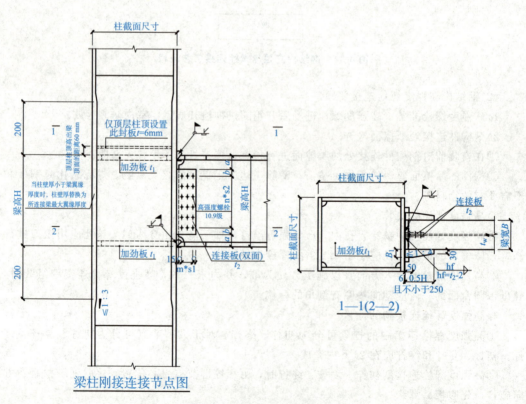

梁柱刚接连接节点图

图 4-38　梁柱刚接连接节点图

5. 步骤提示

（1）课堂讲解钢结构高强度螺栓连接前的准备工作、钢结构高强度螺栓连接的工序和工艺流程，提出钢结构高强度螺栓连接中可能出现的问题。

（2）结合课堂讲解内容和提出的问题，组织钢结构高强度螺栓连接的现场学习，详细了解钢结构高强度螺栓连接工艺过程，并解决课堂疑问。

（3）完成钢结构高强度螺栓连接的现场学习报告，内容包括钢结构高强度螺栓连接的工序和工艺流程。

6. 实操报告

钢结构高强度螺栓连接被扣报告样式见表 4-18。

表 4-18　钢结构高强度螺栓连接实操报告

班级		姓名		时间	
课目				指导教师	
施工依据	《钢结构高强度螺栓连接技术规程》(JGJ 82—2011)、全场景免疫诊断仪器、试剂研发与制造中心施工图			验收依据	《钢结构工程施工质量验收标准》(GB 50205—2020)
序号	项目内容	设计/规范要求		计分值	操作得分
1	钢材连接摩擦面、图层表面抗滑移系数试验	第 6.3.1 条		20	
2	钢材连接摩擦面、涂层表面要求	第 6.3.2 条		10	
3	钢材连接摩擦面、涂层表面清洁要求	第 6.3.7 条		10	
4	高强度螺栓连接副施拧顺序	第 6.3.5 条		10	
5	高强度螺栓连接副初拧、终拧扭矩要求	第 6.3.5 条		10	
6	高强度螺栓连接副终拧后螺栓丝扣外露要求	第 6.3.6 条		10	
7	扭剪型高强度螺栓终拧后尾部梅花头检查	第 6.3.4 条		10	
8	高强度螺栓连接副终拧 1 h 后，48 h 内质量检查	第 6.3.3 条		10	
报告					

任务工单

根据所学知识，完成以下任务工单。

1. 任务目标

（1）掌握高强度螺栓的分类及其特点。

（2）学会进行高强度螺栓连接的受力计算。

（3）了解高强度螺栓连接摩擦面的处理方法及抗滑移系数检验。

2. 任务内容

（1）高强度螺栓分类及特点研究。查阅相关文献资料，总结高强度螺栓的分类（如按性能等级、制造工艺等）及其特点。

（2）高强度螺栓连接计算。选取一个典型的高强度螺栓连接节点进行受力分析，并计算所需的螺栓数量及预紧力。

（3）摩擦面处理与检验。学习高强度螺栓连接摩擦面的常用处理方法，进行实际操作，并了解摩擦面抗滑移系数的检验方法。

3. 任务要求

（1）需独立完成任务工单中的各项内容，并认真记录高强度螺栓实践过程中的关键步骤和心得体会。

（2）提交一份详细的报告，包括对高强度螺栓选型的理论分析和实践操作的描述，以及遇到的问题和解决方案。

（3）报告中应包含必要的计算过程、施工图纸或照片，以证明任务完成的质量。

》》任务4.3 钢结构普通螺栓连接

课前认知

钢结构普通螺栓连接就是将螺栓、螺母、垫圈机械地与连接件连接在一起形成的一种连接形式。从连接工作机理看，荷载是通过螺栓杆受剪、连接板孔壁承压来传递的，接头受力后会产生较大的滑移变形，因此，一般受力较大的结构或承受动力荷载的结构应采用精制螺栓，以减少接头变形量。由于精制螺栓加工费用较高、施工难度大，因此，工程上极少采用这种螺栓，其已逐渐被高强度螺栓取代。

理论学习

4.3.1　普通螺栓的分类

按照普通螺栓的形式，可将其分为六角头螺栓、双头螺栓和地脚螺栓等。

1. 六角头螺栓

按照制造质量和产品等级，六角头螺栓可分为 A、B、C 三个等级。其中，A 级、B 级为精制螺栓；C级为粗制螺栓。A、B级一般用35号钢或45号钢做成，级别为5.6级或8.8级。A、B级螺栓加工尺寸精确，受剪性能好，变形很小，但制造和安装复杂，价格高，目前在钢结构中应用较少。C级为六角头螺栓，也称为粗制螺栓。一般由Q235镇静钢制成，性能等级为4.6级和4.8级，C级螺栓的常用规格从M5至M64共有几十种，常用于安装连接及可拆卸的结构中，有时也可以用于不重要的连接或安装时的临时固定等。在钢结构螺栓连接中，除特别注明外，一般均为C级粗制螺栓。普通螺栓的通用规格为M8、M10、M12、M16、M20、M24、M30、M36、M42、M48、M56和M64等。

2. 双头螺栓

双头螺栓一般称为螺栓，多用于连接厚板和不便使用六角螺栓连接的地方，如混凝土屋架、屋面梁悬挂单轨梁吊挂件等。

视频：普通螺栓

3. 地脚螺栓

地脚螺栓分为一般地脚螺栓、直角地脚螺栓、锤头螺栓、锚固地脚螺栓四种。

（1）一般地脚螺栓和直角地脚螺栓。一般地脚螺栓和直角地脚螺栓是在浇筑混凝土基础时预埋在基础之中用以固定钢柱的螺栓。

（2）锤头螺栓。锤头螺栓是基础螺栓的一种特殊形式，是在混凝土基础浇筑时将特制模箱（锚固板）预埋在基础内，用以固定钢柱的螺栓。

（3）锚固地脚螺栓。锚固地脚螺栓是用于钢构件与混凝土构件之间的连接件，如钢柱柱脚与混凝土基础之间的连接、钢梁与混凝土墙体的连接等。锚固地脚螺栓分为化学试剂型和机械型两类。化学试剂型是指锚栓通过化学试剂（如结构胶等）与其所植入的构件材料黏结传力，而机械型则不需要。锚固地脚螺栓一般由圆钢制作而成，材料多为Q235钢和Q345钢，有时也采用优质碳素钢。

4.3.2 普通螺栓直径、长度的确定

1. 螺栓直径的确定

螺栓直径的确定应由设计人员按等强原则参照《钢结构设计标准》（GB 50017—2017）通过计算确定，但对于某一个工程来说，螺栓直径规格应尽可能少，有的还需要适当归类，以便于施工和管理。

一般情况下，螺栓直径应与被连接件的厚度相匹配。表4-19为不同连接厚度推荐选用的螺栓直径。

表4-19　不同连接厚度推荐选用的螺栓直径　　　　　　　　　　　　　　　　mm

连接件厚度	4～6	5～8	7～11	10～14	13～20
推荐的螺栓直径	12	16	20	24	27

2. 螺栓长度的确定

连接螺栓的长度应根据连接螺栓的直径和厚度确定。螺栓长度是指螺栓头内侧到尾部的距离，一般为5 mm进制，可按下式计算：

$$L = \delta + m + nh + C \tag{4-37}$$

式中　δ——被连接件的总厚度（mm）；

　　　m——螺母厚度（mm）；

n——垫圈个数；

h——垫圈厚度（mm）；

C——螺纹外露部分长度（mm）（2～3丝扣为宜，小于或等于5 mm）。

4.3.3　螺栓的排列与构造要求

螺栓的排列应遵循简单紧凑、整齐划一和便于安装紧固的原则，通常采用并列和错列两种形式，如图4-39所示。并列形式较简单，但栓孔削弱截面较大；错列形式可减少截面削弱，但排列较烦琐。无论采用何种排列形式，螺栓的中距、端距及边距都应满足表4-20的要求。

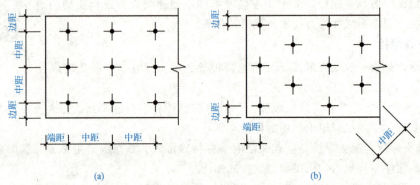

图 4-39　螺栓排列形式

（a）并列；（b）错列

表 4-20　螺栓中距、端距及边距

序号	项目	内容
1	受力要求	螺栓任意方向的中距及边距和端距均不应过小，以免构件在承受拉力作用时，加剧孔壁周围的应力集中和防止钢板过渡削弱而使承载力过低，造成沿孔与孔或孔与边间拉断或剪断。当构件承受压力作用时，顺压力方向的中距不应过大，否则螺栓间钢板可能因失稳形成鼓曲
2	构造要求	螺栓的中距不应过大，否则钢板不能紧密贴合。外排螺栓的中距及边距和端距更不应大，以防止潮气侵入引起锈蚀
3	施工要求	螺栓间应有足够距离以便于转动扳手，拧紧螺母

4.3.4　普通螺栓连接计算

（1）在普通螺栓或铆钉受剪的连接中，每个普通螺栓或铆钉的承载力设计值应取受剪承载力和承压承载力设计值中的较小者。

1）受剪承载力设计值按式（4-38）、式（4-39）计算。

普通螺栓
$$N_v^b = n_v \frac{\pi d^2}{4} f_v^b \tag{4-38}$$

铆钉
$$N_v^r = n_v \frac{\pi d_0^2}{4} f_v^r \tag{4-39}$$

2）承压承载力设计值按式（4-40）、式（4-41）计算。

普通螺栓
$$N_c^b = d \sum t f_c^b \tag{4-40}$$

铆钉
$$N_c^r = d_0 \sum t f_c^r \tag{4-41}$$

式中　n_v——受剪面数目；

d——螺栓杆直径；

d_0——铆钉孔直径；

$\sum t$——在不同受力方向中一个受力方向承压构件总厚度的较小值；

f_v^b，f_c^b——螺栓的抗剪和承压强度设计值；

f_v^r，f_c^r——铆钉的抗剪和承压强度设计值。

（2）在普通螺栓、锚栓或铆钉杆轴方向受拉的连接中，每个普通螺栓、锚栓或铆钉的承载力设计值应按下式计算。

普通螺栓
$$N_t^b = \frac{\pi d_e^2}{4} f_t^b \tag{4-42}$$

锚栓
$$N_t^a = \frac{\pi d_e^2}{4} f_t^a \tag{4-43}$$

铆钉
$$N_t^r = \frac{\pi d_0^2}{4} f_t^r \tag{4-44}$$

式中　d_e——螺栓或锚栓在螺纹处的有效直径；

f_t^b，f_t^a，f_t^r——普通螺栓、锚栓和铆钉的抗拉强度设计值。

（3）同时承受剪力和杆轴方向拉力的普通螺栓和铆钉，应分别符合下式的要求：

普通螺栓
$$\sqrt{\left(\frac{N_v}{N_v^b}\right)^2 + \left(\frac{N_t}{N_t^b}\right)^2} \leqslant 1 \tag{4-45}$$
$$N_v \leqslant N_c^b$$

铆钉
$$\sqrt{\left(\frac{N_v}{N_v^r}\right)^2 + \left(\frac{N_t}{N_t^r}\right)^2} \leqslant 1 \tag{4-46}$$
$$N_v \leqslant N_c^r$$

式中　N_v，N_t——某个普通螺栓或铆钉所承受的剪力和拉力；

N_v^b，N_t^b，N_c^b——一个普通螺栓的受剪、受拉和承压承载力设计值；

N_v^r，N_t^r，N_c^r——一个铆钉的受剪、受拉和承压承载力设计值。

4.3.5　普通螺栓连接施工

1. 一般要求

普通螺栓作为永久性连接螺栓时，应符合下列要求：

（1）一般的螺栓连接。螺栓头和螺母下面应放置平垫圈，从而增大承压面积。螺栓头下面放置的垫圈一般不应多于两个，螺母下面放置的垫圈一般不应多于一个。

（2）对于承受动荷载或重要部位的螺栓连接，应按设计要求放置弹簧垫圈，且必须放置在螺母一侧。

（3）对于设计有要求防松动的螺栓，锚固螺栓应采用有防松装置的螺母或弹簧垫圈或人工方法采取防松措施。

2. 螺栓的布置

螺栓的布置应使各螺栓受力合理，同时要求各螺栓尽可能远离形心和中性轴，以便充分和均衡地利用各个螺栓的承载能力。

螺栓之间的间距确定，既要考虑螺栓连接的强度与变形等要求，又要考虑其便于装拆的操作要求。各螺栓之间及螺栓中心线与机件之间应留有扳手操作空间。螺栓或铆钉的最大、最小容许距离应符合表 4-21 的要求。

表 4-21　螺栓或铆钉的最大、最小容许距离

名称	位置和方向			最大容许距离（取两者的较小值）	最小容许距离
中心间距	外排（垂直内力方向或顺内力方向）			$8d_0$ 或 $12t$	$3d_0$
	中间排	垂直内力方向		$16d_0$ 或 $24t$	
		顺内力方向	构件受压力	$12d_0$ 或 $18t$	
			构件受拉力	$16d_0$ 或 $24t$	
	沿对角线方向				
中心至构件边缘距离	顺内力方向			$4d_0$ 或 $8t$	$2d_0$
	垂直内力方向	剪切边或手工气割边			$1.5d_0$
		轧制边、自动气割或锯割边	高强度螺栓		$1.2d_0$
			其他螺栓或铆钉		

注：1. d_0 为螺栓或铆钉的孔径，对槽孔为短向尺寸，t 为外层较薄板件的厚度。
　　2. 钢板边缘与刚性构件（如角钢、槽钢等）相连的高强度螺栓或铆钉的最大间距，可按中间排的数值采用。
　　3. 计算螺栓孔引起的截面削弱时可取 $d+4$ mm 和 d_0 的较大者。

3. 螺栓孔加工

在螺栓连接前，须对螺栓孔进行加工，可根据连接板的大小采用钻孔或冲孔加工。冲孔一般只用于较薄钢板和非圆孔的加工，而且要求孔径一般不小于钢板的厚度。

（1）钻孔前，将工件按图样要求画线，检查后打样冲眼。样冲眼应打大些，使钻头不易偏离中心。在工件孔的位置画出孔径圆和检查圆，并在孔径圆上及其中心冲出小坑。

（2）当螺栓孔要求较高，叠板层数较多，同类孔距也较多时，可以采用钻模钻孔或预钻小孔，再在组装时扩孔的方法。

预钻小孔直径的大小取决于叠板的层数，当叠板少于五层时，预钻小孔的直径一般小于 3 mm；当叠板层数大于五层时，预钻小孔的直径应小于 6 mm。

（3）对于精制螺栓（A、B 级螺栓），螺栓孔必须是Ⅰ类孔，并且具有 H12 的精度，孔壁表面粗糙度 Ra 不应大于 12.5 μm，为保证上述精度要求必须钻孔成形。

（4）对于粗制螺栓（C 级螺栓）螺栓孔为Ⅱ类孔，孔壁表面粗糙度 Ra 不应大于 25 μm，其允许偏差满足一定要求。

4. 螺栓的装配

普通螺栓的装配应符合下列要求：

（1）螺栓头和螺母下面应放置平垫圈，以增大承压面积。

（2）每个螺栓一端不得垫两个及两个以上的垫圈，并不得采用大螺母代替垫圈。螺栓拧紧后，外露丝扣不应少于两扣。螺母下的垫圈一般不应多于一个。

（3）对于设计有要求防松动的螺栓、锚固螺栓应采用有防松装置的螺母（双螺母）或弹簧垫圈，或采用人工方法采取防松措施（如将螺栓外露丝扣打毛）。

（4）对于承受动荷载或重要部位的螺栓连接，应按设计要求放置弹簧垫圈，弹簧垫圈必须设置在螺母一侧。

（5）对于工字钢、槽钢的类型钢应尽量使用斜垫圈，使螺母和螺栓头部的支撑面垂直于螺杆。

（6）双头螺栓的轴心线必须与工件垂直，通常用角尺进行检验。

（7）装配双头螺栓时，首先将螺纹和螺孔的接触面清理干净，然后用手轻轻地将螺母拧到螺纹的终止处；如果遇到拧不紧的情况，不能用扳手强行拧紧，以免损坏螺纹。

（8）螺母与螺钉装配时，其要求如下：

1）螺母或螺钉与零件贴合的表面要光洁、平整，贴合处的表面应当经过加工，否则容易使连接件松动或使螺钉弯曲。

2）螺母或螺钉和接触的表面之间应保持清洁，螺母孔内的脏物要清理干净。

4.3.6　螺栓紧固及其检验

1. 紧固轴力

为了使螺栓受力均匀，应尽量减少连接件变形对紧固轴力的影响，保证节点连接螺栓的质量。为了使连接接头中螺栓受力均匀，螺栓的紧固次序应从中间开始，向两边对称地进行；对大型接头应采用复拧；对 30 号正火钢制作的各种直径螺栓进行旋拧时，所承受的轴向允许荷载见表 4-22。

表 4-22　各种直径螺栓的允许荷载

螺栓的公称直径/mm		12	16	20	24	30	36
轴向允许轴力	无预先锁紧/N	17 200	3 300	5 200	7 500	11 900	17 500
	螺栓在荷载下锁紧/N	1 320	2 500	4 000	5 800	9 200	13 500
扳手最大允许扭矩/(N·cm⁻²)		3 138	7 845	1 569	27 459	53 937	95 125

注：对于 Q235 及 45 钢，应将表中允许值分别乘以修正系数 0.75 及 1.1。

2. 成组螺母的拧紧

拧紧成组的螺母时，必须按照一定的顺序进行，并做到分次序逐步拧紧（一般分为三次拧紧）；否则会使零件或螺杆产生松紧不一致，甚至变形。在拧紧长方形布置的成组螺母时，必须从中间开始，逐渐向两边对称地扩展，如图 4-40（a）所示。在拧紧方形或圆形布置的成组螺母时，必须对称地进行，如图 4-40（b）、（c）所示。

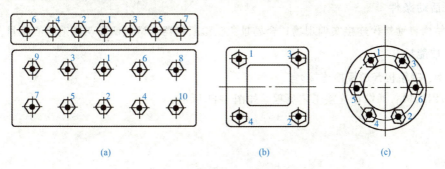

(a)　　　　　(b)　　　　　(c)

图 4-40　拧紧成组螺母的方法

（a）长方形布置；（b）方形布置；（c）圆形布置

3. 紧固质量检验

普通螺栓连接的螺栓紧固检验比较简单，一般采用锤击法。用 3 kg 的小锤，一只手扶住螺栓头或螺母，另一只手用锤敲，应保证螺栓头（螺母）不偏移、不颤动、不松动、锤声比较干脆，否则说明螺栓紧固质量不好需要重新进行紧固施工。当对接配件在平面上的差值超过 0.5～3 mm 时，应对较高的配件高出部分做成 1∶10 的斜坡，斜坡不得用火焰切割。当高度超过 3 mm 时，必须设置和该结构相同钢号的钢板做成的垫板，并用连接配件相同的加工方法对垫板的两侧进行加工。

4.3.7　螺栓螺纹防松措施

一般螺纹连接均具有自锁性，在受静载和工作温度变化不大时，不会自行松脱。但在冲击、振动或变荷载的作用下，以及在工作温度变化较大时，这种连接有可能松动，以致影响工作，甚至发生事故。为了保证连接安全可靠，对螺纹连接必须采取有效的防松措施。

（1）增大摩擦力的防松措施。增大摩擦力的防松措施是使拧紧的螺纹之间不因外荷载变化而失去压力，因而始终有摩擦阻力防止连接松脱。增大摩擦力的防松措施有安装弹簧垫圈和使用双螺母等。

（2）机械防松措施。机械防松措施是利用各种止动零件，阻止螺纹零件的相对转动来实现的。机械防松较为可靠，故应用较多。常用的机械防松措施有开口销与槽形螺母、止退垫圈与圆螺母、止动垫圈与螺母、串联钢丝等。

（3）不可拆防松措施。不可拆防松措施利用点焊、点铆等方法将螺母固定在螺栓或被连接件上，或者将螺钉固定在被连接件上，以达到防松的目的。

🔲 技能测试

1. 目的

通过钢结构普通螺栓连接的现场学习，在现场工程师或指导教师的讲解下，对钢结构的普通螺栓连接工艺有一个详细的了解和认识。

2. 能力标准及要求

掌握钢结构普通螺栓连接的准备、施工工艺流程及施工操作要点等工作内容，能进行钢结构普通螺栓连接工艺设计。

3. 活动条件

钢结构普通螺栓连接实训现场；全场景免疫诊断仪器、试剂研发与制造中心项目。

4. 技能操作

案例：钢结构普通螺栓连接。

（1）钢结构普通螺栓连接工艺流程，如图 4-41 所示。

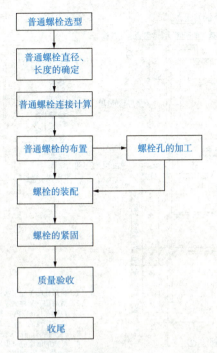

图 4-41　钢结构普通螺栓连接工艺流程

（2）钢结构普通螺栓连接要领。

1）普通螺栓准备。普通螺栓直径长度的确定。

2）普通螺栓用垫圈要求。一般的螺栓连接，螺栓头和螺母下面应放置平垫圈，从而增大承压面积。螺栓头下面放置的垫圈一般不应多于两个，螺母下面放置的垫圈一般不应多于一个。

①对于承受动荷载或重要部位的螺栓连接，应按设计要求放置弹簧垫圈，且必须放置在螺母一侧。

②对于设计有要求防松动的螺栓，锚固螺栓应采用有防松装置的螺母或弹簧垫圈或人工方法采取防松措施。

3）普通螺栓的布置。普通螺栓的布置应使各螺栓受力合理，同时要求各螺栓尽可能远离形心和中性轴，以便充分和均衡地利用各个螺栓的承载能力。

4）螺母与螺钉的装配。

①螺母或螺钉与零件贴合的表面要光洁、平整，贴合处的表面应当经过加工，否则容易引起连接件松动或螺钉弯曲。

②螺母或螺钉和接触的表面之间应保持清洁，螺母孔内的脏物要清理干净。

5）螺栓的紧固。为了使连接接头中螺栓受力均匀，螺栓的紧固次序应从中间开始，向两边对称地进行；对大型接头应采用复拧。

（3）附图：全场景免疫诊断仪器、试剂研发与制造中心 2♯ 车间箱形柱工地拼接做法示意（结施14）（图4-42）。

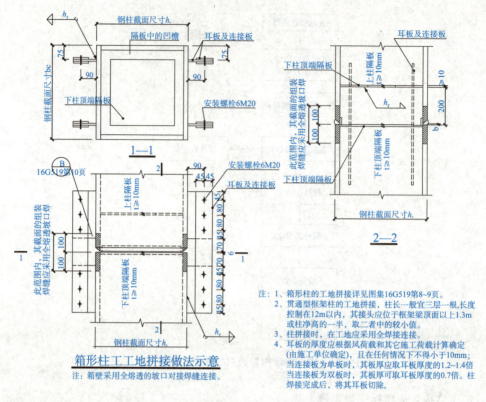

图 4-42　箱形柱工地拼接做法示意

注：1、箱形柱的工地拼接详见图集16G519第8~9页。
　　2、贯通型框架柱的工地拼接，柱长一般宜三层一根，长度控制在12m以内，其接头应位于框架梁顶面以上1.3m或柱净高的一半，取二者中的较小值。
　　3、柱拼接时，在工地应采用全焊接连接。
　　4、耳板的厚度应根据风荷载和其它施工荷载计算确定（由施工单位确定），且在任何情况下不得小于10mm；当连接板为单板时，其板厚应取耳板厚度的1.2~1.4倍当连接板为双板时，其板厚可取耳板厚度的0.7倍。柱焊接完成后，将其耳板切除。

5. 步骤提示

（1）课堂讲解钢结构普通螺栓连接前的准备工作、钢结构普通螺栓连接的工序和工艺流程，提出钢结构普通螺栓连接中可能出现的问题。

（2）结合课堂讲解内容和提出的问题，组织钢结构普通螺栓连接的现场学习，详细了解钢结构普通螺栓连接工艺过程，并解决课堂疑问。

（3）完成钢结构普通螺栓连接的现场学习报告，内容包括钢结构普通螺栓连接的工序和工艺流程。

6. 实操报告

钢结构普通螺栓连接实操报告样式见表4-23。

表 4-23　钢结构普通螺栓连接实操报告

班级		姓名		时间	
课目				指导教师	
施工依据	《钢结构安装工程中紧固件连接工艺标准》（SEJ/BZ—0605—2002）、全场景免疫诊断仪器、试剂研发与制造中心施工图			验收依据	《钢结构工程施工质量验收标准》（GB 50205—2020）
序号	项目内容	设计/规范要求		计分值	操作得分
1	普通螺栓最小拉力载荷复验	第 6.2.1 条		30	

序号	项目内容	设计/规范要求	计分值	操作得分
2	永久性普通螺栓紧固外露丝扣要求	第6.2.3条	30	
3	永久性普通螺栓紧固外露丝扣检查数量要求	第6.2.3条	20	
4	永久性普通螺栓紧固检查方法	第6.2.3条	20	
报告				

任务工单

根据所学知识，完成以下任务工单。

1. 任务目标

(1)掌握普通螺栓分类、直径与长度的确定方法。

(2)理解螺栓排列与构造要求，并能简单应用。

(3)掌握螺栓紧固与检验方法。

2. 任务内容

(1)螺栓分类与选型。研究普通螺栓的分类，并根据工程需求选择合适的螺栓类型。

(2)螺栓排列与构造。设计一个简单的螺栓连接节点，确保螺栓排列符合构造要求。

(3)螺栓紧固与检验。学习正确的螺栓紧固方法，并对已紧固的螺栓进行质量检验。

3. 任务要求

(1)需独立完成螺栓选型、计算、设计和模拟施工。

(2)提交一份包含螺栓选型、计算过程、设计图纸和模拟施工记录的报告。

(3)报告中应体现对螺栓连接理论知识的理解和实际应用能力。

任务4.4 钢结构铆钉连接

课前认知

利用铆钉将两个以上的零部件(一般是金属板或型钢)连接为一个整体的连接方法称为铆

钉连接(简称铆接)。铆钉连接需要先在构件上开孔,用加热的铆钉进行铆合,有时也可用常温的铆钉进行铆合,但需要较大的铆合力。铆钉连接由于费钢费工,现在很少采用。但是,铆钉连接传力可靠,韧性和塑性较好,质量易于检查,对经常受动力荷载作用、荷载较大和跨度较大的结构,有时仍然采用铆钉连接。

🔲 **理论学习**

4.4.1 铆接的种类及连接形式

4.4.1.1 铆接的种类

铆接有强固铆接、密固铆接和紧密铆接三种,现分述如下。

1. 强固铆接

强固铆接要求能承受足够的压力和抗剪力,但对铆接处的密封性能要求较低。如桥梁、起重机吊臂、汽车底盘等,均属于强固铆接。

2. 密固铆接

密固铆接除要求承受足够的压力和抗剪力外,还要求在铆接处密封性能好,在一定压力作用下,液体或气体均不能渗漏。如锅炉、压缩空气罐等高压容器的铆接,都属于密封铆接。目前,这种铆接几乎被焊接所代替。

3. 紧密铆接

紧密铆接的金属构件不能承受大的压力和剪力,但对铆接处要求具有高度的密封性,以防止泄漏。如水箱、气罐、油罐等容器,即属于紧密铆接。目前,这种铆接更为少见,同样被焊接代替。

4.4.1.2 铆接的连接形式

在钢结构铆接施工中,常见的连接方式有搭接、对接和角接三种。

1. 搭接

搭接是将板件边缘对搭在一起,用铆钉加以固定连接的结构形式,如图4-43所示。

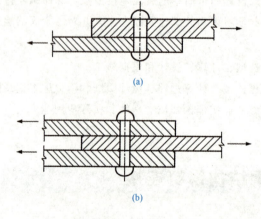

(a)

(b)

图 4-43 搭接形式
(a)单剪切铆接法;(b)双剪切铆接法

2. 对接

对接是将两块要连接的板条置于同一平面，利用盖板将板件铆接在一起。这种连接分为单盖板式和双盖板式两种对接形式，如图 4-44 所示。

3. 角接

角接是将两块板件互相垂直或按一定角度采用铆钉固定连接。采用这种方式连接时，要在角接外利用搭接件——角钢。角接时，板件上的角钢接头有一侧角钢连接或两侧角钢连接两种形式，如图 4-45 所示。

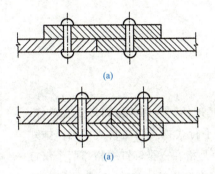

图 4-44　对接形式
(a)单盖板式；(b)双盖板式

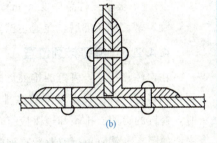

图 4-45　角接形式
(a)一侧角钢连接；(b)两侧角钢连接

4.4.2　铆接参数的确定

4.4.2.1　铆钉的直径

铆接时，铆钉直径的大小和铆钉中心距离应根据结构件的受力情况和需要强度确定。确定铆钉直径时，应以板件厚度为准。板件的厚度应满足下列要求：

(1)板件搭接铆焊时，如厚度接近，可按较厚钢板的厚度计算。

(2)厚度相差较大的板件铆接，可以较薄板件的厚度为准。

(3)板料与型材铆接时，以两者的平均厚度确定。

板料的总厚度(指被铆件的总厚度)不应超过铆钉直径的 5 倍。铆钉直径与板料厚度的关系见表 4-24。铆杆直径与钉孔直径之间的关系见表 4-25。

表 4-24　铆钉直径与板料厚度的关系　　　　　　　　　　　　mm

板料厚度	5～6	7～9	9.5～12.5	13～18	19～24	25 以上
铆钉直径	10～12	14～18	20～22	24～27	27～30	20～36

表 4-25　铆钉直径与钉孔直径之间的关系　　　　　　　　　mm

铆钉直径 d		2	2.5	3	3.5	4	5	6	8	10
钉孔直径 d_0	精装配	2.1	2.6	3.1	3.6	4.1	5.2	6.2	8.2	10.3
	粗装配	2.2	2.7	3.4	3.9	4.5	5.5	6.5	8.5	11
铆钉直径 d		12	14	16	18	22	24	27	30	
钉孔直径 d_0	精装配	12.4	14.5	16.5	—	—	—	—	—	
	粗装配	13	15	17	19	23.5	25.5	28.5	32	

4.4.2.2　铆钉杆的长度

铆钉杆的长度应根据被铆接件总厚度、铆钉孔直径与铆钉工艺过程等因素来确定。当钢结构铆接施工时，常用铆钉杆长度应选择以下几种公式计算求得：

（1）半圆头铆钉：$l = 1.5d + 1.1t$　　　　　　　　　　　　　　　　　　　　　　　　（4-47）

（2）半沉头铆钉：$l = 1.1d + 1.1t$　　　　　　　　　　　　　　　　　　　　　　　　（4-48）

（3）沉头铆钉：$l = 0.8d + 1.1t$　　　　　　　　　　　　　　　　　　　　　　　　（4-49）

式中　l——铆钉杆长度（mm）

　　　d——铆钉直径（mm）

　　　t——被铆接件总厚度（mm）。

确定铆钉杆长度后，应通过试验进行检验。

4.4.2.3　铆钉排列位置

在构件连接处，铆钉的排列形式是以连接件的强度为基础的。铆钉的排列形式有单排、双排和多排三种。采用双排或多排铆钉连接时，又可分为平行式排列和交错式排列。排列时，铆钉的钉距、排距和边距应符合设计规定。铆钉的钉距是指在一排铆钉中相邻两个铆钉中心的距离。铆钉单行或双行排列时，其钉距 $S \geqslant 3d$（d 为铆钉杆直径）。铆钉交错式排列时，其对角距离 $c \geqslant 3.5d$。

为了使板件相互连接严密，应使相邻两个铆钉孔中心的最大距离 $S \leqslant 8d$ 或 $S \leqslant 12t$（t 为板料单件厚度）。铆钉的排距是指相邻两排铆钉孔中心的距离，用 a 表示，一般 $a \geqslant 3d$。铆钉排列时，外排铆钉中心至工件边缘的距离 $l_1 \geqslant 1.5d$，如图 4-46(a) 所示。为使板边在铆接后不翘起来（两块板接触紧密），应使铆钉中心到板边的最大距离 l 和 l_1 小于或等于 $4d$，l 和 l_1 小于或等于 $8t$。

各种型钢铆接时，若型钢面宽度 $b < 100$ mm，可用一排铆钉，如图 4-46(b) 所示。图中应使 $a_1 \geqslant 1.5d + t_1$，$a_2 = b - 1.5d$。

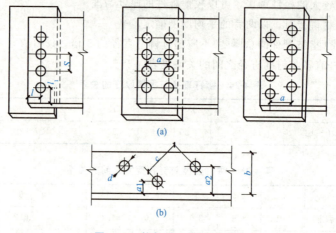

图 4-46　铆钉排列的尺寸关系

(a)$l_1 \geqslant 1.5d$；(b)$b < 100$ mm

4.4.3 铆接施工

4.4.3.1 冷铆施工

钢结构冷铆施工，就是铆钉在常温状态下进行的铆接。其施工要求如下：

(1)铆钉应具有良好的塑性。铆钉冷铆前，应先进行清除硬化、提高塑性的退火处理。

(2)用铆钉枪冷铆时，铆钉直径一般不超过13 mm。用铆接机冷铆时，铆钉最大直径不能超过25 mm。用手工冷铆时，铆钉直径通常小于8 mm。

(3)手工冷铆时，首先将铆钉穿入被铆件的孔中，然后用顶把顶住铆钉头，压紧被铆件接头处，用手锤锤击伸出钉孔部分的铆钉杆端头，使其形成钉头，最后将窝头绕铆钉轴线倾斜转动，直至得到理想的铆钉头。

(4)在镦粗钉杆形成钉头时，锤击次数不宜过多；否则，材质将出现冷作硬化现象，致使钉头产生裂纹。

4.4.3.2 热铆施工

热铆是指将铆钉加热后的铆接。铆钉加热后，铆钉材质的硬度降低、塑性提高，铆钉头成型较容易，主要适用于铆钉材质的塑性较差或直径较大、铆接力不足的情况下。

1. 修整钉孔

(1)铆接前，应将铆接件各层板之间的钉孔对齐。

(2)在构件装配中，由于加工误差，常出现部分钉孔不同心的现象，铆接前需要用矫正冲或铰刀修整钉孔。

另外，也需要用铰刀对在预加工中因质量要求较高而留有余量的孔径进行扩孔修整。

(3)铰孔需依据孔径选定铰刀，铰刀装卡在风钻或电钻上。铰孔时，先开动风钻或电钻，再逐渐将铰刀垂直插入钉孔内进行铰孔。在操作时，要防止钻头歪斜而损坏铰刀或将孔铰偏。

(4)在铰孔过程中，应先铰没拧螺栓的钉孔。铰孔完成后拧入螺栓，然后将原螺栓卸掉进行铰孔。需要修整的钉孔应一次铰完。

2. 铆钉加热

(1)铆钉的加热温度取决于铆钉的材质和施铆方法。用铆钉枪铆接时，铆钉需要加热到1 000～1 100 ℃；用铆接机铆接时，加热温度为650～670 ℃。

(2)铆钉的终铆温度应在450～600 ℃。终铆温度过高，会降低钉杆的初应力；终铆温度过低，铆钉会发生蓝脆现象。因此，热铆铆钉时，要求在允许的温度下迅速完成。

(3)铆钉加热用加热炉位置应尽可能接近铆接现场，如用焦炭炉时，焦炭粒度要均匀，且不宜过大。铆钉在炉内要有秩序地摆放，钉与钉之间相隔适当距离。

(4)当铆钉烧至橙黄色(900～1 100 ℃)时，改为缓火焖烧，使铆钉内外受热均匀，即可取出进行铆接。绝不能用过热和加热不足的铆钉，以免影响产品质量。

(5)在加热铆钉过程中，烧钉钳应经常浸入水中冷却，避免烧化钳口。

3. 接钉与穿钉

(1)加热后的铆钉在传递时，操作者需要熟练掌握扔钉技术，扔钉要做到准和稳。

(2)当接钉者向烧钉者索取热钉时，可用穿钉钳在接钉桶上敲几下，给烧钉者发出扔钉的信号。

(3)接钉时，应将接钉桶顺着铆钉运动的方向后移一段距离，使铆钉落在接钉桶内时冲击力得到缓解，避免铆钉滑出桶外。

(4)穿钉动作要求迅速、准确，争取铆钉在要求的温度下铆接。接钉后，快速用穿钉钳夹住靠铆钉头的一端，并在硬物上敲掉铆钉上的氧化皮，再将铆钉穿入钉孔内。

4. 顶钉

顶钉是铆钉穿入钉孔后，用顶把顶住铆钉头的操作。顶钉好坏，将直接影响铆接质量。无论用手顶把还是用气顶把，顶把上的窝头形状、规格都应与预制的铆接头相符。

用手顶把顶钉时，应使顶把与顶头中心形成一条直线。开始顶时要用力，待钉杆镦粗胀紧钉孔不能退出时，可减小顶压力，并利用顶把的颤动反复撞击钉头，使铆接更加紧密。

在铆接钉杆呈水平位置的铆接时，如果采用抱顶把顶钉，则需要采取严格的安全措施，防止窝头和活塞飞出伤人。

5. 热铆操作

（1）热铆开始时，铆钉枪风量要小些，待钉杆镦粗后，加大风量，逐渐将钉杆外伸端打成钉头形状。

（2）如果出现钉杆弯曲、钉头偏斜时，可将铆钉枪对应倾斜适当角度进行矫正；钉头正位后，再将铆钉枪略微倾斜绕钉头旋转一周，迫使钉头周边与被铆接表面严密接触。注意铆钉枪不要过分倾斜，以免窝头磕伤被铆件的表面。

（3）发现窝头或铆钉枪过热时，应及时更换备用的窝头或铆钉枪。窝头可以放到水中冷却。

（4）为了保证质量，压缩空气的压力不应低于 0.5 MPa。

（5）为了防止铆件侧移，最好沿铆接件的全长，对称地先铆几颗铆钉，起定位作用，然后再铆其他铆钉。

（6）铆接时，铆钉枪的开关应灵活可靠，禁止碰撞。经常检查铆钉枪与风管接头的螺纹连接是否松动，如发现松动，应及时紧固，以免发生事故。每天铆接结束时，应将窝头和活塞卸掉，妥善保管，以备再用。

4.4.4 铆接检验

铆钉质量检验采用外观检验和敲打两种方法。外观检查主要检验外观瑕疵；敲打法检验用 0.3 kg 的小锤敲打铆钉的头部，用以检验铆钉的铆合情况。铆钉头不得有丝毫跳动，铆钉的钉杆应填满钉孔，钉杆和钉孔的平均直径误差不得超过 0.4 mm，其同一截面的直径误差不得超过 0.6 mm。对于有缺陷的铆钉，应予以更换，不得采用捻塞、焊补或加热再铆等方法进行修整。铆成的铆钉和外形的偏差超过表 4-26 的规定时，不得采用捻塞、焊补或加热再铆等方法整修。有缺陷的铆钉，应予作废，进行更换。

表 4-26 铆钉允许偏差

项次	偏差名称	示意图	允许偏差值	偏差原因	检查方法
1	铆钉头的周围全部与被铆板不密贴		不允许	（1）铆钉头和钉杆在连接处有凸起部分；（2）铆钉头未顶紧	（1）外观检查；（2）用厚0.1 mm的塞尺检查
2	铆钉头刻伤		$a \leqslant 2$ mm	铆接不良	外观检查

项次	偏差名称	示意图	允许偏差值	偏差原因	检查方法
3	铆钉头的周围部分与被铆板不密贴		不允许	顶把位置歪斜	（1）外观检查；（2）用厚0.1 mm的塞尺检查
4	铆钉头偏心		$b \leqslant \dfrac{d}{10}$	铆接不良	外观检查
5	铆钉头裂纹		不允许	(1)加热过渡；(2)铆钉钢材质量不良	外观检查
6	铆钉头周围不完整		$a+b \leqslant \dfrac{d}{10}$	(1)钉杆长度不够；(2)铆钉头顶压不正	外观检查并用样板检查
7	铆钉头过小		$a+b \leqslant \dfrac{d}{10}$ $c \leqslant \dfrac{d}{20}$	铆模过小	外观检查并用样板检查
8	埋头不密贴		$a \leqslant \dfrac{d}{10}$	(1)划边不准确；(2)钉杆过短	外观检查
9	埋头凸出		$a \leqslant 0.5$ mm	钉杆过长	外观检查

135

项次	偏差名称	示意图	允许偏差值	偏差原因	检查方法
10	铆钉头周围有正边		$a \leqslant 3$ mm 0.5 mm $\leqslant b \leqslant 3$ mm	钉杆过长	外观检查
11	铆模刻伤钢材		$b \leqslant 0.5$ mm	铆接不良	外观检查
12	铆钉头表面不平		$a \leqslant 0.3$ mm	(1)铆钉钢材质量不良； (2)加热过渡	外观检查
13	铆钉歪斜		板叠厚度的3%，但不得大于3 mm	扩孔不正确	(1)外观检查； (2)测量相邻铆钉的中心距离
14	埋头凹进		$a \leqslant 0.5$ mm	钉杆过短	外观检查
15	埋头钉周围有部分或全部缺边		$a \leqslant \dfrac{d}{10}$	(1)钉杆过短； (2)划边不准确	外观检查

铆钉连接。

1. 目的

通过钢结构铆钉连接的现场学习，在现场工程师或指导教师的讲解下，对钢结构铆钉连接工艺有一个详细的了解和认识。

2. 能力标准及要求

掌握钢结构铆钉连接的准备、施工工艺流程及施工操作要点等工作内容，能进行钢结构铆钉连接工艺设计。

3. 活动条件

钢结构公司铆钉连接制作现场；某大桥研发与制造项目。

4. 技能操作

案例：钢构件铆钉连接。

(1)钢构件铆钉连接制作工艺流程，如图 4-47 所示。

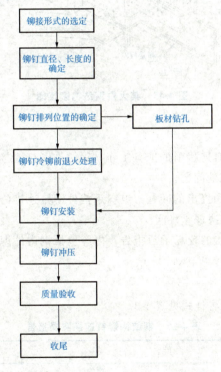

图 4-47　钢构件铆钉连接制作工艺流程

(2)钢构件铆钉连接制作要领。

1)铆钉准备。铆钉直径、铆钉杆长度的确定。

2)铆钉的布置。铆钉的排列形式是以构件连接处的强度为基础的。铆钉的排列形式有单排、双排和多排三种。排列时，铆钉的钉距、排距和边距应符合设计规定。

3)铆钉退火。铆钉冷铆前，应进行清除硬化、提高塑性的退火处理。

4)冷铆施工方式选择。

①用铆钉枪冷铆时，铆钉直径一般不超过 13 mm；

②用铆接机冷铆时，铆钉最大直径不能超过 25 mm；

③用手工冷铆时，铆钉直径通常小于 8 mm。

5）铆钉质量检验。

①铆钉质量检验采用外观检验和敲打两种方法；

②外观检查主要检验外观瑕疵；

③敲击法检验用 0.3 kg 的小锤敲打铆钉的头部，用以检验铆钉的铆合情况。

（3）附图：某大桥钢结构铆接图（图 4-48）。

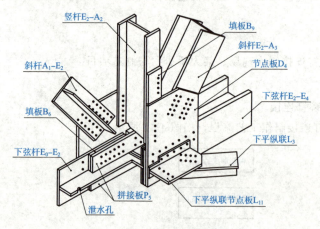

图 4-48　某大桥钢结构铆接图

5. 步骤提示

（1）课堂讲解钢构件铆钉连接前的准备工作、钢构件铆钉连接的工序和工艺流程，提出钢构件铆钉连接中可能出现的问题。

（2）结合课堂讲解内容和提出的问题，组织钢构件铆钉连接的现场学习，详细了解钢构件铆钉连接工艺过程，并解决课堂疑问。

（3）完成钢构件铆钉连接的现场学习报告，内容包括钢构件铆钉连接的工序和工艺流程（表 4-27）。

6. 实操报告

钢构件铆钉连接实操报告样式见表 4-27。

表 4-27　钢结构铆钉连接实操报告

班级		姓名		时间	
课目				指导教师	
施工依据	《钢结构安装工程中紧固件连接工艺标准》（SEJ/BZ—0605—2002）、全场景免疫诊断仪器、试剂研发与制造中心施工图			验收依据	《钢结构工程施工质量验收标准》（GB 50205—2020）
序号	项目内容	设计/规范要求		计分值	操作得分
1	铆钉的规格尺寸与被连接钢板相匹配	第6.2.2条		30	

2	铆钉的间距、边距要求		第6.2.2条	30	
3	铆钉与钢板的接触要求	紧固密贴	第6.2.4条	40	
		抽查数量			
		检验方法			
报告					

任务工单

根据所学知识，完成以下任务工单。

1. 任务目标

(1)掌握铆接的种类及其连接形式。

(2)学会热铆施工的基本操作。

(3)掌握铆接质量的检验方法。

2. 任务内容

(1)铆接种类及连接形式研究。研究并总结钢结构中常用的铆接种类(如实心铆钉、空心铆钉等)及其连接形式(如单面铆接、双面铆接等)。

(2)铆接施工操作。在实训场地或模拟环境中，了解热铆施工的基本原理和操作流程，并在指导下进行简单操作，包括铆钉的插入、铆接工具的使用等。

(3)铆接质量检验。学习铆接质量检验的方法和标准，对完成的铆接件进行质量检验，包括外观检查、铆接紧密度检测等。

3. 任务要求

(1)需独立完成任务工单中的各项内容，并认真记录实践过程中的关键步骤和心得体会。

(2)提交一份详细的报告，包括铆接种类与连接形式的研究总结、铆接施工操作的描述及铆接质量检验的结果。

(3)报告中应包含必要的施工图纸或照片，以证明任务完成的质量。

项目 5 钢结构加工制作

知识目标 >>>

1. 了解钢结构制作的基本特点。
2. 了解钢构件组装与预拼装的基本方法。
3. 熟悉钢零件及钢部件加工的基本流程。
4. 掌握钢结构制作工艺的核心要点。

能力目标 >>>

1. 能够独立完成简单的钢结构制作方案。
2. 能够按照图纸和规范要求进行构件的组装和预拼装，确保结构的稳定性和精度。

素养目标 >>>

1. 培养学生严谨细致的工作态度，对钢结构制作的每个环节都保持高度的责任心和敬业精神。
2. 提升学生的团队协作和沟通能力，能够在团队中发挥自己的专长，与团队成员共同解决制作过程中的问题。
3. 增强学生的安全意识和环保意识，严格遵守安全操作规程，合理使用资源，减少浪费和污染。

>>> 任务5.1 钢结构制作特点及工艺要点

课前认知

钢结构制作就是工程技术人员通过各种工序将设计图纸的内容加工成实物的过程。钢结构制作的依据是设计图和国家规范。钢结构制作单位根据设计图和国家有关标准编制工艺图、工艺卡，下达到车间，工程技术人员则根据工艺图、工艺卡生产。课前了解钢结构制作的基本流程。

理论学习

5.1.1 钢结构制作特点

钢结构制作的特点是条件优、标准严、精度好、效率高。钢结构一般在工厂制作，因为工厂具有较为恒定的工作环境，有刚度大、平整度高的钢平台，精度较高的工装夹具及高效的设备，施工条件比现场优越，易于保证质量，提高效率。

钢结构制作有严格的工艺标准，每道工序应该怎么做，允许有多大的误差，都有详细的规定。特殊构件的加工，还要通过工艺试验来确定相应的工艺标准，每道工序的工人都必须按图纸和工艺标准生产，因此，钢结构加工的质量和精度与一般土建结构相比大为提高，而与其相连的土建结构部分也要有相匹配的精度或有可调节措施来保证两者的兼容。

钢结构加工可实现机械化、自动化，因而劳动生产率大为提高。另外，因为钢结构在工厂加工基本不占用施工现场的时间和空间，采用钢结构也可大大缩短工期，提高施工效率。

5.1.2 钢结构制作工艺要点

钢结构制作工艺按照常规的职责范围，有如下十个要点，抓住这十个环节，就掌握了开展工艺工作的主动权。

1. 审阅施工图纸

(1)图纸审查的目的。图纸审查的目的是检查图纸设计的深度能否满足施工的要求，核对图纸上构件的数量和安装尺寸，检查构件之间有无矛盾等。同时，对图纸进行工艺审核，即审查技术上是否合理，制作上是否便于施工，图纸上的技术要求按加工单位的施工水平能否实现等。另外，还要合理划分运输单元。

如果由加工单位设计施工详图，制图期间又已经过审查，则审图程序可相应简化。

(2)图纸审查的内容。工程技术人员对图纸进行审查的主要内容如下：

1)设计文件是否齐全。设计文件包括设计图、施工图、图纸说明和设计变更通知单等。

2)构件的几何尺寸是否齐全。

3)相关构件的尺寸是否正确。

4)节点是否清楚，是否符合国家标准。

5)标题栏内构件的数量是否符合工程总数。

6)构件之间的连接形式是否合理。

7)加工符号、焊接符号是否齐全。

8)结合本单位的设备和技术条件考虑，能否满足图纸上的技术要求。

9)图纸的标准化是否符合国家规定等。

2. 备料

备料前要深入了解材料"质保书"上所述的牌号、规格及机械性能是否与设计图纸相符，并应做到以下几点：

(1)备料时，应根据施工图纸材料表计算出各种材质、规格的材料净用量，再加一定数量的损耗，编制材料预算计划。

(2)提出材料预算时，需要根据使用长度合理订货，以减少不必要的拼接和损耗。对拼接位置有严格要求的吊车梁翼缘和腹板等，配料时要与桁架的连接板搭配使用，即优先考虑翼缘板和腹板，将割下的余料做成小块连接板。小块连接板不能采用整块钢板切割；否则，计划需用的整块钢板就可能不够用，而翼缘和腹板割下的余料则没有用处。

(3)使用前应核对每一批钢材的质量保证书，必要时应对钢材的化学成分和力学性能进行复验，以保证符合钢材的损耗率。工程预算一般按实际所需加入10%提出材料需用量。如果技术要求不允许拼接，其实际损耗还需增加。

(4)使用前，应核对来料的规格、尺寸和质量，并仔细核对材质。如需要进行材料代用，必须经设计部门同意，并将图纸上所有的相应规格和有关尺寸进行修改。

3. 编制工艺规程

钢结构零部件的制作是一个严密的流水作业过程，指导这个过程的除生产计划外，主要是工艺规程。工艺规程是钢结构制作中的指导性技术文件，一经制定，必须严格执行，不得随意更改。

（1）工艺规程的编制要求。

1）在一定的生产规模和条件下编制的工艺规程，不但能保证图样的技术要求，而且能更可靠、更顺利地实现这些要求，即工艺规程应尽可能依靠工装设备，而不是依靠劳动者技巧来保证产品质量和产量的稳定性。

2）所编制的工艺规程要保证在最佳经济效果下，达到技术条件的要求。因此，对于同一产品，应考虑不同的工艺方案，互相比较，从中选择最好的方案，力争做到以最少的劳动量、最短的生产周期、最低的材料和能源消耗生产出质量可靠的产品。

3）所编制的工艺规程，既要满足工艺、经济条件，又要保证使用最安全的施工方法，并尽量减轻劳动强度，减少流程中的重复性。

（2）工艺规程的内容。

1）成品技术要求。

2）为保证成品达到规定的标准而需要制订的措施如下：

①关键零件的精度要求、检查方法和使用的量具、工具。

②主要构件的工艺流程、工序质量标准、为保证构件达到工艺标准而采用的工艺措施（如组装次序、焊接方法等）。

③采用的加工设备和工艺装备。

4. 设计工艺装备

设计工艺装备主要是根据产品特点设计加工模具、装配夹具、装配胎架等。工艺装备的生产周期较长，因此，要根据工艺要求提前做好准备，争取先行安排加工，以确保使用。工艺装备的设计方案取决于生产规模的大小、产品结构形式和制作工艺的过程等。工艺装备的制作是保证钢结构产品质量的重要环节。因此，工艺装备的制作需要满足以下要求：

（1）工装夹具要使用方便、操作容易、安全可靠。

（2）结构要简单、加工方便、经济合理。

（3）容易检查构件尺寸和取放构件。

（4）容易获得合理的装配顺序和精确的装配尺寸。

（5）方便焊接位置的调整，并能迅速散热，以减少构件变形。

（6）减少劳动量，提高生产率。

5. 工艺评定及工艺试验

工艺评定能够有效控制焊接过程的质量，确保焊接质量符合标准的要求。

工艺性试验一般可分为焊接性试验、摩擦面的抗滑移系数试验两类。

（1）焊接性试验。钢材可焊性试验、焊材工艺性试验、焊接工艺评定试验等均属焊接性试验，而焊接工艺评定试验是各工程制作时最常遇到的试验。

焊接工艺评定是焊接工艺的验证，属生产前的技术准备工作，是衡量制造单位是否具备生产能力的一个重要的基础技术资料。焊接工艺评定对提高劳动生产率、降低制造成本、提高产品质量、做好焊工技能培训是必不可少的，未经焊接工艺评定的焊接方法、技术参数不能用于工程施工。

焊接接头的力学性能试验以拉伸和冷弯为主，冲击试验按设计要求确定。冷弯以面弯和背弯为主，有特殊要求时应做侧弯试验。每个焊接位置的试件数量一般为拉伸、面弯、背弯及侧弯各两件；冲击试验九件（焊缝、熔合线、热影响区各三件）。

（2）摩擦面的抗滑移系数试验。当钢结构件的连接采用高强度螺栓摩擦连接时，应用喷砂、喷丸等方法对连接面进行技术处理，使其连接面的抗滑移系数达到设计规定的数值。另外，还需要对摩擦面进行必要的检验性试验，以求得对摩擦面的处理方法是否正确、可靠的验证。

抗滑移系数试验可按工程量每 200 t 为一批，不足 200 t 的可视为一批。每批三组试件由制作厂进行试验，另备三组试件供安装单位在吊装前进行复验。

对构造复杂的构件，必要时应在正式投产前进行工艺性试验。工艺性试验可以是单工序，也可以是几个工序或全部工序；可以是个别零部件，也可以是整个构件，甚至是一个安装单元或全部安装构件。

通过工艺性试验获得的技术资料和数据是编制技术文件的重要依据，试验结束后应将试验数据纳入工艺文件，用以指导工程施工。

6. 技术交底

工艺编制完成后，应结合产品结构特点和技术要求，向工人技术交底。技术交底按工程的实施阶段可分为以下两个层次：

（1）第一个层次技术交底会是工程开工前的技术交底会，参加的人员主要有工程图纸的设计单位、工程建设单位、工程监理及制作单位的有关人员。

技术交底的主要内容由以下十个方面组成：

1）工程概况；

2）工程结构件的类型和数量；

3）图纸中关键部位的说明和要求；

4）设计图纸的节点情况介绍；

5）对钢材、辅料的要求和原材料对接的质量要求；

6）工程验收的技术标准说明；

7）交货期限、交货方式的说明；

8）构件包装和运输要求；

9）涂层质量要求；

10）其他需要说明的技术要求。

（2）第二层次的技术交底会是在投料加工前进行的本工厂施工人员交底会，参加的人员主要有制作单位技术、质量负责人，技术部门和质检部门的技术人员、质检人员，生产部门的负责人、施工员及相关工序的代表人员等。

此类技术交底的主要内容除上述十个方面外，还应增加工艺方案、工艺规程、施工要点、主要工序的控制方法、检查方法等与实际施工相关的内容。这种制作过程中的技术交底会在贯彻设计意图、落实工艺措施方面起到不可替代的作用，同时，也为确保工程质量创造了良好的条件。

7. 首件检验

在批量生产中，先制作一个样品，然后对产品质量做全面检查，总结经验后，再全面铺开。

8. 巡回检查

了解工艺执行情况、技术参数及工艺装备与工艺装备使用情况，与工人沟通，及时解决施工中的技术工艺问题。

9. 做好基础工艺管理

（1）划分工号。根据产品的特点、工程量的大小和安装施工进度，将整个工程划分成若干个生产工号（或生产单元），以便分批投料，配套加工，生产出成品。生产工号的划分应遵循以下几点：

1）在条件允许的情况下，同一张图纸上的构件宜安排在同一生产工号中加工。

2）相同构件或特点类似、加工方法相同的构件宜放在同一生产工号中加工，如按钢柱、钢梁、桁架、支撑分类划分工号进行加工。

3）工程量较大的工程划分生产工号时要考虑安装施工的顺序，先安装的构件要优先安排工号进行加工，以保证顺利安装的需要。

4）同一生产工号中的构件数量不要过多，可以与工程量统筹考虑。

（2）编制工艺流程表。从施工详图中摘出零件，编制出工艺流程表（或工艺过程卡）。加工工艺过程由若干个顺序排列的工序组成，工序内容是根据零件加工的性质确定的，工艺流程表就是反映这个过程的工艺文件。

工艺流程表的具体格式虽然各不相同，但所包括的内容基本相同，其中有零件名称、件号、材料牌号、规格、件数、工序顺序号、工序名称和内容、所用设备和工艺装备名称及编号、工时定额等。除上述内容外，关键零件要标注加工尺寸和公差，重要工序要画出工序图等。

（3）编制工艺卡和零件流水卡。根据工程设计图纸和技术文件提出的构件成品要求，确定各加工工序的精度要求和质量要求，结合单位的设备状态和实际加工能力、技术水平，确定各个零件下料、加工的流水顺序，即编制出零件流水卡。

零件流水卡是编制工艺卡和配料的依据。一个零件的加工制作工序是根据零件加工的性质而定的，工艺卡是具体反映这些工序的工艺文件，是直接指导生产的文件。工艺卡所包含的内容一般为确定各工序所采用的设备；确定各工序所采用的工装模具；确定各工序的技术参数、技术要求、加工余量、加工公差、检验方法和标准，以及确定材料定额和工时定额等。

（4）编制车间通用工艺手册。编制车间通用工艺手册是将常用的工艺参数、规程编入手册，工人可按手册执行，不必事无巨细，样样去询问工艺师，工艺师可以腾出时间学习新工艺、新技术、新材料及新设备，掌握新知识用于新产品。

编制产品工艺以通用工艺为基础，编制时，有些内容可以写"参阅通用工艺某一部分"，不必面面俱到，应力求简化。

对于批量生产的产品，可以编制专门的技术手册，工人人手一份，随身携带。

10. 做好归档工作

产品竣工后，应及时制作完成竣工图纸，将技术资料归档，这是一项很重要的工作。

技能测试

1. 目的

本技能测试旨在评估学生对钢结构施工图纸的深入理解和审阅能力。通过本技能测试，学生将能够熟练掌握审阅施工图纸的方法，识别关键施工信息，并能够基于图纸信息进行施工前的准备工作。

2. 能力标准及要求

(1)能够独立审阅钢结构施工图纸，准确理解图纸中的技术要求和施工细节。

(2)能够掌握钢结构施工的基本流程和关键工艺。

(3)能够识别图纸中的潜在问题，并提出合理的施工建议或解决方案。

(4)能够根据图纸要求准备施工所需的材料、工具等。

3. 活动条件

一张完整的钢结构施工图纸，施工图纸审阅所需的工具，如尺规、计算器等。

4. 技能操作

案例1：审阅给定图纸－平面布置图。

(1)平面布置图审阅流程。

1)初步浏览。快速浏览平面图，获取整体布局和尺寸的初步印象。

2)图纸信息核对。确认图纸标题栏中的项目名称、比例、日期、版本等信息。

3)尺寸和比例确认。核实图纸的比例尺，确保所有尺寸标注正确无误。

4)构件识别。识别并记录平面图中的所有钢结构构件，包括梁、柱、支撑等。

5)连接和节点检查。检查构件间的连接方式和节点设计，确保符合设计规范。

6)材料规格核实。核对构件的材料规格，如钢材的类型、厚度等。

7)施工细节审查。审查图纸上的施工细节，如焊接、螺栓连接等。

8)标注和注释阅读。仔细阅读图纸上的标注和注释，理解施工要求。

9)特殊要求识别。识别图纸中的任何特殊施工要求或设计变更。

10)图纸一致性检查。确保平面图与其他视图图纸在细节上保持一致。

11)问题和误差查找。寻找并记录图纸中可能存在的错误或不一致。

12)施工可行性评估。评估施工方案的可行性，注意施工难点。

13)图纸完整性确认。确保图纸包含所有施工所需的信息。

14)审阅记录。记录审阅过程中发现的问题和需要澄清的点。

15)沟通和反馈。与设计和施工团队沟通，确保问题得到解决。

(2)平面布置图审阅要领。

1)细节关注。在审阅过程中，特别注意图纸上的尺寸标注和构件位置，确保它们与实际施工场地的布局相匹配。对于任何可能影响施工的细微差异，都应记录下来并进行核实。

2)规范对照。将图纸中的连接和节点设计与相关建筑和工程规范进行对照，确保所有设计都符合行业标准和安全要求。对于任何不符合规范的设计，应立即标记并提出修改建议。

3)材料兼容性分析。仔细分析图纸上指定的材料的规格和类型，确保它们之间的兼容性，以及与现有材料和施工技术的匹配度。对于可能存在的材料替代或变更，应评估其对施工质量和成本的影响。

4)施工逻辑性评估。评估施工细节的逻辑性，包括构件的安装顺序、连接方式的实施步骤等。确保施工流程的连贯性和合理性，避免施工过程中的返工或延误。

5)风险识别与管理。在审阅过程中，识别可能的风险点，如施工难度较高的区域、材料供应的不确定性等。基于这些风险点，制订相应的风险管理和缓解措施，以降低施工过程中的潜在问题。

(3)附图。某机房柱、梁平面布置图(图5-1)。

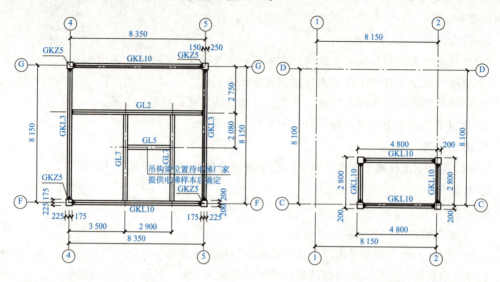

4~5/F~C轴机房柱、梁平面布置图　1:100　　　1~2/C~D轴机房柱、梁平面布置图　1:100

图 5-1　某机房柱、梁平面布置图(mm)

案例2:审阅给定图纸—某钢节点大样图。

(1)节点大样图审阅流程。

1)初步检查。快速浏览节点大样图,识别节点类型和主要构件。

2)图纸信息核对。检查图纸标题栏,确认图纸编号、比例、设计日期和版本。

3)节点功能理解。理解节点在结构中的功能和作用,如承载力传递、连接方式等。

4)尺寸标注检查。核实节点大样图中的所有尺寸标注,确保与设计要求一致。

5)连接细节审查。检查焊缝、螺栓孔、铆接等连接细节的准确性和完整性。

6)构件尺寸和位置核对。核对节点中各构件的尺寸和位置是否符合设计要求。

7)材料规格和等级检查。核实节点中使用的材料规格、等级和性能要求。

8)施工工艺标注阅读。阅读图纸上的施工工艺标注,如焊接类型、螺栓等级等。

9)特殊构造识别。识别节点中的特殊构造,如加强板、减震装置等。

10)图纸一致性检查。确保节点大样图与其他视图图纸在设计和尺寸上保持一致。

11)装配顺序和方法评估。评估节点的装配顺序和方法,确保施工的可行性。

12)问题和误差查找。寻找并记录图纸中可能存在的错误或遗漏。

13)施工难度和风险评估。评估节点施工的难度和潜在风险,提出预防措施。

14)图纸完整性和清晰度确认。确认图纸是否清晰表达所有必要的施工信息。

15)审阅记录和问题汇总。记录审阅过程中发现的问题和需要进一步确认的点。

16)沟通和反馈。与设计团队和施工团队沟通,确保问题得到及时解决。

(2)节点大样图审阅要领。

1)精确性优先。在审阅节点大样图时,确保所有尺寸和标注的精确性是至关重要的。任何尺寸上的误差都可能导致结构问题或施工困难,因此,需要对每个尺寸进行仔细核对。

2)连接细节的关键性。节点的连接细节对于整个结构的稳定性和安全性至关重要。审阅时要特别关注焊缝、螺栓连接和其他关键连接点的设计,确保它们符合结构要求和施工标准。

3）材料规格的一致性。仔细核实节点中使用的所有材料的规格和等级，确保它们在整个项目中的一致性。材料的不一致可能会导致结构性能的不稳定，因此必须确保材料的正确性和适用性。

4）施工工艺的可行性。审阅施工工艺标注时，要考虑施工的可行性。评估所标注的施工方法是否适合现场条件，以及是否有足够的技术支持和工具来实现这些工艺。

（3）附图。某钢筋桁架楼承板大样图（图5-2）。

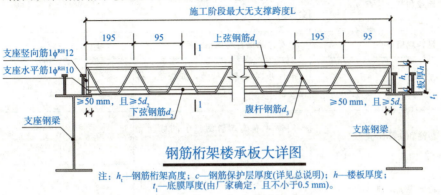

钢筋桁架楼承板大详图

注：h_t—钢筋桁架高度；c—钢筋保护层厚度（详见总说明）；h—楼板厚度；
t_1—底膜厚度（由厂家确定，且不小于0.5 mm）。

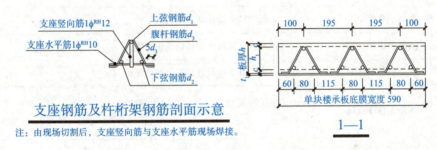

支座钢筋及杆桁架钢筋剖面示意

注：由现场切割后，支座竖向筋与支座水平筋现场焊接。

图 5-2　某钢筋桁架楼承板大样图（mm）

5. 步骤提示

（1）在审阅图纸前，确保对钢结构施工的基本知识有所了解。

（2）使用标准审阅流程，确保不遗漏任何关键信息。

（3）在审阅过程中，保持细致和耐心，对图纸中的每个细节都要仔细检查。

（4）完成审阅后，总结关键发现、问题及建议的解决方案。

6. 实操报告

钢构件图纸审阅实操报告样式见表5-1。

表 5-1　钢结构图纸审阅实操报告

班级		姓名		时间	
课目				指导教师	
施工依据	《钢结构工程施工规范》（GB 50755—2012）、全场景免疫诊断仪器、试剂研发与制造中心施工图			验收依据	《钢结构工程施工质量验收标准》（GB 50205—2020）
序号	项目内容		设计/规范要求	计分值	操作得分
1	初步浏览和图纸信息核对		快速准确获取图纸基本信息	5	

序号	项目内容	设计/规范要求	计分值	操作得分
2	尺寸和比例确认	核实并确保所有尺寸标注无误	10	
3	构件识别	准确识别并记录所有构件	10	
4	连接和节点检查	检查并确认连接方式和节点设计符合规范	15	
5	材料规格核实	核对并确保材料规格正确	10	
6	施工细节审查	审查并理解施工细节，如焊接、螺栓连接	8	
7	标注和注释阅读	阅读并准确理解图纸上的标注和注释	8	
8	特殊要求识别	识别并记录图纸中的所有特殊要求或设计变更	5	
9	图纸一致性检查	确保图纸之间在细节上的一致性	7	
10	问题和误差查找	准确找出图纸中的错误或不一致	5	
11	施工可行性评估	对施工方案的可行性进行准确评估	7	
12	图纸完整性确认	确认图纸是否包含所有施工所需的信息	5	
13	审阅记录和沟通反馈	记录审阅过程中的问题，并与团队有效沟通解决问题	5	
报告				

任务工单

根据所学知识，完成以下任务工单。

1. 任务目标

本任务旨在让学生根据所学"钢结构制作特点及工艺要点"知识，完成一份钢结构制作方案，并模拟实际制作流程，确保制作过程的规范性和安全性。

2. 任务内容

(1)审阅施工图纸：

1)仔细审阅提供的钢结构施工图纸，确保理解图纸中的所有细节和要求。

2)标注图纸中的关键点、难点和需要特别注意的事项。

(2)备料：

1)根据施工图纸，列出所需钢材、连接件、紧固件等材料的清单。

2)确保材料的规格、型号、质量符合图纸要求和国家标准。

(3)编制工艺规程：

1)编制详细的钢结构制作工艺规程，包括制作顺序、工艺方法、质量要求等。

2)规程中应包含安全操作注意事项和应急预案。

(4)设计工艺装备：

1)根据制作需要，设计或选择适当的工艺装备，如夹具、模具、焊接设备等。

2)确保工艺装备能够满足制作精度和效率的要求。

(5)工艺评定及工艺试验：

1)对制定的工艺规程进行评定，确保其合理性和可行性。

2)在实际制作前进行工艺试验，验证工艺规程的有效性和制作效果。

(6)技术交底：组织团队成员进行技术交底，确保每个成员都了解制作方案、工艺规程和安全要求。

(7)首件检验：

1)对首件产品进行检验，确保其符合图纸要求和工艺规程。

2)根据检验结果调整工艺参数或方法，确保后续产品质量。

(8)巡回检查：

1)在制作过程中进行巡回检查，及时发现并纠正制作过程中的问题。

2)记录检查情况，为后续工作提供参考。

(9)基础工艺管理：

1)建立基础工艺管理制度，确保制作过程的规范化和标准化。

2)对制作过程中的数据进行收集、整理和分析，为持续改进提供依据。

(10)归档工作：

1)将制作过程中的所有文件、记录、图纸等进行归档保存。

2)归档资料应清晰、完整，易于查阅。

3. 任务要求

(1)严格按照任务内容执行，确保每个步骤都得到有效实施。

(2)遵循安全操作规程，确保人员安全和制作质量。

(3)任务完成后，提交一份详细的钢结构制作方案报告和归档资料。

》》 任务5.2 钢零件及钢部件加工

🔲 课前认知

钢零件及钢部件加工的工序较多，对加工顺序要周密安排，避免或减少倒流，以缩短往返运输和周转的时间。课前了解钢零件及钢部件加工的基本流程。

5.2.1 放样和号料

目前，大部分厂家已用数控切割和数控钻孔取代放样和号料，只有中、小型厂家仍保留此道工序。

5.2.1.1 放样

（1）放样前要熟悉施工图纸，并逐个核对图纸之间的尺寸和相互关系。以1∶1的比例放出实样，支撑样板（样杆）作为下料、成型、边缘加工和成孔的依据。

（2）样板一般用0.50～0.75 mm的镀锌薄钢板制作。样杆一般用扁钢制作，当长度较短时可用木杆。样板精度要求见表5-2。

表 5-2 样板精度要求

项目	平行线距离和分段尺寸	宽度、长度	孔距	两对角线差	加工样板的角度
偏差极限	±0.5 mm	±0.5 mm	±0.5 mm	1.0 mm	±20′

（3）样板（样杆）上应注明工号、零件号、数量及加工边、坡口部位、弯折线和弯折方向、孔径和滚圆半径等。样板（样杆）妥善保存，直至工程结束方可销毁。

（4）放样时，要边缘加工的工件应考虑加工预留量，焊接构件应按规范要求放出焊接收缩量。由于边缘加工时常成叠加工，尤其当长度较大时不宜对齐，所有加工边一般要留加工余量2～3 mm。

（5）刨边时的加工工艺参数见表5-3。

表 5-3 刨边时的最小加工余量

钢材性质	边缘加工形式	钢板厚度/mm	最小余量/mm
低碳结构钢	剪断机剪或切割	≤16	2
低碳结构钢	气割	>16	3
各种钢材	气割	各种厚度	>3
优质高强度低合金钢	气割	各种厚度	>3

（6）放样和样板（样杆）的允许偏差见表5-4。

表 5-4 放样和样板（样杆）允许偏差

项目	允许偏差
平行线距离和分段尺寸	±0.5 mm
样板长度	±0.5 mm
样板宽度	±0.5 mm
样板对角线差	1.0 mm
样杆长度	±1.0 mm
样板的角度	±20′

5.2.1.2 号料

钢材号料是指根据施工图样的几何尺寸、形状制成样板，利用样板或计算出的下料尺寸，直接在板料或型钢表面上画出构件形状的加工界线。

钢材号料的工作内容一般包括检查核对材料；在材料上画出切割、铣、刨、弯曲、钻孔等加工位置；打冲孔；标注出构件的编号等。

1. 号料方法

为了合理使用和节约原材料，应最大限度地提高原材料的利用率，一般常用的号料方法有集中号料法、套料法、统计计算法和余料统一号料法等。

（1）集中号料法。由于钢材的规格多种多样，为减少原材料的浪费，提高生产效率，应把同厚度的钢板零件和相同规格的型钢零件，集中在一起进行号料，这种方法称为集中号料法。

（2）套料法。在号料时，精心安排板料零件的形状位置，将同厚度的各种不同形状的零件和同一形状的零件进行套料，这种方法称为套料法。

（3）统计计算法。统计计算法是在型钢下料时采用的一种方法。号料时应将所有同规格型钢零件的长度归纳在一起，先把较长的排出来，再计算出余料的长度，然后把与余料长度相同或略短的零件排上，直至整根料被充分利用为止。这种先进行统计安排再号料的方法，称为统计计算法。

（4）余料统一号料法。将号料后剩下的余料按厚度、规格与形状基本相同的集中在一起，把较小的零件放在余料上进行号料，此法称为余料统一号料法。

2. 钢材号料操作

（1）钢材号料前，操作人员必须了解钢材的钢号、规格，并检查其外观质量。

（2）号料的原材料必须摆平放稳，不宜过于弯曲。

（3）不同规格、不同钢号的零件应分别号料，号料应依据先大后小的原则依次进行，且应考虑设备的可切割加工性。

（4）带圆弧形的零件，无论是剪切还是气割，都不应紧靠在一起进行号料，必须留有间隙，以利于剪切或气割。

（5）当钢板长度不够需要焊接接长时，在接缝处必须注明坡口形状及大小，在焊接和矫正后再画线。

3. 钢材号料的允许偏差

钢材号料的允许偏差见表5-5。

表 5-5　钢材号料允许偏差　　　　　　　　　　　mm

项目	允许偏差
零件外形尺寸	±1.0
孔距	±0.5

5.2.2 钢材的切割

1. 钢材的切割方法

钢材的切割下料应根据钢材的截面形状、厚度及切割边缘的质量要求而采用不同的切割方法。目前，常用的切割方法有机械切割、气割、等离子切割和激光切割四种。

（1）机械切割。

1）剪板机、型钢冲剪机。剪板机、型钢冲剪机。切割速度快、切口整齐、效率高，适用于薄钢板、压型钢板、冷弯檩条的切割。

2）无齿锯。无齿锯切割速度快，可以切割不同形状的各类型钢、钢管和钢板，但其切口不光洁，噪声大，适用于锯切精度要求较低的构件或下料留有余量，最后还需精加工的构件。

3）砂轮锯。砂轮锯切口光滑，生刺较薄易清除，噪声大，粉尘多，适用于切割壁型钢及小型钢管，切割材料的厚度不宜超过 4 mm。

4）锯床。锯床切割精度高，适用于切割各类型钢及梁、柱等型钢构件。

（2）气割。

1）自动切割。自动切割的切割精度高、速度快，在其数控气割时可省去放样、画线等工序而直接切割，适用于钢板切割。

2）手工切割。手工切割设备简单，操作方便，费用低，切口精度较差，能够切割各种厚度的钢材。

（3）等离子切割。等离子切割温度高，冲刷力大，切割边质量好，变形小，可以切割任何高熔点金属，特别是不锈钢、铝、铜及其合金等。

（4）激光切割。激光切割是利用经聚焦的高功率密度激光束照射工件，使被照射的材料迅速熔化、汽化、烧蚀或达到燃点，同时借助与光束同轴的高速气流吹除熔融物质，从而实现将工件割开。相比传统切割技术，激光切割技术具有切割质量好，切缝几何形状好，切口两边近平行并和底面垂直；不粘熔渣，切缝窄，热影响区小，基本没有工件变形；切割效率高；噪声低；污染小等特点。

2. 钢材的切割操作

（1）机械切割。

1）切割前，将钢板表面清理干净。

2）切割时，应有专人指挥、控制操纵机构。

3）切割过程中，切口附近金属受剪力作用而发生挤压、弯曲变形，由此使该区域的钢材发生硬化。当被切割的钢板厚度小于 25 mm 时，一般硬化区域宽度为 1.5～2.5 mm。因此，在制造重要的结构件时，需要将硬化区的宽度刨削除掉或进行热处理。

视频：板材剪板机切割

4）碳素结构钢在环境温度低于−20 ℃、低合金结构钢在环境温度低于−15 ℃时，不得进行剪切、冲孔。

5）当采用机械剪切时，剪切钢材质量的允许偏差见表 5-6。

表 5-6　机械剪切允许偏差　　　　　　　　　　　　　　mm

项目	允许偏差
零件宽度、长度	±3.0
边缘缺棱	1.0
型钢端部垂直度	2.0

（2）气割。钢材气割前，应该正确选择工艺参数（如割嘴型号、氧气压力、气割速度和预热火焰的能率等）。工艺参数的选择主要是根据气割机械的类型和可切割的钢板厚度而定的。

1）钢材气割时，应先点燃割炬，随即调整火焰。火焰的大小应根据工件的厚薄调整适当，然后进行切割。

2）当预热钢板的边缘略呈红色时，将火焰局部移出边缘线以外，同时慢慢打开切割氧气阀门。如果预热的红点在氧流中被吹掉，应开大切割氧气阀门。当有氧化铁渣随氧流一起飞出时，证明已割透，这时即可进行正常切割。

3）若遇到切割必须从钢板中间开始，应在钢板上先割出孔，再沿切割线进行切割。

4）在切割过程中，有时因嘴头过热或氧化铁渣的飞溅，使割炬嘴头堵住或乙炔供应不及时，嘴头鸣爆并发生回火现象，这时应迅速关闭预热氧气和割炬。

5）切割临近终点时，嘴头应略向切割前进的反方向倾斜，以利于钢板的下部提前割透，使其收尾时割缝整齐。当到达终点时，应迅速关闭切割氧气阀门，并将割炬抬起，再关闭乙炔阀门，最后关闭预热氧阀门。

6）钢材气割质量允许偏差应符合表 5-7 的规定。

表 5-7　气割的允许偏差　　　　　　　　　　　　　　　　　mm

项目	允许偏差	项目	允许偏差
零件宽度、长度	±3.0	割纹深度	0.3
切割面平面度	0.05 t, 且不大于 2.0	局部缺口深度	1.0
注：t 为切割面厚度。			

5.2.3　矫正和成型

5.2.3.1　矫正

在钢结构制作过程中，由于原材料变形、气割与剪切变形、焊接变形、运输变形等，将影响构件的制作及安装质量。矫正就是造成新的变形抵销已经发生的变形。

1. 矫正的方法

矫正可采用机械矫正、加热矫正、混合矫正等方法。

（1）机械矫正。机械矫正是在型钢矫直机上进行的，如图 5-3 所示。型钢矫直机的工作力有侧向水平推力和垂直向下压力两种。两种型钢矫直机的工作部分是由两个支撑和一个推撑构成的。推撑可做伸缩运动，伸缩距离可根据需要进行控制，两个支撑固定在机座上，可按型钢弯曲程度调整两支撑点之间的距离。一般矫大弯距离则大，矫小弯距离则小。在矫直机的支撑、推撑之间的下平面至两端，一般安设数个带轴承的转动轴或滚筒支架设施，便于矫正较长的型钢时来回移动，比较省力。

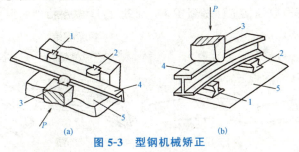

图 5-3　型钢机械矫正
(a)撑直机矫直角钢；(b)撑直机(或压力机)矫直工字钢
1，2—支撑；3—推撑；4—型钢；5—平台

视频：H 型钢翼缘
矫正机矫正

（2）加热矫正。加热矫正是用氧-乙炔焰或其他气体的火焰对部件或构件变形部位进行局部加热，利用金属热胀冷缩的物理性能，钢材受热冷却时产生很大的冷缩应力来矫正变形。加热方式有点状加热、线状加热和三角形加热三种。

1）点状加热。点状加热的热点呈小圆形，如图 5-4 所示，直径一般为 10～30 mm，点距为 50～100 mm，呈梅花状布局，加热后"点"的周围向中心收缩，使变形得到矫正。

2）线状加热。如图 5-5(a)、(b)所示，即带状加热，加热带的宽度不大于工件厚度的 0.5～2.0 倍。由于加热后上、下两面存在较大的温差，加热带长度方向产生的收缩量较小，横方向收缩量较大，因而产生不同收缩使钢板变直，但加热红色区的厚度不应超过钢板厚度的 1/2，常用于 H 型钢构件翼板角变形的纠正，如图 5-5(c)、(d)所示。

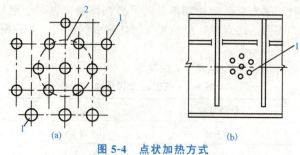

图 5-4　点状加热方式

(a)点状加热布局；(b)用点状加热矫正吊车梁腹板变形

1—点状加热点；2—梅花形布局

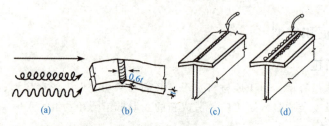

图 5-5　线状加热方式

(a)线状加热方式；(b)用线状加热矫正板变形；

(c)用单加热带矫正 H 型钢梁翼缘角变形；(d)用双加热带矫正 H 型钢梁翼缘角变形

t—板材厚度

3)三角形加热如图 5-6(a)、(b)所示，加热面呈等腰三角形，加热面的高度与底边宽度一般控制在型材高度的 $1/5\sim2/3$，加热面应在工件变形凸出的一侧，三角顶在内侧，底在工件外侧边缘处，一般对工件凸起处加热数处，加热后收缩量从三角形顶点沿等腰边逐渐增大，冷却后凸起部分收缩使工件得到矫正，常用于 H 型钢构件的拱变形和旁弯的矫正，如图 5-6(c)、(d)所示。

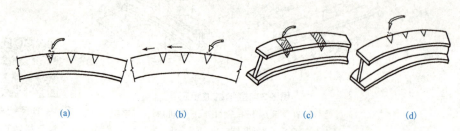

图 5-6　三角形加热方式

(a)、(b)角钢钢板；(c)、(d)H 型钢构件

火焰加热温度一般为 700 ℃左右，不应超过 900 ℃，加热应均匀，不得有过热、过烧现象；火焰矫正厚度较大的钢材时，加热后不得用凉水冷却；对低合金钢，必须缓慢冷却。因水冷却使钢材表面与内部温差过大，易产生裂纹。矫正时应将工件垫平，分析变形原因，正确选择加热点、加热温度和加热面积等，同一加热点的加热次数不宜超过 3 次。

加热矫正变形一般只适用于低碳钢、Q345 钢，对于中碳钢、高合金钢、铸铁和有色金属等脆性较大的材料，由于冷却收缩变形会产生裂纹，不得采用。点状的加热适用于矫正板料局部的弯曲或凹凸不平；线状加热多用于较厚板(10 mm 以上)的角变形和局部圆弧、弯曲变形的矫正；三角形加热面积大，收缩量也大，适用于型钢、钢板及构件(如屋架、吊车梁等成品)纵向弯曲及局部弯曲变形的矫正。

(3)混合矫正。混合矫正法是将零部件或构件两端垫以支承件，用压力压(或顶)其凸出变形部位使其矫正。常用的机械有撑直机、压力机等，如图5-7(a)所示；或用小型千斤顶或加横梁配合热烤对构件成品进行顶压矫正，如图5-7(b)、(c)所示；对小型钢材弯曲可用弯轨器，将两个弯钩钩住钢材，用转动丝杆顶压凸弯部位矫正，如图5-7(d)所示。对较大的工件可采用螺旋千斤顶代替丝杆矫正；对成批型材可采取在现场制作支架，以千斤顶作动力进行矫正。

混合矫正法适用于对型材、钢构件、工字梁、吊车梁、构架或结构件进行局部或整体变形矫正。但是，当普通碳素钢温度低于−16 ℃，低合金结构钢温度低于−12 ℃时，不宜采用此法矫正，以免产生裂纹。

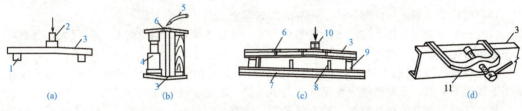

图5-7 混合矫正法

(a)单头撑直机矫正(平面)；(b)用千斤顶配合热烤矫正；(c)用横梁加荷配合热烤矫正；(d)用弯轨器矫正
1—支撑块；2—压力机顶头；3—弯曲型钢；4—液压千斤顶；5—烤枪；
6—加热带；7—平台；8—标准平板；9—支座；10—加荷横梁；11—弯轨器

2. 矫正的质量要求

矫正后的钢材表面不应有明显的凹痕或损伤，划痕深度不得大于0.5 mm，且不应超过钢材厚度允许负偏差的1/2。钢材矫正后的允许偏差见表5-8。

表5-8 钢材矫正后允许偏差   mm

项目		允许偏差	图例
钢板的局部平面度	$t \leqslant 14$	1.5	
	$t > 14$	1.0	
型钢弯曲矢高		$l/1\ 000$ 且不应大于5.0	
角钢肢的垂直度		$b/100$ 且双肢栓接 角钢的角度不得大于90°	
槽钢翼缘对腹板的垂直度		$b/80$	

155

项目	允许偏差	图例
工字钢、H 型钢翼缘对腹板的垂直度	b/100 且不大于 2.0	

5.2.3.2 成型

1. 钢材热加工

将钢材加热到一定温度后进行的加工方法通称为钢材热加工。

(1)加热方法。钢材热加工常用的加热方法有以下两种：

1)利用乙炔火焰进行局部加热。该方法加热简便，但是加热面积较小。

2)放在工业炉内加热。这种方法虽然没有第一种方法简便，但是加热面积很大，并且可以根据结构构件的大小砌筑工业炉。

(2)加热温度。热加工是一个比较复杂的过程，其工作内容是弯制成型和矫正等工序在常温下所达不到的。温度能够改变钢材的力学性能，既能变硬也能变软。

热加工时所要求的加热温度，对于低碳钢一般都在 1 000～1 100 ℃。热加工终止温度不应低于 700 ℃，加热温度过高，加热时间过长，都会引起钢材内部组织的变化，破坏原材料材质的力学性能。当加热温度在 500～550 ℃时，钢材产生蓝脆性。在这个温度范围内，严禁锤击和弯曲，否则容易使钢材断裂。钢材加热的温度可从加热时所呈现的颜色判断。

(3)型钢热加工。手工热弯型钢的变形与机械冷弯型钢的变形一样，都是通过外力的作用，使型钢沿中性层内侧发生压缩的塑性变形和沿中性层外侧发生拉伸的塑性变形。这样便产生了钢材的弯曲变形。

对那些不对称的型材构件，加热后在自由冷却过程中，由于截面不对称，表面散热速度不同，散热快的部分先冷却，散热慢的部分在冷却收缩过程中受到先冷却钢材的阻力，收缩的数值也就不同。

(4)钢板热加工。在钢结构的构件中，那些具有复杂形状的弯板，完全用冷加工的方法很难加工成型，一般都是先冷加工出一定的形状，再采用热加工的方法弯曲成型。将一张只有单向曲度的弯板加工成双重曲度弯板，就是使钢板的纤维重新排列的过程。如果板边的纤维收缩，便成为同向双曲板；如果板的中间部分纤维收缩，就成为异向双曲板；如果使其一边纤维收缩，另一边纤维伸长，便成为"喇叭口"式的弯板。

2. 钢材冷加工

钢材在常温下进行加工制作通称为冷加工。冷加工绝大多数是利用机械设备和专用工具进行的。冷加工与热加工相比具有较多的优越性，其设备简单，操作方便，节约材料及燃料，钢材的力学性能改变较小，所以，冷加工更容易满足设计和施工的要求，而且可以提高工作效率。

(1)冷加工类型。

1)作用于钢材单位面积上的外力超过材料的屈服强度而小于其极限强度，不破坏材料的连续性，但使其产生永久变形，如加工中的辊、压、折、轧、矫正等。

2)作用于钢材单位面积上的外力超过材料的极限强度，促使钢材产生断裂，如冷加工中的剪、冲、刨、铣、钻等。

(2)冷加工原理。根据冷加工的要求使钢材产生弯曲和断裂。在微观角度上，钢材产生永久变形是以其内部晶格的滑移形式进行的。在外力作用后，晶格沿着结合力最差的晶界部位滑移，使晶粒与晶面产生弯曲或歪曲。

（3）冷加工温度。低温中的钢材，其韧性和延伸性均相应较小，极限强度和脆性相应较大。若此时进行冷加工受力，则钢材易产生裂纹，因此，应注意低温时不宜进行冷加工。对于普通碳素结构钢，在工作地点温度低于−20 ℃时，或低合金结构钢在工作地点温度低于−15 ℃时，都不允许进行剪切和冲孔；当普通碳素结构钢在工作地点温度低于−16 ℃时，或低合金结构钢在工作地点温度低于−12 ℃时，不允许进行冷矫正和冷弯曲加工。

5.2.4　边缘加工

在钢结构制造中，为了保证焊缝质量和工艺性焊透及装配的准确性，不仅需要将钢板边缘刨成或铲成坡口，还需要将边缘刨直或铣平。

5.2.4.1　加工部位

在钢结构制造中，需要做边缘加工的部位主要包括以下几个：

（1）吊车梁翼缘板、支座支撑面等具有工艺性要求的加工面。

（2）设计图样中有技术要求的焊接坡口。

（3）尺寸精度要求严格的加劲板、隔板、腹板及有孔眼的节点板等。

5.2.4.2　加工方法

1. 铲边

对加工质量要求不高、工作量不大的边缘加工，可以采用铲边。铲边分为手工铲边和机械铲边两种。手工铲边的工具有手锤和手铲等；机械铲边的工具有风动铲锤和铲头等。

一般手工铲边和机械铲边的构件，其铲线尺寸与施工图样尺寸要求不得相差 1 mm。铲边后的棱角垂直误差不得超过弦长的 1/3 000，且不得大于 2 mm。

铲边的注意事项如下：

（1）开动空气压缩机前，应放出储风罐内的油、水等混合物。

（2）铲前应检查空气压缩机设备上的螺栓、阀门是否完整，风管是否破裂、漏风等。

（3）铲边的对面不允许有人和障碍物。高空铲边时，操作者应系好安全带，身体重心不要全部倾向需铲边的方向，以防失去平衡，发生坠落事故。

（4）铲边时，为使铲头不退火，铲头要注入机油或冷却液。

（5）铲边结束后，应卸掉铲锤并妥善保管；冬季工作后，铲锤风带应盘好放于室内，以防止带内存水冻结。

2. 刨边

对钢构件边缘刨边主要是在刨边机上进行的，常用的刨边机具为 B81120A 型刨边机。

钢构件刨边加工分为直边和斜边两种。钢构件刨边加工的余量随钢材的厚度、钢板的切割方法而不同，一般刨边加工的余量为 2～4 mm。

刨边机的刨削长度一般为 3～15 m。当构件长度大于刨削长度时，可用移动构件的方法进行刨边；当构件较小时，可采用多构件同时刨边的方法。侧弯曲较大的条形构件要先矫直，然后才能刨边。气割加工构件边缘的残渣必须清除，这样可以减少切削量，提高刀具寿命。条形构件刨边加工后，松开夹紧装置可能会出现弯曲变形，所以，需要在以后的拼接或组装中利用夹具进行处理。

3. 铣边

有些构件的端部可采用铣边（端面加工）的方法代替刨边。铣边是为了保持构件（如吊车梁、桥梁等接头部分，钢柱或塔架等的金属底承部位）的精度，能使其力由承压面直接传至底板支座，以减小连接焊缝的焊脚尺寸。这种铣削加工一般是在端面铣床或铣边机上进行的。

端面铣削也可以在铣边机上进行加工，铣边机的结构与刨边机相似，但加工时用盘形铣刀代替刨边机走刀箱上的刀架和刨刀，其生产效率较高。

5.2.4.3 边缘加工质量

(1)钢构件边缘加工的质量标准见表5-9。

表5-9 钢构件边缘加工质量标准

加工方法	宽度、长度/mm	直线度/mm	坡度/(°)	对角差(四边加工)/mm
刨边	±1.0	$l/3\,000$，且不得大于2.0	+2.5	2
铣边	±1.0	0.30	—	1

(2)钢构件刨、铣加工的允许偏差见表5-10。

表5-10 钢构件刨、铣加工允许偏差 　　　　　　　　　　　　　　mm

项目	允许偏差	项目	允许偏差
零件宽度、长度	±1.0	加工面垂直度	$0.025t$，且不应大于0.5
加工边直线度	$l/3\,000$，且不应大于2.0	加工面表面粗糙度	$R_a \leqslant 50\ \mu m$
相邻两边夹角	±6′	—	—

注：l 为构件长度；t 为构件厚度。

5.2.5 制孔

孔加工在钢结构制作中占有一定的比重，这些孔包括铆钉孔、普通连接螺栓孔、高强度螺栓孔和地脚螺栓孔等。

5.2.5.1 制孔方法

在钢结构制作中，常用的加工方法有钻孔、冲孔、铰孔、扩孔等。施工时，可根据不同的技术要求合理选用。

1. 钻孔

钻孔是钢结构制作中普遍采用的方法，能用于任何规格的钢板、型钢的孔加工。

(1)构件钻孔前应进行试钻，经检查认可后方可正式钻孔。

(2)用划针和钢尺在构件上划出孔的中心和直径，并在孔的圆周(90°位置)上打4个冲眼，以备钻孔后检查用。孔中心的冲眼应大而深，在钻孔时作为钻头定心用。

(3)钻制精度要求高的精制螺栓孔或板叠层数多、长排连接、多排连接的群孔，可借助钻模卡在工件上制孔。使用钻模厚度一般为15 mm左右，钻套内直径比设计孔径大0.3 mm。

(4)为提高工效，也可将同种规格的板件叠合在一起钻孔，但必须卡牢或点焊固定。但是重叠板厚度不应超过50 mm。

(5)对于成对或成副的构件，宜成对或成副钻孔，以便构件组装。

2. 冲孔

冲孔是在冲孔机(冲床)上进行的，一般只能在较薄的钢板或型钢上冲孔，且孔径一般不能小于钢材的厚度。

(1)冲孔的直径应大于板厚，否则易损坏冲头。冲孔下模上平面孔的孔径应比上模的冲头直径大0.8~1.5 mm。

(2)构件冲孔时，应装好冲模，检查冲模之间间隙是否均匀一致，并用与构件相同的材料试冲，经检查质量符合要求后，再进行正式冲孔。

(3)大批量冲孔时，应按批抽查孔的尺寸及孔的中心距，以便及时发现问题，及时纠正。

(4)环境温度低于−20 ℃时禁止冲孔。

3. 铰孔

铰孔是用铰刀对已经粗加工的孔进行精加工，以提高孔的光洁程度和精度。铰孔时工件要夹正，铰刀的中心线必须与孔的中心保持一致；手铰时用力要均匀，转速为 20～30 r/min，进刀量大小要适当，并且要均匀，可将铰削余量分为两次或三次铰完，在铰削过程中要加适当的冷却润滑液，铰孔退刀时仍然要顺转。铰刀用后要擦拭干净，涂上机油，刀刃勿与硬物磕碰。

4. 扩孔

扩孔是用麻花钻或扩孔钻将工件上原有的孔进行全部或局部扩大，主要用于构件的拼装和安装，如叠层连接板孔，常先把零件孔钻成比设计小 3 mm 的孔，待整体组装后再行扩孔，以保证孔眼一致，孔壁光滑，或用于钻直径 30 mm 以上的孔，先钻成小孔，后扩成大孔，以减小钻端阻力，提高工效。

用麻花钻扩孔时，由于钻头进刀阻力很小，极易切入金属，引起进刀量自动增大，从而导致孔面粗糙并产生波纹。所以用时须将其后角修小，由于切削刃外缘吃刀，避免了横刃引起的不良影响，从而切屑少且易排除，可降低孔的表面粗糙度。

5.2.5.2 制孔质量检验

(1)螺栓孔周边应无毛刺、破裂、喇叭口和凹凸的痕迹，切屑应清除干净。

(2)对于高强度螺栓，应采用钻孔。地脚螺栓孔与螺栓间的间隙较大，当孔径超过 50 mm 时，可采用火焰割孔。

(3)A、B 级螺栓孔(Ⅰ类孔)应具有 H12 的精度，孔壁表面粗糙度不应大于 12.5 μm，其孔直径的允许偏差应符合表 5-11 的规定。A、B 级螺栓孔的直径应与螺栓公称直径相等。

表 5-11 A、B 级螺栓孔直径允许偏差　　　　　　　　　　　　　　　mm

序号	螺栓公称直径、螺栓孔直径	螺栓公称直径允许偏差	螺栓孔直径允许偏差	检查数量	检验方法
1	10～18	0.00 −0.18	+0.18 0.00	按钢构件数量抽查 10%，且不应少于 3 件	用游标卡尺或孔径量规检查
2	18～30	0.00 −0.21	+0.21 0.00		
3	30～50	0.00 −0.25	+0.25 0.00		

(4)C 级螺栓孔(Ⅱ类孔)，孔壁表面粗糙度不应大于 25 μm，其允许偏差应符合表 5-12 的规定。

表 5-12 C 级螺栓孔允许偏差　　　　　　　　　　　　　　　mm

项目	允许偏差	检查数量	检验方法
直径	+1.0 0.0	按钢构件数量抽查 10%，且不应少于三件	用游标卡尺或孔径量规检查
圆度	2.0		
垂直度	0.03t，且不应大于 2.0		

注：t 为钻孔材料厚度。

技能测试

到钢结构制作安装公司/学校智能建造馆学习钢结构制作工艺。

1. 目的

通过钢结构制作的现场学习，在现场工程师或指导教师的讲解下，对钢结构的制作工艺有一个详细的了解和认识。

2. 能力标准及要求

掌握钢结构制作的准备、施工工艺流程及施工操作要点等工作内容，能进行钢结构的制作工艺设计和加工放样设计。

3. 活动条件

钢结构制作现场；全场景免疫诊断仪器、试剂研发与制造中心项目。

4. 技能操作

案例1：焊接H型钢构件加工制作。

（1）焊接H型钢构件制作工艺流程，如图5-8所示。

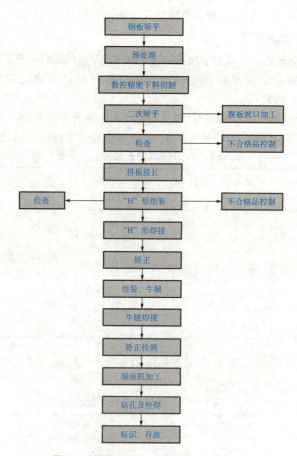

视频：H型钢
工厂生产

图 5-8　焊接H型钢构件制作工艺流程

（2）焊接H型钢构件制作要领。

1）拼板、下料。下料采用数控切割机。

2）组立。组立机上组立T型钢、H型钢，组立前，板边毛刺、割渣必须清理干净，火焰坡口的还必须打磨坡口表面。

视频：H型钢组立

160

定位焊焊缝应牢固，定位焊缝厚度不应小于 3 mm，长度不应小于 40 mm，其间距为 300～600 mm。

3）自动埋弧焊。在门焊机上进行船形位置埋弧自动焊。焊接 T 型、H 型的主焊缝，严格按照公司埋弧自动焊工艺要求执行。埋弧焊引弧板、引出板的引出焊缝长度应大于 80 mm。焊接后，焊工自检，不得有缺陷，否则应按规定分别情况进行返修。

4）矫正。转入矫正机上，对翼板角变形进行矫正。对 T 型、H 型钢的弯曲变形进行矫正，火焰矫正温度为 750～850 ℃。

5）制孔、清磨。

①制孔：将 H 型钢转入三维钻，按图纸要求，对 H 型钢进行自动定位、自动三维钻孔。

②清磨：对钻孔毛刺、锁口毛刺等进行清磨。

6）梁连接板等装配。

①转入装配平台对梁中有次梁连接板，加劲板或开孔、开孔补强的进行装配作业。装配完毕，在梁上翼缘端部打上编号后转入焊接工序。

②连接板等装配件的焊接：将构件处于平角焊状态下进行 CO_2 气保焊。

③清磨、校正。清除所有的飞溅、焊疤，毛刺，对三维钻无法制孔的孔位进行补钻，同时，对部件焊接造成的变形进行矫正。

（3）附图：全场景免疫诊断仪器、试剂研发与制造中心 2# 车间 H 形构件示意图（图 5-9）。

构件编号	名称	截面 H 形 $H \times B \times t_w \times t_f$	材质
GKL1	框架梁	H700×230×12×14	Q355B
GKL2	框架梁	H500×200×10×14	Q355B
GKL3	框架梁	H600×200×10×14	Q355B
GKL4	框架梁	H600×300×12×20	Q355B
GKL5	框架梁	H600×220×10×14	Q355B
GKL6	框架梁	H650×230×12×14	Q355B
GKL7	框架梁	H800×270×14×16	Q355B
GKL8	框架梁	H550×200×10×14	Q355B
GKL11	框架梁	H450×300×25×35	Q355B
GL1	次梁	H700×230×12×14	Q355B
GL3	次梁	H650×230×12×14	Q355B
GL4	次梁	H800×270×14×16	Q355B
GL5	次梁	HM294×200×8×12	Q355B
GL6	次梁	HW200×200×8×12	Q355B
GL7	次梁	HN400×200×8×13	Q355B
GL8	次梁	HN450×200×9×14	Q355B
GL9	次梁	HN500×200×10×16	Q355B

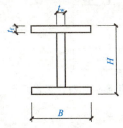

H形构件截面参数示意图

图 5-9　H 形构件示意图

案例2：焊接箱形钢构件加工制作工艺。

(1)焊接箱形钢构件制作工艺流程，如图5-10所示。

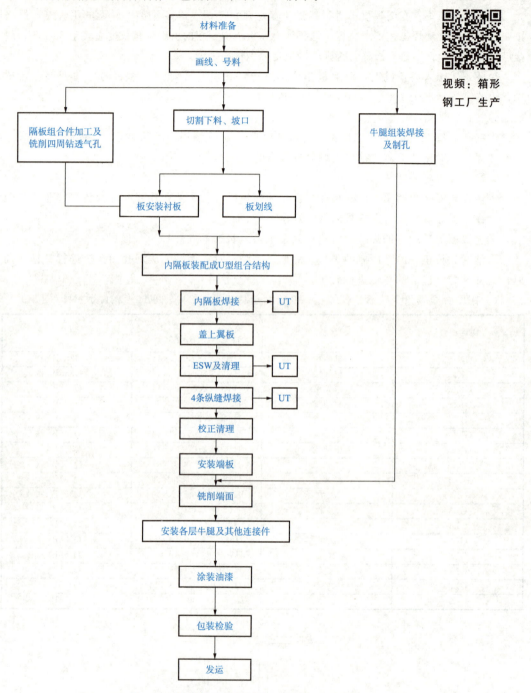

图5-10　焊接箱形构件制作工艺流程

(2)焊接箱形钢构件制作要领。

1)箱形钢构件四角双丝埋弧焊接头坡口加工方法，选用半自动切割机加工。

2)坡口形式及尺寸如无特殊要求，当板厚小于40 mm时，原则上按以下推荐的结构选定，部分熔透焊缝坡口深度为$t/2$，且不少于14 mm。如图5-11所示。

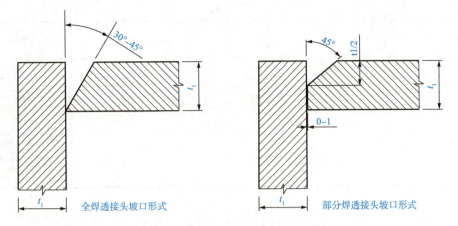

图 5-11　板厚小于 40 mm 时接头坡口形式

3）坡口形式及尺寸如无特殊要求，当板厚大于等于 40 mm 时，原则上按以下推荐的结构选定，则应腹、翼板都开坡口；部分熔透焊缝坡口深度为 $t/2$，如图 5-12 所示。

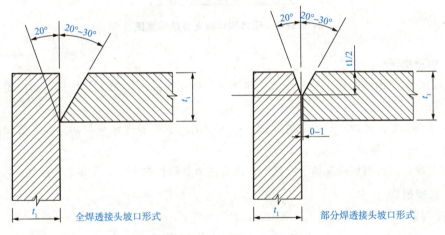

图 5-12　板厚大于 40 mm 时接头坡口形式

4）柱底板、连接板、耳板、牛腿等附件的装配焊接。

①装配。待焊装的柱底板、连接板、耳板、牛腿必须是经过矫正、检验合格的零部件，并按图纸对其尺寸、规格进行复核确认。先定位，画基准线，安装各件。核对图纸，确认各件位置的正确性。并经检验员检查，确认。对于结构特别复杂的牛腿，应放实样进行装配操作。

②焊接。对柱的附件总装，经检验员检查、确认位置合格后进行正式焊接工作。

③检验。焊缝外观检查以设计图的要求为准，按一级焊缝外观标准执行。无损检测是对要求全熔透的焊缝进行超声波检测，焊缝质量应符合设计图要求。按"焊接质量控制程序"相关规定执行。

（3）附图：全场景免疫诊断仪器、试剂研发与制造中心 2# 车间箱形构件截面参数示意（图 5-13）。

构件编号	名称	截面 箱形 $H \times B \times t_w \times t_f$	材质	备注
GKZ1	框架柱	箱 $500 \times 500 \times 20 \times 20$	Q335B	
GKZ2	框架柱	箱 $500 \times 500 \times 16 \times 16$	Q335B	
GKZ3	框架柱	箱 $400 \times 400 \times 20 \times 20$	Q335B	
GKZ3a	框架柱	箱 $400 \times 400 \times 25 \times 25$	Q335B	
GYPZ1	雨篷柱	箱 $200 \times 200 \times 10 \times 10$	Q335B	钢雨篷柱顶、底均为铰接,不参与结构的整体计算

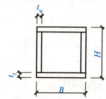

箱形构件截面参数示意图

图 5-13　箱形构件截面参数示意图

5. 步骤提示

(1)课堂讲解钢结构制作前的准备工作、钢结构制作的工序和工艺流程,提出钢结构制作中可能出现的问题。

(2)结合课堂讲解内容和提出的问题,组织钢结构制作的现场学习,详细了解钢结构的制作工艺过程,并解决课堂疑问。

(3)完成钢结构制作的现场学习报告,内容包括钢结构制作的工序和工艺流程。

6. 实操报告

钢结构制作实操报告样式见表 5-13。

表 5-13　钢结构制作实操报告

班级			姓名			日期	
课目						指导教师	
施工依据	《钢结构工程施工规范》(GB 50755—2012)、全场景免疫诊断仪器、试剂研发与制造中心施工图					验收依据	《钢结构工程施工质量验收标准》(GB 50205—2020)
序号	项目内容		设计/规范要求			计分值	操作得分
1	钢板厚度及其允许偏差		第 4.2.3 条			2	
2	钢板的平整度		第 4.2.4 条			2	
3	钢板、型材及管材的表面外观质量	表面外观质量	应符合现行国家标准的规定			2	
		表面有锈蚀、麻点或划痕等缺陷时,其深度	不得大于该钢材厚度允许负偏差值的 1/2,且不应大于 0.5 mm			2	
		表面的锈蚀等级	第 4.2.5 条			2	
		端边或断口处	不应有分层、夹渣等缺陷			2	

序号	项目内容			设计/规范要求	计分值	操作得分
4	型材、管材截面尺寸、厚度及允许偏差			应满足其产品标准的要求	2	
5	型材、管材外形尺寸允许偏差			应满足其产品标准的要求	2	
6	气割的允许偏差/mm	零件宽度、长度		± 3 mm	2	
		切割面平面度		$0.05t$ 且不大于 2 mm	2	
		割纹深度		0.3 mm	2	
		局部缺口深度		1 mm	2	
7	机械剪切	零件厚度		不宜大于 12 mm	2	
		剪切面		应平整	2	
		碳素结构钢在环境温度低于 $-16\,^{\circ}\mathrm{C}$ 不得进行剪切、冲孔		第 7.2.3 条	2	
		低合金结构钢在环境温度低于 $-12\,^{\circ}\mathrm{C}$ 时不得进行剪切、冲孔		第 7.2.3 条	2	
		允许偏差	零件宽度、长度	± 3 mm	2	
			边缘缺棱	1 mm	2	
			型钢端部垂直度	2 mm	2	
8	钢材矫正后的允许偏差	钢板局部平面度	$t \leqslant 14$	1.5 mm	5	
			$t > 14$	1 mm		
		型钢弯曲矢高		$l/1\,000$ 且 $\leqslant 5$ mm	2	
		角钢肢的垂直度		$b/100$ 且双肢栓接角钢的角度不得大于 90°	2	
		槽钢翼缘对腹板垂直度		$b/80$	2	
		工字钢、H 型钢翼缘对腹板的垂直度		$b/100$ 且 $\leqslant 2$ mm	2	
9	边缘加工允许偏差	零件宽度、长度		± 1 mm	2	
		加工边直线度		$l/3\,000$ 且 $\leqslant 2$ mm	2	
		加工面垂直度		$0.025t$ 且 $\leqslant 0.5$ mm	2	
		加工面表面粗糙度		$R_{\mathrm{a}} \leqslant 50\ \mu\mathrm{m}$	2	

序号	项目内容			设计/规范要求	计分值	操作得分
10	焊缝坡口允许偏差	坡口角度		±5°	5	
		钝边		±1 mm	5	
11	铣削加工后的允许偏差	两端铣平时零件长度、宽度		±1 mm	2	
		铣平面的平面度		$0.02t$ 且 ≤0.3 mm	2	
		铣平面的垂直度		$h/1\,500$ 且 ≤0.5 mm	2	
12	A、B级螺栓孔（Ⅰ类孔）	应具有 H12 的精度		第 7.7.1 条	5	
		孔壁表面粗糙度 Ra		≤12.5 μm	2	
		A、B级螺栓孔径允许偏差	螺栓孔直径 10～18 mm	0，+0.18 mm	5	
			螺栓孔直径 18～30 mm	0，+0.21 mm		
			螺栓孔直径 30～50 mm	0，+0.25 mm		
	C级螺栓孔，（Ⅱ类孔）	孔壁表面粗糙度 R_a		≤25 μm	2	
		C级螺栓孔允许偏差	直径	+1.0 mm 0.0	2	
			圆度	2 mm	2	
			垂直度	$0.03t$ 且 ≤2 mm	2	
13	螺栓孔孔距的允许偏差	螺栓孔孔距≤500 mm	同一组内任意两孔间距离	±1 mm	5	
			相邻两组端孔间距离	±1.5 mm		
		螺栓孔孔距 501～1 200 mm	同一组内任意两孔间距离	±1.5 mm		
			相邻两组端孔间距离	±2 mm		
		螺栓孔孔距 1 201～3 000 mm	相邻两组端孔间距离	±2.5 mm		
		螺栓孔孔距＞3 000 mm	相邻两组端孔间距离	±3 mm		
报告						

166

根据所学知识，完成以下任务工单。

1. 任务目标

通过本任务的学习，要求学生能够综合运用所学的钢零件及钢部件加工知识，完成指定钢部件的加工制作，确保加工质量，提升实际操作能力。

2. 任务内容

(1)放样和号料。

1)根据提供的施工图纸，进行精确的放样操作，确定钢部件的外形尺寸和细节。

2)在放样基础上，进行号料操作，明确标识出切割线、弯曲线、焊接点等关键位置。

(2)钢材的切割。

1)使用合适的切割工具(如火焰切割机、等离子切割机等)对钢材进行切割。

2)确保切割面平整、无毛刺，且尺寸符合施工图纸要求。

(3)矫正和成型。

1)对切割后的钢材进行必要的矫正，消除变形或扭曲现象。

2)利用矫直机、弯曲机等设备进行成型加工，确保钢部件的形状符合设计要求。

(4)边缘加工。

1)根据施工图纸要求，对钢部件的边缘进行打磨、倒角等加工。

2)确保加工部位准确，加工方法得当，边缘加工质量满足要求。

(5)制孔。

1)采用适当的制孔方法(如钻孔、冲孔等)在钢部件上制作所需的孔。

2)制孔完成后进行质量检验，确保孔径、孔位、孔深等参数符合施工图纸要求。

3. 任务要求

(1)严格遵守操作规程和安全要求，确保人员安全和设备完好。

(2)在加工过程中，保持现场整洁，及时清理废料和边角料。

(3)每道工序完成后，进行自检并记录相关数据，确保加工质量。

(4)在加工过程中遇到问题及时与教师或同学沟通，寻求解决方案。

任务 5.3　钢构件组装与预拼装

🔲 课前认知

钢结构的组装是按照施工图的要求，将已加工完成的零件或半成品部件装配成独立的成品，根据组装程度可分为部件拼接、构件组装。部件拼接是指由两个或两个以上零件按要求装配成半成品的部件，是装配的最小组合单元；构件组装是指将零件或半成品按要求装配成独立的成品构件。

预拼装也称为总装，是将一个较大构件的各个部分或一个整体结构的各个组成部分在工厂制作场地或工地现场，按各部分的空间位置总装起来，其目的是客观反映各构件装配节点，保证安装质量。

5.3.1 钢构件组装

1. 组装的一般规定

(1)构件组装前,应熟悉施工图纸、组装工艺及有关技术文件的要求。检查组装用的零部件的材质、规格、外观、尺寸、数量等,均应符合设计要求。

(2)组装焊接处的连接接触面及沿边缘30~50 mm范围内的铁锈、毛刺、污垢等必须清除干净。

(3)板材、型材的拼接应在组装前进行,构件的组装应在部件组装、焊接、矫正并检验合格后进行。

(4)构件组装应根据设计要求、构件形式、连接方式、焊接方法和顺序等确定合理的组装顺序。

(5)构件的隐蔽部位应在焊接和涂装检验合格后封闭,完全封闭的构件内表面可不涂装。

(6)布置组装胎具时,其定位必须考虑预放出焊接收缩量及加工余量。

(7)为减少大件组装焊接的变形,一般应先采取小件组装焊,经矫正后,再组装大部件。

(8)组装好的构件应立即用油漆在明显部位编号,写明图号、构件号、件数等,以方便查找。

(9)构件组装的尺寸偏差应符合设计文件和《钢结构工程施工质量验收标准》(GB 50205—2020)的规定。

2. 部件拼接

板材、型材的拼接应在构件组装前进行。焊接H型钢的翼缘板拼接缝和腹板拼接缝的间距不宜小于200 mm。翼缘板拼接长度不应小于600 mm,腹板拼接宽度不应小于300 mm,长度不应小于600 mm。箱形构件的侧板拼接长度不应小于600 mm,相邻两侧板拼接缝的间距不宜小于200 mm;侧板在宽度方向不宜拼接,当宽度超过2 400 mm确需拼接时,最小拼接宽度不宜小于板宽的1/4。

设计无特殊要求时,用于次要构件的热轧型钢可采用直口全熔透焊接拼接,其拼接长度不应小于600 mm。

钢管接长时,相邻管节或管段的纵向焊缝应错开,错开的最小距离(沿弧长方向)不应小于钢管壁厚的5倍,且不应小于200 mm。钢管接长时,每个节间宜为一个接头,最短接长长度应符合下列规定:

(1)当钢管直径 $d \leqslant 500$ mm 时,不应小于500 mm。

(2)当钢管直径 $500 \text{ mm} < d \leqslant 1\ 000$ mm 时,不应小于直径 d。

(3)当钢管直径 $d > 1\ 000$ mm 时,不应小于1 000 mm。

(4)当钢管采用卷制方式加工成型时,可有若干个接头,但最短接长长度应符合上述第(1)~(3)条的要求。

部件拼接焊缝应符合设计文件的要求,当设计无要求时,应采用全熔透等强对接焊缝。

3. 构件组装

(1)构件组装方法。构件组装宜在组装平台、组装支承架或专用设备上进行。组装平台及组装支承架应有足够的强度和刚度，并应便于构件的装卸、定位。在组装平台或组装支承架上宜画出构件的中心线、端面位置线、轮廓线和标高线等基准线。

构件组装可采用地样组装法、胎模装配法、仿形复制装配法等方法，组装时可采用立装、卧装等方式。

1）地样组装法。地样组装法也称为画线组装法，是钢构件组装中最简便的装配方法。它是根据图纸画出各组装零件具体装配定位的基准线，然后进行各零件相互之间的装配。这种组装方法只适用于少批量零部件的组装。

2）胎模装配法。胎模装配法是用胎模将各零部件固定在其装配的位置上，然后焊接定位，使其一次性成型，是目前大批量构件组装普遍采用的组装方法之一，装配质量高、工效快。如焊接工字形截面（H形）构件等的组装。

3）仿形复制装配法。仿形复制装配法是先用地样法组装成单面（片）的结构，并点焊定位，然后翻身作为复制胎模，在其上装配另一单面的结构，往返两次组装。该法多用于双角钢等横断面互为对称的桁架结构，具体操作：用1∶1的比例在装配平台上放出构件实样，并按位置放上节点板和填板，然后在其上放置弦杆和腹杆的一个角钢，用点焊定位后翻身，即可作为临时胎模。以后其他屋架均可先在其上组装半片屋架，然后翻身组装另外半片成为整个屋架。

4）立装。立装是根据构件的特点及其零件的稳定位置，自上而下或自下而上地装配。该法用于放置平稳、高度不大的结构或大直径圆筒。

5）卧装。卧装是将构件平卧进行装配。用于断面不大，但长度较大的细长构件。

（2）构件组装要求。

1）构件组装间隙应符合设计和工艺文件要求，当设计和工艺文件无规定时，组装间隙不宜大于2.0 mm。

2）焊接构件组装时应预设焊接收缩量，并应对各部件进行合理的焊接收缩量分配。重要或复杂的构件宜通过工艺性试验确定焊接收缩量。

3）设计要求起拱的构件，应在组装时按规定的起拱值进行起拱，起拱允许偏差为起拱值的0～10%，且不应大于10 mm。设计未要求但施工工艺要求起拱的构件，起拱允许偏差不应大于起拱值的±10%，且不应大于±10 mm。

4）桁架结构组装时，杆件轴线交点偏移不应大于3 mm。

5）吊车梁和吊车桁架组装、焊接完成后不应允许下挠。吊车梁的下翼缘和重要受力构件的受拉面不得焊接工装夹具、临时定位板、临时连接板等。

6）拆除临时工装夹具、临时定位板、临时连接板等，严禁用锤击落，应在距离构件表面3～5 mm处采用气割切除，对残留的焊疤应打磨平整，且不得损伤母材。

7）构件端部铣平后顶紧接触面，应有75%以上的面积密贴，应用0.3 mm的塞尺检查，其塞入面积应小于25%，边缘最大间隙不应大于0.8 mm。

4. 构件焊接

钢结构制作的焊接多数采用埋弧自动焊，部分焊缝采用气体保护焊或电渣焊，只有短焊缝或不规则焊缝采用手工焊。

埋弧自动焊适用于较长的接料焊缝或组装焊缝，它不仅效率高，而且焊接质量好，尤其是将自动焊与组装结合起来的组焊机，生产效率更高。

气体保护焊机多为半自动，焊缝质量好，速度快，焊后无熔渣，故效率较高。但其弧光较强，且必须防风操作。在制造厂一般将其用于中、长焊缝。

电渣焊是利用电流通过熔渣所产生的电阻热熔化金属进行焊接。它适用于厚度较大钢板的对接焊缝，且不用开坡口。其焊缝匀质性好，气孔、夹渣较少，所以，一般多将其用于厚壁截面。如箱形柱内位于梁上、下翼缘处的横隔板焊缝等。

焊接完成的构件若检验变形超过规定，如焊接 H 型钢，翼缘一般在焊接后会产生向内弯曲，应予矫正。

5. 构件端部加工

(1)构件端部加工应在构件组装、焊接完成并经检验合格后进行。构件的端面铣平加工可用端铣床加工。

(2)构件的端部铣平加工应符合下列规定：

1)应根据工艺要求预先确定端部铣削量，铣削量不宜小于 5 mm。

2)应按设计文件及现行国家标准《钢结构工程施工质量验收标准》(GB 50205—2020)的有关规定，控制铣平面的平面度和垂直度。端部铣平的允许偏差应符合表 5-14 的规定。

表 5-14　端部铣平允许偏差　　　　　　　　　　　　　　mm

项目	允许偏差
两端铣平时构件长度	±2.0
两端铣平时零件长度	±0.5
铣平面的平面度	0.3
铣平面对轴线的垂直度	$l/1\,500$

(3)设计要求顶紧的接触面应有 75% 以上的面积密贴，且边缘最大间隙不大于 0.8 mm。

(4)外露铣平面和顶紧接触面应有防锈保护。

6. 构件加工

(1)构件外形矫正宜采取先总体后局部、先主要后次要、先下部后上部的顺序。

(2)构件外形矫正可采用冷矫正和热矫正。当设计有要求时，矫正方法和矫正温度应符合设计文件要求。当设计文件无要求时，碳素结构钢构件在环境温度低于−16 ℃、低合金钢构件在环境温度低于−12 ℃时，不应进行冷矫正；碳素结构钢和低合金钢构件在加热矫正时，加热温度应为 700～800 ℃，最高温度严禁超过 900 ℃，最低温度不得低于 600 ℃。

(3)当采用火焰矫正组焊后的变形时，同一部位加热不宜超过两次，加热温度不得超过正火温度，低合金钢加热矫正后应缓慢冷却。

(4)构件的外形尺寸主控项目的允许偏差应符合表 5-15 的规定。

表 5-15　钢构件外形尺寸主控项目允许偏差　　　　　　　　mm

项目	允许偏差
单层柱、梁、桁架受力支托(支承面)表面至第一个安装孔距离	±1.0
多节柱铣平面至第一个安装孔距离	±1.0

项目	允许偏差
实腹梁两端最外侧安装孔距离	±3.0
构件连接处的截面几何尺寸	±3.0
柱、梁连接处的腹板中心线偏移	2.0
受压构件(杆件)弯曲矢高	$l/1\,000$，且不大于10.0

(5)构件的外形尺寸一般项目的允许偏差应符合表5-16～表5-22的规定。

表 5-16 单节钢柱外形尺寸允许偏差 mm

项目		允许偏差	检验方法	图例
柱底面到柱端与桁架连接的最上一个安装孔距离 l		$±l/1\,500$ 且不超过±15.0	用钢尺检查	
柱底面到牛腿支承面距离 l_1		$±l_1/2\,000$ 且不超过±8.0		
牛腿面的翘曲 $\triangle$		2.0	用拉线、直角尺和钢尺检查	
柱身弯曲矢高		$H/1\,200$，且不大于12.0		
柱身扭曲	牛腿处	3.0	用拉线、吊线和钢尺检查	
	其他处	8.0		
柱截面几何尺寸	连接处	±3.0	用钢尺检查	
	非连接处	±4.0		
翼缘对腹板的垂直度	连接处	1.5	用直角尺和钢尺检查	
	其他处	$b/100$，且不大于5.0		
柱脚底板平面度		5.0	用1m直尺和塞尺检查	—
柱脚螺栓孔中心对柱轴线的距离		3.0	用钢尺检查	

表 5-17　多节钢柱外形尺寸允许偏差 mm

项目		允许偏差	检验方法	图例
一节柱高度 H		±3.0	用钢尺检查	
两端最外侧安装孔距离 l_3		±2.0		
铣平面到第一排安装孔距离 a		±1.0		
柱身弯曲矢高 f		$H/1\,500$，且不大于 5.0	用拉线和钢尺检查	
一节柱的柱身扭曲		$h/250$，且不大于 5.0	用拉线、吊线和钢尺检查	
牛腿端孔到柱轴线距离 l_2		±3.0	用钢尺检查	
牛腿的翘曲或扭曲 Δ	$l_2 \leqslant 1\,000$	2.0	用拉线、直角尺和钢尺检查	
	$l_2 > 1\,000$	3.0		
柱截面尺寸	连接处	±3.0	用钢尺检查	
	非连接处	±4.0		
柱脚底板平面度		5.0	用 1 m 直尺和塞尺检查	
翼缘板对腹板的垂直度	连接处	1.5	用直角尺和钢尺检查	
	其他处	$b/100$，且不大于 3.0		
柱脚螺栓孔对柱轴线的距离 a		3.0	用钢尺检查	
箱形截面连接处对角线差		3.0		

项目	允许偏差	检验方法	图例
箱形、十字形柱身板垂直度	$h(b)/150$，且不大于5.0	用直角尺和钢尺检查	

表 5-18 焊接实腹钢梁外形尺寸允许偏差　　　mm

项　目		允许偏差	检验方法	图　例
梁长度 l	端部有凸缘支座板	0 / −5.0	用钢尺检查	
	其他形式	$\pm l/2\,500$，且不超过±5.0		
端部高度 h	$h\leqslant2\,000$	±2.0		
	$h>2\,000$	±3.0		
拱度	设计要求起拱	$\pm l/5\,000$	用拉线和钢尺检查	
	设计未要求起拱	10.0 / −5.0		
侧弯矢高		$l/2\,000$，且不大于10.0		
扭曲		$h/250$，且不大于10.0	用拉线、吊线和钢尺检查	
腹板局部平面度	$t\leqslant6$	5.0	用1m直尺和塞尺检查	
	$6<t<14$	4.0		
	$t\geqslant14$	3.0		
翼缘板对腹板的垂直度		$b/100$，且不大于3.0	用直角尺和钢尺检查	—
吊车梁上翼缘与轨道接触面平面度		1.0	用200mm、1m直尺和塞尺检查	—

项　目		允许偏差	检验方法	图　例
箱形截面对角线差		3.0	用钢尺检查	
箱形截面两腹板至翼缘板中心线距离 a	连接处	1.0		
	其他处	1.5		
梁端板的平面度（只允许凹进） 梁端板与腹板的垂直度		$h/500$，且不大于 2.0	用直角尺和钢尺检查	—

表 5-19　钢桁架外形尺寸允许偏差　　　　　　　　　mm

项　目		允许偏差	检验方法	图　例
桁架最外端两个孔或两端支承面最外侧距离 l	$l \leqslant 24\ \text{m}$	+3.0 −7.0	用钢尺检查	
	$l > 24\ \text{m}$	+5.0 −10.0		
桁架跨中高度		±10.0		
桁架跨中拱度	设计要求起拱	±l/5 000	用拉线和钢尺检查	
	设计未要求起拱	+10.0 −5.0		
相邻节间弦杆弯曲（受压除外）		l_1/1 000		

项　目	允许偏差	检验方法	图　例
支承面到第一个安装孔距离 a	±1.0	用钢尺检查	铣平顶紧支承面
檩条连接支座间距 a	±3.0		

表 5-20　钢管构件外形尺寸允许偏差　　　　　　　　　　mm

项　目	允许偏差	检验方法	图　例
直径 d	±d/250，且不超过±5.0	用钢尺检查	
构件长度 l	±3.0		
管口圆度	d/250，且不大于 5.0		
管端面管轴线的垂直度	d/500，且不大于 3.0	用角尺、塞尺和百分表检查	
弯曲矢高	l/1 500，且不大于 5.0	用拉线、吊线和钢尺检查	
对口错边	t/10，且不大于 3.0	用拉线和钢尺检查	

注：对方矩形管，d 为长边尺寸。

表 5-21　墙架、檩条、支撑系统钢构件外形尺寸允许偏差　　　　　　　mm

项目	允许偏差	检验方法
构件长度 l	±4.0	用钢尺检查
构件两端最外侧安装孔距离 l_1	±3.0	
构件弯曲矢高	l/1 000，且不大于 10.0	用拉线和钢尺检查
截面尺寸	+5.0 −2.0	用钢尺检查

表 5-22　钢平台、钢梯和防护钢栏杆外形尺寸允许偏差　　　　mm

项目	允许偏差	检验方法	图　例
平台长度和宽度	±5.0	用钢尺检查	
平台两对角线差 $\lvert l_1 - l_2 \rvert$	6.0	用钢尺检查	
平台支柱高度	±3.0		
平台支柱弯曲矢高	5.0	用拉线和钢尺检查	
平台表面平面度（1 m 范围内）	6.0	用 1 m 直尺和塞尺检查	
梯梁长度 l	±5.0	用钢尺检查	
钢梯宽度 b			
钢梯安装孔距离 a	±3.0	用拉线和钢尺检查	
钢梯纵向挠曲矢高	$l/1\,000$		
踏步（棍）间距 a_1	±3.0	用钢尺检查	
栏杆高度			
栏杆立柱间距	±5.0		

5.3.2　钢构件预拼装

1. 构件预拼装要求

(1)钢构件预拼装比例应符合施工合同和设计要求，一般按实际平面情况预装 10%～20%。

(2)拼装构件一般应设拼装工作台，如在现场拼装，则应放在较坚硬的场地上用水平仪找平。

(3)钢构件预拼装地面应坚实，胎架强度、刚度必须经设计计算确定，各支承点的水平精度可用已计量检验的各种仪器逐点测定调整。

(4)各支承点的水平度应符合下列规定：

1)当拼装总面积为 300～1 000 m² 时，允许偏差小于或等于 2 mm。

2）当拼装总面积在 1 000～5 000 m² 时，允许偏差小于 3 mm。单构件支承点无论柱、梁、支撑，均应不少于两个支承点。

（5）拼装时，构件全长应拉通线，并在构件有代表性的点上用水平尺找平，符合设计尺寸后电焊点固焊牢。对刚性较差的构件，翻身前要进行加固，构件翻身后也应进行找平，否则构件焊接后无法矫正。

（6）在胎架上预拼装时，不得对构件动用火焰、锤击等，各杆件的重心线应交汇于节点中心，并应完全处于自由状态。

（7）预拼装钢构件控制基准线与胎架基线必须保持一致。

（8）高强度螺栓连接预拼装时，使用冲钉直径必须与孔径一致，每个节点要多于 3 只，临时普通螺栓数量一般为螺栓孔的 1/3。对孔径进行检测，试孔器必须垂直自由穿落。

（9）所有需要进行预拼装的构件制作完成后，必须经专业质检员验收，并应符合质量标准的要求。相同构件可以互换，但不得影响构件整体的几何尺寸。

（10）构件在制作、拼装、吊装中所用的钢尺应统一，且必须经计量检验，并相互核对，测量时间在早晨日出前、下午日落后为最佳。

2. 构件预拼装方法

钢构件预拼装方法有平装法、立拼法和利用模具拼装法三种。

（1）平装法。平装法适用于拼装跨度较小、构件相对刚度较大的钢结构，如对长 18 m 以内的钢柱、跨度 6 m 以内的天窗架及跨度 21 m 以内的钢屋架的拼装。

该拼装法操作方便，不需要稳定加固措施，也不需要搭设脚手架。焊缝焊接大多数为平焊缝；焊接操作简易，不需要技术水平很高的焊接工人，焊缝质量易于保证，而且校正及起拱方便、准确。

（2）立拼法。立拼法主要适用于跨度较大、侧向刚度较差的钢结构，如 18 m 以上钢柱、跨度 9 m 及 12 m 窗架、24 m 以上钢屋架，以及屋架上的天窗架。

该拼装法可一次拼装多榀，块体占地面积小，不用铺设或搭设专用拼装操作平台或枕木墩，节省材料和工时。但需搭设一定数量的稳定支架，块体校正、起拱较难，钢构件的连接节点及预制构件的连接件的焊接立缝较多，增加了焊接操作的难度。

（3）利用模具拼装法。模具是指符合工件几何形状或轮廓的模型（内模或外模）。对于成批的板材结构和型钢结构，应尽量采用模具拼装法。利用模具来拼装组焊钢结构，其具有产品质量好、生产效率高的特点。

5.3.3 钢梁拼装

1. T 形梁拼装

T 形梁结构多是用厚度相同的钢板，以设计图纸标注的尺寸制成的。根据实际工程需要，T 形梁的结构有的相互垂直，也有倾斜一定角度的，如图 5-14 所示。T 形梁的立板通常称为腹板，与平台面接触的底板称为翼板或面板。上面的称为上翼板；下面的称为下翼板。

T 形梁拼装时，应先定出翼板中心线，再按腹板厚度画线定位，该位置就是腹板和翼板结构接触的连接点（基准线）。如果是垂直的 T 形梁，可用直角尺找正，并在腹板两侧按 200～300 mm 距离交错点焊；如果属于倾斜一定角度的 T 形梁，就用同样角度样板进行定位。按设计规定进行点焊。T 形梁两侧经点焊完成后，为了防止焊接变形，可在腹板两侧临时用增强板将腹板和翼板点焊固定，以增加刚性，减小变形。在焊接时，为防止焊接变形，可采用对称分段退步焊接方法焊接角焊缝。

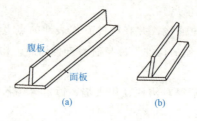

腹板
面板

(a)　　　　　　(b)

图 5-14　T 形梁

(a)垂直梁；(b)倾斜梁

2. 工字钢梁、槽钢梁拼装

工字钢梁和槽钢梁都是由钢板组合的工程结构梁，它们的组合连接形式基本相同，仅型钢的种类和组合成型的形状不同，如图 5-15 所示。

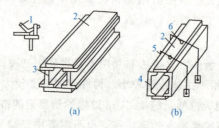

(a)　　　　　　(b)

图 5-15　工字钢梁、槽钢梁拼装

(a)工字钢梁；(b)槽钢梁

1—撬杠；2—面板；3—工字钢；4—槽钢；5—龙门梁；6—压紧工具

工字钢梁和槽钢梁在拼装组合时，应按图纸标注的尺寸、位置在面板和型钢连接位置处进行画线定位。面板宽度较窄时，为使面板与型钢垂直和稳固，可用与面板同厚度的垫板临时垫在底面板(下翼板)两侧来增加面板与型钢的接触面，以防止型钢向两侧倾斜。

焊接前，应用直角尺或水平尺检验侧面与平面是否垂直。在确定几何尺寸正确后，方可按一定距离进行点焊。拼装上面板时，以下面板为基准。为保证上、下面板与型钢严密贴合，如果接触面间隙大，可用撬杠或卡具压严靠紧，然后再进行点焊和焊接，如图 5-15 中的1、5、6 所示。

3. 箱形梁拼装

箱形梁的结构有的由钢板组成的，也有的由型钢与钢板混合结构组成的，但多数箱形梁的结构是采用钢板结构成型的。箱形梁是由上、下面板，中间隔板及左、右侧板组成的。箱形梁的拼装如图 5-16 所示。

箱形梁的拼装过程是先在底面板画线定位，如图 5-16(a)所示；按位置拼装中间定向隔板，如图 5-16(b)所示。拼装时，应将两端和中间隔板与面板用型钢条临时点固，以防止移动和倾斜，然后以各隔板的上平面和两侧面为基准，同时，拼装箱形梁左、右立板。两侧立板的长度，要以底面板的长度为准靠齐并点焊(当两侧板与隔板侧面接触间隙过大时，可以用活动型卡具夹紧，再进行点焊)。最后拼装梁的上面板，如果上面板与隔板上平面接触间隙大、误差过多，可以用手砂轮将隔板上端找平，并用卡具压紧进行点焊和焊接，如图5-16(d)所示。

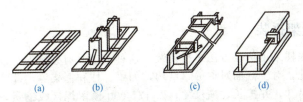

图 5-16　箱形梁拼装

(a)箱形梁的底板；(b)装定向隔板；(c)加侧立板；(d)装好的箱形梁

5.3.4　钢柱拼装

1. 施工步骤

(1)平装。先在柱的适当位置用枕木搭设 3~4 个支点，如图 5-17(a)所示。各支承点的高度应拉通线，使柱轴线中心线呈一水平线，先吊下节柱找平，再吊上节柱，使两端头对准，然后找中心线，并把安装螺栓或夹具上紧，最后进行接头焊接。采取对称施焊，先焊接完一面再翻身焊接另一面。

(2)立拼。在下节柱适当位置设置 2~3 个支点，上节柱设置 1~2 个支点，如图 5-17(b)所示，各支点用水平仪测平垫平。拼装时先吊下节，使牛腿向下，并找平中心，再吊上节，使两节的接头端相对准，然后找正中心线，并将安装螺栓拧紧，最后进行接头焊接。

视频：变截面柱组立

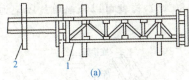 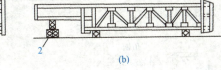

图 5-17　钢柱的拼装

(a)平装拼装法；(b)立装拼装法
1—拼接点；2—枕木

视频：变截面柱焊接

2. 柱底座板和柱身组合拼装

柱底座板与柱身组合拼装时，应将柱身按设计尺寸先进行拼装焊接，使柱身达到横平竖直，符合设计和验收标准的要求。如果不符合质量要求，可进行矫正以达到质量要求。为防止在拼装时发生位移，应将事先准备好的柱底板按设计规定尺寸，分清内外方向画结构线并焊挡铁定位。

柱底板与柱身拼装之前，必须将柱身与柱底板接触的端面用刨床或砂轮加工平整，同时将柱身分几点垫平，如图 5-18 所示，使柱身垂直于柱底板，使安装后受力匀称，避免产生偏心压力，以达到质量要求。拼装时，将柱底座板用角钢头或平面型钢按位置点固，作为定位倒吊挂在柱身平面，并用直角尺检查垂直度及间隙大小，待合格后进行四周全面点固。为防止焊接变形，应采用对角或对称方法进行焊接。

如果柱底板左右有梯形板，可先将底板与柱端接触焊缝，焊接完成后再组装梯形板，并同时焊接，这样可避免梯形板妨碍底板缝的焊接。

图 5-18　钢柱拼装示意

1—定位角钢；2—柱底板；
3—柱身；4—水平垫基

5.3.5　钢屋架拼装

钢屋架多数用底样采用仿效方法进行拼装，这种方法具有效率高、质量好、便于组织流水作业等优点。因此，对于截面对称的钢结构，如梁、柱和框架等，都可应用。

首先应按设计尺寸，并按长、高尺寸，以 1/1 000 预留焊接收缩量，在拼装平台上放出拼装底样，如图 5-19 所示。因为屋架在设计图纸的上弦、下弦处不标注起拱量，所以才放底样，按跨度比例画出起拱，然后在底样上按图画好角钢面宽度、立面厚度，作为拼装时的依据。如果在拼装时，角钢的位置和方向能记牢，其立面的厚度可省略不画，只画出角钢面的宽度即可。放好底样后，将底样上各位置上的连接板用电焊点牢，并用挡铁定位，作为第一次单片屋架拼装基准的底模。然后，就可以将大小连接板按位置放在底模上。

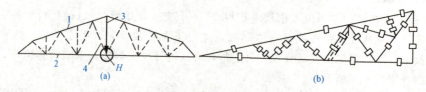

图 5-19　屋架拼装示意
(a)拼装底样；(b)屋架拼装
H—起拱抬高位置；1—上弦；2—下弦；3—立撑；4—斜撑

屋架的上弦、下弦及所有的立撑、斜撑，限位板放到连接板上面，进行找正对齐，用卡具夹紧点焊。待全部点焊牢固，可用起重机翻转 180°，这样就可以该扇单片屋架为基准仿效组合拼装，如图 5-20 所示。

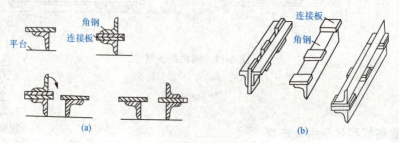

图 5-20　屋架仿效拼装示意
(a)仿形过程；(b)复制的实物

拼装时，应给下一步运输和安装工序创造有利条件。除按设计规定的技术说明外，还应结合屋架的跨度(长度)，做整体拼装或按节点分段进行拼装。屋架拼装一定要注意平台的水平度，如果平台不平，可在拼装前用仪器或拉粉线调整垫平；否则，拼装成的屋架在上、下弦及中间位置将会产生侧向弯曲。

对特殊动力厂房屋架，为适应生产性质的要求强度，一般不采用焊接，而采用铆接。

🔲 技能测试

到钢结构制作安装公司学习钢梁拼接工艺。

1. 目的

通过本技能测试，加深学员对钢梁拼装流程的理解，掌握钢梁拼装的关键工艺，以及在实际操作中应用这些技能的能力。

2. 能力标准及要求

(1)理解钢梁拼装的工艺流程和操作要点。

(2)能够识别钢梁拼装所需的材料和工具。

(3)掌握钢梁的定位、连接和固定方法。

(4)能够进行钢梁拼装的质量检查和问题识别。

3. 活动条件

钢结构拼接现场，钢梁拼装所需的材料、工具和设备，试剂研发与制造中心项目。

案例1：T形梁拼装。

(1)T形梁拼装步骤

1)图纸分析。阅读并理解T形梁的设计图纸，识别梁的尺寸和角度要求。

2)定位与画线。确定翼板中心线，按腹板厚度在翼板上画线定位连接点。

3)点焊操作。对垂直T形梁使用直角尺找正，对倾斜T形梁使用角度样板定位，并进行点焊。

4)防止变形措施。点焊完成后，在腹板两侧使用增强板固定，采用对称分段退步焊接方法。

5)焊接与检查。完成焊接，检查焊缝质量，确保无缺陷和变形。

6)质量控制。对拼装后的T形梁进行几何尺寸和垂直度检查。

(2)T形梁拼装操作要领。

1)精确测量：使用测量工具确保翼板中心线和腹板厚度的准确性，为精确定位打下基础。

2)清洁表面：在进行点焊前，确保接触面无油污、锈蚀或杂质，以提高焊接质量和强度。

3)稳固定位：使用夹具或定位器稳固T形梁的位置，防止其在焊接过程中发生位移。

4)均匀点焊：点焊时，确保焊点分布均匀，避免因焊点不均造成结构变形。

5)逐步焊接：采用对称或退步焊接法，逐步完成整条焊缝，减少热变形影响。

(3)钢梁附图。钢梁构件示意如图5-21所示。

钢梁构件截面表

编号	名称	截面 T形梁:$B \times H \times t_w \times t_f$	材质
CL1	次梁	T 125×225×14×14	Q355B
CL2	次梁	T 120×250×9×14	Q355B
CL3	次梁	T 150×150×6×9	Q355B

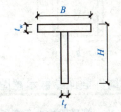

T形梁构件截面参数示意图

图5-21 钢梁构件示意图

案例2：箱形钢梁拼装。

（1）箱形钢梁拼装操作步骤。

1）图纸分析：仔细阅读并理解箱形梁的设计图纸，识别梁的尺寸、结构和组装要求。

2）底面板定位：在底面板上按照图纸要求进行画线定位，确保各部件的准确放置。

3）中间隔板拼装：根据定位线将中间隔板安装到位，并使用型钢条进行临时点固，防止其移动和倾斜。

4）侧板拼装：以中间隔板的上平面和侧面为基准，同时，拼装箱形梁的左右侧板，确保侧板与底面板及隔板的对齐。

5）点焊固定：对侧板与底面板、隔板的连接处进行点焊，确保结构的稳定性。

6）上面板安装：最后安装上面板，并根据需要调整上面板与隔板的接触，确保平整度和间隙符合要求。

7）焊接操作：完成点焊后，进行整体焊接，保证焊缝均匀且无缺陷。

8）质量控制：检查箱形梁的拼装精度，包括尺寸、对齐、平整度和焊缝质量。

（2）箱形梁拼装操作要领。

1）精确定位：严格按照图纸要求，使用画线工具确保底面板的定位准确无误。

2）隔板固定：使用型钢条对中间隔板进行临时点固，确保拼装过程中的结构稳定性。

3）侧板对齐：确保侧板与底面板及中间隔板的对齐，使用点焊固定侧板位置。

4）间隙调整：若上面板与隔板接触间隙过大，使用手砂轮进行找平，并使用卡具进行压紧。

5）顺序焊接：按照从中心向两端的顺序进行点焊和焊接，以减少焊接应力的集中。

6）均匀施力：在拼装过程中，使用撬杠或压紧工具均匀施力，确保各部件紧密贴合。

7）焊后检查：焊接完成后，对焊缝进行外观和尺寸检查，确保焊缝质量符合标准要求。

8）平整度控制：在拼装上面板时，特别注意平整度的控制，以保证箱形梁的整体性能。

（3）箱形梁附图。箱形梁构件示意如图5-22所示。

钢柱截面表

构件编号	名称	截面 箱形:$H \times B \times t_w \times t_f$	材质	备注
GKZ1	框架柱	箱500×500×20×20	Q355B	
GKZ2	框架柱	箱500×500×16×16	Q355B	
GKZ3	框架柱	箱400×400×20×20	Q355B	
GKZ3a	框架柱	箱400×400×25×25	Q355B	
GYPZ1	雨篷柱	箱500×500×10×10	Q355B	钢雨篷柱顶、底均为铰接，不参与结构的整体计算。

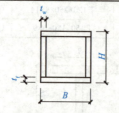

箱形构件截面参数示意图

图5-22　箱形梁构件示意图

4. 步骤提示

(1)在开始拼装前，确保对图纸有充分的理解，并准备好所需的材料和工具。

(2)在拼装过程中，注意每个步骤的准确性和质量，特别是定位和点焊的准确性。

(3)完成拼装后，进行详细的质量检查，记录任何不符合要求的地方，并及时进行修正。

(4)完成拼装后，撰写详细的拼装报告，记录工艺流程、操作要点、遇到的问题及解决方案

5. 实操报告

钢结构拼装工艺实操报告样式见表5-23。

表 5-23　钢结构拼装工艺实操报告

班级			姓名		日期	
课目					指导教师	
施工依据	《钢结构工程施工规范》(GB 50755—2012)、全场景免疫诊断仪器、试剂研发与制造中心施工图				验收依据	《钢结构工程施工质量验收标准》(GB 50205—2020)
序号	项目内容		设计/规范要求		计分值	操作得分
1	钢板厚度及其允许偏差		第4.2.3条		5	
2	钢板的平整度		第4.2.4条		5	
3	钢板、型材及管材的表面外观质量	表面外观质量	应符合现行国家标准的规定		5	
		表面有锈蚀、麻点或划痕等缺陷时，其深度	不得大于该钢材厚度允许负偏差值的1/2，且不应大于0.5 mm		5	
		表面的锈蚀等级	第4.2.5条		5	
		端边或断口处	不应有分层、夹渣等缺陷		5	
4	型材、管材的截面尺寸、厚度及允许偏差		应满足其产品标准的要求		8	
5	型材、管材外形尺寸允许偏差		应满足其产品标准的要求		8	
6	翼板中心线定位		精确定位翼板中心线		8	
7	腹板与翼板连接点定位		按腹板厚度画线定位		8	
8	垂直与角度调整		使用直角尺或角度样板进行调整		8	
9	防止变形措施		点焊固定增强板，对称分段退步焊接		10	
10	焊接质量检查		第5.2.7~5.2.8条		10	
11	拼装精度与质量控制		第8.3.2~8.3.3条		10	
报告						

任务工单

根据所学知识，完成以下任务工单。

1. 任务目标

通过本任务的学习，学生能熟练掌握钢构件的组装与预拼装技术，包括钢梁、钢柱和钢屋架的拼装。确保拼装的准确性、牢固性和美观性，为后续的安装工作打下坚实基础。

2. 任务内容

（1）钢构件组装。

1）根据施工图纸和工艺要求，对钢构件进行精确组装。

2）使用合适的工具和夹具，确保在组装过程中的稳定性和精度。

3）对组装完成的钢构件进行自检，记录相关数据，确保质量符合标准。

（2）钢构件预拼装。

1）在平整的场地上进行钢构件的预拼装，模拟实际安装状态。

2）检查预拼装后的整体尺寸、形状和连接部位，确保符合设计要求。

3）标记出需要调整或修正的部位，为后续安装提供参考。

（3）钢梁拼装。

1）按照施工图纸和工艺要求，对钢梁进行拼装。

2）确保钢梁的连接部位准确、牢固，无明显变形或扭曲。

3）对拼装完成的钢梁进行整体尺寸和形状的检查，确保符合要求。

（4）钢柱拼装。

1）根据施工图纸和工艺要求，对钢柱进行拼装。

2）确保钢柱的垂直度、水平度和稳定性达到设计要求。

3）对钢柱的连接部位进行仔细检查，确保连接牢固、无松动。

（5）钢屋架拼装。

1）按照施工图纸和工艺要求，对钢屋架进行拼装。

2）确保钢屋架的整体结构稳定、无变形，连接部位准确、牢固。

3）对拼装完成的钢屋架进行整体尺寸和形状的检查，确保符合要求。

3. 任务要求

（1）严格遵守操作规程和安全要求，确保人员安全和设备完好。

（2）在拼装过程中，保持现场整洁，及时清理废料和边角料。

（3）认真记录拼装过程中的关键数据和遇到的问题，为后续工作提供参考。

（4）拼装完成后，进行自检和互检，确保质量符合标准。

项目 6 钢结构安装

知识目标 >>>

1. 了解钢结构安装施工图纸。
2. 了解钢结构安装所需的施工机具、材料和人员配置。
3. 熟悉钢构件的运输、存储和堆放要求。
4. 熟悉基础、支承面和预埋件的施工要点。
5. 掌握钢结构安装施工的基本流程。

能力目标 >>>

1. 能够根据构件安装要求，熟练掌握构件的定位、校正和固定方法，确保钢结构安装的精度和稳定性。
2. 能够独立完成单层钢结构的安装任务。
3. 能够应对复杂施工环境和安装难题，确保多层、高层钢结构的安全稳定。
4. 能够协调施工机具、材料和人员的配合，合理安排施工进度，确保钢结构安装施工的高效进行。
5. 能够及时发现和处理安装质量问题，提高安装质量水平。

素养目标 >>>

1. 培养学生严谨细致的工作态度，对钢结构安装施工过程中的每个细节都保持高度关注，确保安装质量。
2. 增强学生的团队协作和沟通能力，与团队成员保持良好的合作关系，共同解决安装施工中的难题。
3. 提高学生的安全意识，严格遵守安全操作规程，确保自身和他人的安全，防范安装施工中的安全风险。
4. 培养学生的创新意识，面对钢结构安装施工中的新问题和新挑战，能够灵活应对，提出有效的解决方案。
5. 树立学生的质量意识，将质量放在首位，不断提高自身的专业技能和素质，为钢结构安装施工的质量提供有力保障。

课前认知

本任务将深入探讨钢结构安装施工前的各项准备工作。我们将学习图纸会审与变更的重要性，了解施工组织设计与文件资料准备的关键环节。同时，掌握中转场地、钢构件准备、基础支承面及预埋件的细节，明确施工机具、材料人员的配备要求。最后，还将探讨道路临时设施准备的要点。

理论学习

6.1.1　图纸会审和设计变更

在钢结构安装前应进行图纸会审，在会审前施工单位应熟悉并掌握设计文件内容，发现设计中影响构件安装的问题，并查看与其他专业工程配合不适宜的方面。

1. 图纸会审

在钢结构安装前，为了解决施工单位在熟悉图纸过程中发现的问题，将图纸中发现的技术难题和质量隐患消灭在萌芽之中，参与各单位要进行图纸会审。其内容包括设计单位的资质是否满足，图纸是否经设计单位正式签署；设计单位是否做设计意图说明和提出工艺要求，制作单位是否介绍钢结构的主要制作工艺；各专业图纸之间是否有矛盾；各图纸之间的平面位置、标高等是否一致，标注有无遗漏；各专业工程施工程序和施工配合有无问题；安装单位的施工方法能否满足设计要求。

2. 设计变更

施工图纸在使用前、使用后均会出现由于建设单位要求，或现场施工条件的变化，或国家政策法规的改变等引起的设计变更。设计变更无论出于何种原因，由谁提出，都必须征得建设单位同意，并办理书面变更手续。设计变更的出现会对工期和费用产生影响，在实施时应严格按规定办事，以明确责任，避免出现索赔事件。

6.1.2　施工组织设计与文件资料准备

1. 施工组织设计

施工组织设计是依据合同文件、设计文件、调查资料、技术标准及建设单位提供的条件、施工单位自有情况、企业总工计划、国家法规等资料进行编制的。其内容包括：工程概况及特点介绍；施工程序和工艺设计；施工机械的选择及吊装方案；施工现场平面图；施工进度计划；劳动组织、材料、机具需用量计划；质量措施、安全措施、降低成本措施等。

2. 文件资料准备

钢结构安装工程需要准备的文件资料见表 6-1。

表 6-1　钢结构安装工程需要准备的文件资料

项目	具体内容
设计文件	包括钢结构设计图、建筑图、相关基础图、钢结构施工总图、各分部工程施工详图、其他有关图纸及技术文件

项目	具体内容
记录	包括图纸会审记录、支座或基础检查验收记录、构件加工制作检查记录等
文件资料	包括施工组织设计、施工方案或作业设计、材料、成品质量合格证明文件及性能检测报告等

6.1.3 中转场地的准备

钢结构安装现场应设置专门的构件堆场，并应采取防止构件变形及表面污染的保护措施。设置构件堆场的作用主要有三个方面：一是储存制造厂的钢构件（工地现场没有条件储存大量构件）；二是根据安装施工流水顺序进行构件配套，组织供应；三是对钢构件质量进行检查和修复，保证将合格的构件送到现场。

钢结构通常在专门的钢结构加工厂制作，然后运输至工地，经过组装后进行吊装。钢结构构件应按照安装程序保证及时供应，现场场地应能满足堆放、检验、油漆、组装和配套供应的需要。

6.1.4 钢构件的准备

1. 钢构件核查

钢构件核查主要是清点构件的型号、数量，并按设计和规范要求对构件质量进行全面检查，包括构件强度与完整性（有无严重裂缝、扭曲、侧弯、损伤及其他严重缺陷）；外形和几何尺寸，平整度；埋设件、预留孔的位置、尺寸和数量；接头钢筋吊环、埋设件的稳固程度和构件的轴线等是否准确，以及有无出厂合格证。如有超出设计或规范规定的允许偏差，应在吊装前纠正。

2. 构件编号

现场构件进行脱模、排放；场外构件进场及排放，并按图纸对构件进行编号。不易辨别上下、左右、正反的构件，应在构件上用记号注明，以免吊装时搞错。

3. 弹线定位

在构件上根据就位、校正的需要弹好就位和校正线。柱应弹出三面中心线、牛腿面与柱顶面中心线、±0.000 线（或标高准线）。吊点位置：基础杯口应弹出纵横轴线；吊车梁、屋架等构件应在端头与顶面及支撑处弹出中心线和标高线；在屋架或屋面梁上弹出天窗架、屋面板或檩条的安装就位控制线，在两端及顶面弹出安装中心线。

4. 构件接头准备

（1）准备和分类清理好各种金属支撑件及安装接头用连接板、螺栓、铁件和安装垫铁；施焊必要的连接件，如屋架、吊车梁垫板、柱支撑连接件及其余与柱连接相关的连接件，以减少高空作业。

（2）清除构件接头部位及埋设件上的污物、铁锈。

（3）对于需组装拼装及临时加固的构件，按规定要求使其达到具备吊装条件。

（4）在基础杯口底部，根据柱子制作的实际长度（从牛腿至柱脚尺寸）误差，调整杯底标高，用 1：2 水泥砂浆找平，标高允许误差为 ±5 mm，以保持吊车梁的标高在同一水平面上；当预制柱采用垫板安装或重型钢柱采用杯口安装时，应在杯底设垫板处局部抹平，并加设小钢垫板。

（5）柱脚或杯口侧壁未划毛的，要在柱脚表面及杯口内稍加凿毛处理。

(6)钢柱基础,要根据钢柱实际长度、牛腿间距离、钢板底板平整度检查结果,在柱基础表面浇筑标高块(呈十字式或四点式)。标高块强度不小于 30 MPa,表面埋设 16～20 mm 厚的钢板。基础上表面也应凿毛。

6.1.5 基础、支承面和预埋件

(1)钢结构安装前,应对建筑物的定位轴线、基础轴线和标高、地脚螺栓位置等进行检查,并应办理交接验收。当基础工程分批进行交接时,每次交接验收不应少于一个安装单元的柱基基础,并应符合下列规定:

1)基础混凝土强度应达到设计要求;

2)基础周围回填夯实应完毕;

3)基础的轴线标志和标高基准点应准确、齐全。

(2)基础顶面直接作为柱的支承面、基础顶面预埋钢板(或支座)作为柱的支承面时,其支承面、地脚螺栓(锚栓)的允许偏差应符合表 6-2 的规定。

表 6-2 支承面、地脚螺栓(锚栓)允许偏差   mm

项目		允许偏差
支承面	标高	±3.0
	水平度	L/1 000
地脚螺栓(锚栓)	螺栓中心偏移	5.0
	螺栓露出长度	10.0 / 0
	螺纹长度	+20.0 / 0
预留孔中心偏移		10.0

(3)钢柱脚采用钢垫板作支承时,应符合下列规定:

1)钢垫板面积应根据混凝土抗压强度、柱脚底板承受的荷载和地脚螺栓(锚栓)的紧固拉力计算确定;

2)垫板应设置在靠近地脚螺栓(锚栓)的柱脚底板加劲板或柱肢下,每个地脚螺栓(锚栓)侧应设置 1～2 组垫板,每组垫板不得多于 5 块;

3)垫板与基础面和柱底面的接触应平整、紧密;当采用成对斜垫板时,其叠合长度不应小于垫板长度的 2/3;

4)柱底二次浇灌混凝土前垫板间应焊接固定。

(4)锚栓及预埋件安装应符合下列规定:

1)宜采取锚栓定位支架、定位板等辅助固定措施;

2)锚栓和预埋件安装到位后,应可靠固定;当锚栓埋设精度较高时,可采用预留孔洞、二次埋设等工艺;

3)锚栓应采取防止损坏、锈蚀和污染的保护措施;

4)钢柱地脚螺栓紧固后,外露部分应采取防止螺母松动和锈蚀的措施;

5)当锚栓需要施加预应力时,可采用后张拉法,张拉力应符合设计文件的要求,并应在张拉完成后进行灌浆处理。

6.1.6　施工机具、材料、人员的准备

1. 起重设备和吊具

检查吊装用的起重设备、配套机具、工具等是否齐全、完好，运输是否灵活，并进行试运转。

钢结构安装宜采用塔式起重机、履带式起重机、汽车式起重机等定型产品。选用非定型产品作为起重设备时，应编制专项方案，并应经评审后再组织实施。起重设备应根据起重设备性能、结构特点、现场环境、作业效率等因素综合确定。起重设备需要附着或支撑在结构上时，应得到设计单位的同意，并应进行结构安全验算。

钢结构安装用吊具主要包括吊索、卡环、绳卡、横吊梁、千斤顶、滑车等。吊装用工具主要包括高空用吊挂脚手架、操作台、爬梯、溜绳、缆风绳、撬杠、大锤、钢（木）楔、垫木铁、垫片、线坠、钢尺、水平尺、测量标记及水准仪、经纬仪等。吊具应经检查合格并在其额定许用范围内使用。

钢结构吊装作业必须在起重设备的额定起重量范围内进行。钢结构吊装不宜采用抬吊。当构件质量超过单台起重设备的额定起重量范围时，构件可采用抬吊的方式吊装。采用抬吊方式时，应符合下列规定：

(1)起重设备应进行合理的负荷分配，构件质量不得超过两台起重设备额定起重量总和的75%，单台起重设备的负荷量不得超过额定起重量的80%；

(2)吊装作业应进行安全验算并采取相应的安全措施，应有经批准的抬吊作业专项方案；

(3)吊装操作时应保持两台起重设备升降和移动同步。两台起重设备的吊钩、滑车组均应基本保持垂直状态。

2. 材料

钢结构安装施工用料包括加固脚手杆、电焊、气焊设备、材料等。

3. 人员

钢结构安装施工技术人员应按吊装顺序组织施工人员进场，并进行有关技术交底、培训、安全教育。

6.1.7　道路临时设施准备

(1)整平场地、修筑构件运输和起重吊装开行的临时道路，并做好现场排水设施。

(2)清除工程吊装范围内的障碍物，如旧建筑物、地下电缆管线等。

(3)敷设吊装用供水、供电、供气及通信线路。

(4)修建临时建筑物，如工地办公室、材料、机具仓库、工具房、电焊机房、工人休息室、开水房等。

📋 任务工单

根据所学知识，完成以下任务工单。

1. 任务目标

(1)熟悉钢结构安装施工的基本流程和要求。

(2)理解图纸会审的基本要点，并能识别图纸中的关键信息。

(3)掌握钢构件的编号和堆放方法。

(4)了解施工机具和材料的基本准备要求。

2. 任务内容

(1)图纸会审模拟。

1)分组进行图纸会审模拟，每组选择一份简单的钢结构施工图纸。

2)识别图纸中的构件类型、尺寸、连接方式和安装位置等关键信息。

3)讨论并记录图纸中可能存在的问题或不明确之处，提出解决方案或建议。

(2)钢构件编号与堆放模拟。

1)使用模拟的钢构件(如模型、卡片等)进行编号和堆放模拟。

2)根据构件的类型和安装顺序，制定合理的编号规则。

3)模拟构件在施工现场的堆放方式，确保堆放整齐、方便取用。

(3)施工机具和材料准备清单的制订。

1)根据模拟的钢结构安装任务，列出所需的施工机具和材料清单。

2)注明每种机具和材料的数量、规格和用途。

3)考虑机具和材料的存放和管理要求，制订相应的计划和措施。

(4)安全教育。

1)学习钢结构安装施工中的安全操作规程和注意事项。

2)了解常见的安全事故案例及其预防措施。

3. 任务要求

(1)需分组完成任务工单中的各项内容，并推选一名代表进行汇报。

(2)提交一份图纸会审记录表，包括关键信息的识别、问题记录及解决方案。

(3)提交钢构件编号与堆放模拟的示意图或照片，以及施工机具和材料准备清单。

(4)汇报时应包括任务完成的过程、遇到的问题及解决方法、心得体会等内容。

》》》任务6.2 钢结构安装施工

课前认知

本任务将全面解析钢结构安装施工的关键要点。将深入学习构件安装的各项要求，掌握单层钢结构的安装流程，包括钢柱、吊车梁、钢屋架等的安装技巧。同时，针对多层、高层钢结构的安装，将探讨流水段划分、节点构造等关键技术。

理论学习

6.2.1 构件安装要求

1. 钢柱安装

钢柱安装应符合下列规定：

(1)在进行柱脚安装时，锚栓宜使用导入器或护套。

(2)首节钢柱安装后应及时进行垂直度、标高和轴线位置校正，钢柱的垂直度可采用经纬仪或线坠测量；在校正合格后，钢柱应可靠固定，并应进行柱底二次灌浆，灌浆前应清除柱底板与基础面间杂物。

(3)首节以上的钢柱定位轴线应从地面控制轴线直接引上,不得从下层柱的轴线引上;钢柱校正垂直度时,应确定钢梁接头焊接的收缩量,并应预留焊缝收缩变形值。

(4)倾斜钢柱可采用三维坐标测量法进行测校,也可采用柱顶投影点结合标高进行测校,校正合格后宜采用刚性支撑固定。

2. 钢梁安装

钢梁安装应符合下列规定:

(1)钢梁宜采用两点起吊;当单根钢梁长度大于 21 m,采用两点吊装不能满足构件强度和变形要求时,宜设置 3~4 个吊装点吊装或采用平衡梁吊装,吊点位置应通过计算确定。

(2)钢梁可采用一机一吊或一机串吊的方式吊装,就位后应立即临时固定连接。

(3)钢梁面的标高及两端高差可采用水准仪与标尺进行测量,校正完成后应进行永久性连接。

3. 支撑安装

支撑安装应符合下列规定:

(1)交叉支撑应按从下到上的顺序组合吊装。

(2)无特殊规定时,支撑构件的校正应在相邻结构校正固定后进行。

(3)屈曲约束支撑应按设计文件和产品说明书的要求进行安装。

4. 桁架(屋架)安装

桁架(屋架)安装应在钢柱校正合格后进行,并应符合下列规定:

(1)钢桁架(屋架)可采用整榀或分段安装。

(2)钢桁架(屋架)应在起搬和吊装过程中防止产生变形。

(3)单榀钢桁架(屋架)在安装时应采用缆绳或刚性支撑增加侧向临时约束。

5. 钢板剪力墙安装

钢板剪力墙安装应符合下列规定:

(1)钢板剪力墙吊装时应采取防止平面外变形的措施。

(2)钢板剪力墙的安装时间和顺序应符合设计文件要求。

视频:电梯井
钢剪力墙
现场检查验收

6. 关节轴承节点安装

关节轴承节点安装应符合下列规定:

(1)关节轴承节点应采用专门的工装进行吊装和安装。

(2)轴承总成不应解体安装,就位后应采取临时固定措施。

(3)连接销轴与孔装配时应密贴接触,宜采用锥形孔、轴,应采用专用工具顶紧安装。

(4)安装完毕后应做好成品保护。

7. 钢铸件或铸钢节点安装

钢铸件或铸钢节点安装应符合下列规定:

(1)出厂时应标示清晰的安装基准标记。

(2)现场焊接应严格按焊接工艺专项方案施焊和检验。

8. 其他规定

(1)由多个构件在地面组拼的重型组合构件吊装时,吊点位置和数量应经过计算后确定。

(2)后安装构件应根据设计文件或吊装工况的要求进行安装,其加工长度应根据现场实际测量确定;当后安装构件与已完成结构采用焊接连接时,应采取减少焊接变形和减小焊接残余应力的措施。

6.2.2　单层钢结构

6.2.2.1　钢柱安装

1. 单层钢结构钢柱柱脚节点构造

（1）外露式铰接柱脚节点构造如图 6-1 所示。

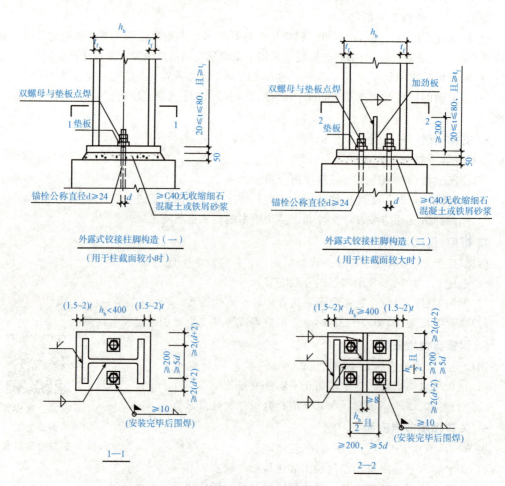

图 6-1　外露式铰接柱脚节点构造

1）柱翼缘与底板之间采用全焊透坡口对接焊缝连接，柱腹板及加劲板与底板之间采用双面角焊缝连接。

2）铰接柱脚的锚栓直径应根据钢柱板件厚度和底板厚度相协调的原则确定，一般取 24～42 mm，且不应小于 24 mm。锚栓的数目常采用 2 个或 4 个，同时，应与钢柱截面尺寸及安装要求相协调。当刚架跨度小于或等于 18 m 时，采用 2M24；当刚架跨度小于或等于 27 m 时，采用 4M24；当刚架跨度小于或等于 30 m 时，采用 4M30。锚栓安装时应采用具有足够刚度的固定架定位。柱脚锚栓均用双螺母或其他能防止螺帽松动的有效措施。

3）柱脚底板上的锚栓孔径宜取锚栓直径加 20 mm，锚栓螺母下的垫板孔径取锚栓直径加 2 mm，垫板厚度一般为 $(0.4～0.5)d$（d 为锚栓外径），但不应小于 20 mm，垫板边长取 $3(d+2)$。

（2）外露式刚接柱脚节点构造如图 6-2 所示。

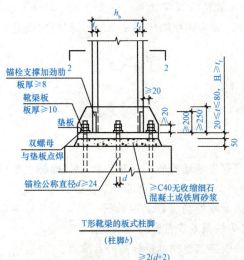

图 6-2 外露式刚接柱脚节点构造

1)外露式刚接柱脚，一般均应设置加劲肋，以加强柱脚刚度。

2)柱翼缘与底板之间采用全焊透坡口对接焊缝连接，柱腹板及加劲板与底板之间采用双面角焊缝连接。角焊缝焊脚尺寸不得小于 $1.5\sqrt{t_{min}}$，不宜大于 $1.2t_{max}$，且不宜大于 16 mm（t_{min} 和 t_{max} 分别为较薄和较厚板件的厚度）。

3)刚接柱脚锚栓承受拉力和作为安装固定之用，一般采用 Q235 钢制作。锚栓的直径不宜小于 24 mm。底板的锚栓孔径不得小于锚栓直径加 20 mm；锚栓垫板的锚栓孔径取锚栓直径加 2 mm。锚栓螺母下垫板的厚度一般为 $(0.4\sim0.5)d$，但不宜小于 20 mm，垫板边长取 $3(d+2)$。锚栓应采用双螺母紧固。为使锚栓能准确锚固于设计位置，应采用具有足够刚度的固定架。

（3）插入式刚接柱脚节点构造如图 6-3 所示。

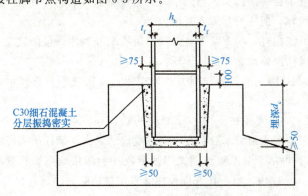

图 6-3 插入式刚接柱脚节点构造

对于非抗震设计，插入式柱脚埋深 $d_c \geqslant 1.5h_b$，且 $d_c \approx 500$ mm，不应小于吊装时钢柱长度的 1/20；对于抗震设计，插入式柱脚埋深 $d_c \geqslant 2h_b$，同时应满足下式要求：

$$d_0 = \sqrt{\frac{6M}{b_c f_c}}$$

式中　M——柱底弯矩设计值；

　　　b_c——翼缘宽度；

　　　f_c——混凝土轴心抗压强度设计值。

2. 柱基检验

(1)构件安装前，必须取得基础验收的合格资料。基础施工单位可分批或一次交给，但每批所交的合格资料应是一个安装单元的全部桩基基础。

(2)安装前应根据基础验收资料复核各项数据，并应标注在基础表面上。支承面、支座和地脚螺栓的位置和标高等的偏差应符合相关的规定。

(3)复核定位应使用轴线控制点和测量标高的基准点。

(4)钢柱脚下面的支撑构造应符合设计要求。需要填垫钢板时，每摞不得多于 3 块。

(5)钢柱脚底板面与基础之间的空隙，应采用细石混凝土浇筑密实。

3. 标高观测点与中心线标志设置

钢柱安装前应设置标高观测点和中心线标志，同一工程的观测点和标志设置位置应一致。

(1)标高观测点的设置应符合下列规定：

1)标高观测点的设置以牛腿(肩梁)支承面为基准，设置在柱的便于观测处。

2)无牛腿(肩梁)柱，应以柱顶端与屋面梁连接的最上一个安装孔中心为基准。

(2)中心线标志的设置应符合下列规定：

1)在柱底板上表面上行线方向设置一条中心标志，列线方向两侧各设置一个中心标志。

2)在柱身表面上行线和列线方向各设置一条中心线，每条中心线在柱底部、中部(牛腿或肩梁部)和顶部各设置一处中心标志。

3)双牛腿(肩梁)柱在行线方向两个柱身表面分别设置中心标志。

4. 钢柱吊装

(1)钢柱的安装方法有旋转吊装法和滑行吊装法两种。单层轻钢结构钢柱应采用旋转法吊装。

1)采用旋转法吊装柱时，柱脚宜靠近基础，柱的绑扎点、柱脚中心与基础中心三者应位于起重机的同一起重半径的圆弧上。当起吊时，起重臂边升钩、边回转，柱顶随起重钩的运动，也边升起、边回转，把柱吊起插入基础。

2)采用滑行法吊装柱时，起重臂不动，仅起重钩上升，柱顶也随之上升，而柱脚则沿地面滑向基础，直至将柱提离地面，把柱子插入杯口。

(2)吊升时，宜在柱脚底部拴好拉绳并垫以垫木，以防止钢柱起吊时，柱脚拖地和碰坏地脚螺栓。

(3)钢柱对位时，一定要使柱子中心线对准基础顶面安装中心线，并使地脚螺栓对孔，注意钢柱垂直度，在基本达到要求后，方可落下就位。通常，钢柱吊离杯底 30～50 mm。

(4)对位完成后，可用 8 只木楔或钢楔打紧帮或拧上四角地脚螺栓临时固定。钢柱垂直度偏差应控制在 20 mm 以内。重型柱或细长柱除采用楔块临时固定外，必要时可增设缆风绳拉锚。

5. 钢柱校正

(1)柱基标高调整。根据钢柱实际长度、柱底平整度、钢牛腿顶部距柱底部的距离，控制基础找平标高，如图6-4所示。其重点是保证钢牛腿顶部标高值。

柱基标高的调整方法为柱安装时，在柱子底板下的地脚螺栓上加一个调整螺母，把螺母上表面的标高调整到与柱底板标高齐平，放上柱子后，利用底板下的螺母控制柱子的标高，精度可达到±1 mm以内。用无收缩砂浆以捻浆法填实柱子底板下面预留的空隙。

(2)钢柱垂直度校正。钢柱吊装柱脚穿入基础螺栓就位后，柱子校正工作主要是对标高进行调整和对垂直度进行校正，对钢柱垂直度的校正可采用起吊初校、加千斤顶复校的办法。其操作要点如下：

1)对钢柱垂直度的校正，可在吊装柱到位后，利用起重机的起重臂回转进行初校，一般钢柱垂直度控制在20 mm之内，拧紧柱底地脚螺栓，起重机方可松钩。

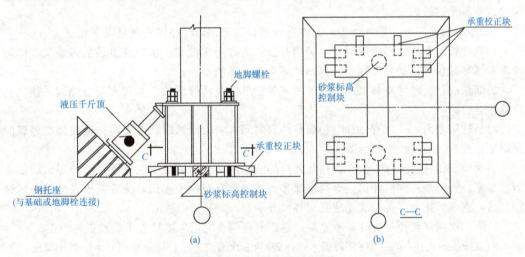

图6-4　柱基标高调整示意
1—地脚螺栓；2—止松螺母；3—紧固螺母；
4—螺母垫板；5—柱脚底板；
6—调整螺母；7—钢筋混凝土基础

2)在用千斤顶复校的过程中，须不断观察柱底和砂浆标高控制块之间是否有间隙，以防止在校正过程中顶升过渡造成水平标高产生误差。待垂直度校正完毕，再度紧固地脚螺栓，并塞紧柱子底部四周的承重校正块(每摞不得多于3块)，并用电焊定位固定，如图6-5所示。

图6-5　用千斤顶校正垂直度
(a)千斤顶校正垂直度；(b)千斤顶校正的整剖面

3)为了防止钢柱在垂直度校正过程中产生轴线位移，应在位移校正后在柱子底脚四周用4~6块厚度为10 mm的钢板作定位靠模，并用电焊与基础预埋件焊接固定，防止移动。

(3)平面位置校正。钢柱底部制作时，在柱底板侧面用钢冲打出互相垂直的十字线上的4个点，作为柱底定位线。在起重机不脱钩的情况下，将柱底定位线与基础定位轴线对准缓慢落至标高位置，就位后如果有微小的偏

视频：柱身
垂直度调整

195

差，用钢楔子或千斤顶侧向顶移动校正。预埋螺杆与柱底板螺孔有偏差时，适当加大螺孔，上压盖板后焊接。

6. 钢柱固定

（1）临时固定。柱子插入杯口就位并初步校正后，即用钢或硬木楔临时固定。当柱插入杯口使柱身中心线对准杯口或杯底中心线后刹车，用撬杠拨正，在柱与杯口壁之间的四周空隙，每边塞入两块钢或硬木楔，再将柱子落到杯底并复查对线，接着同时打紧两侧的楔子，如图6-6所示，起重机即可松绳脱钩进行下一根柱的吊装。

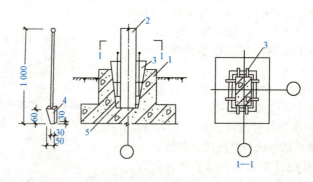

图6-6　柱子临时固定方法

1—杯形基础；2—柱；3—钢或木楔；
4—钢塞；5—嵌小钢塞或卵石

重型或高在10 m以上的细长柱及杯口较浅的柱，如果遇刮风天气，应在大面两侧加缆风绳或支撑来临时固定。

（2）钢柱最后固定。钢柱校正后，应立即进行固定，同时还需要满足以下规定：

1）钢柱校正后应立即灌浆固定。若当日校正的柱子未灌浆，次日应复核后再灌浆，以防止因刮风导致楔子松动变形和千斤顶回油等而产生新的偏差。

2）灌浆（灌缝）时应将杯口间隙内的木屑等建筑垃圾清除干净，并用水充分湿润，使之能良好结合。

3）当柱脚底面不平（凹凸或倾斜）或与杯底之间有较大间隙时，应先灌一层同强度等级的稀砂浆，充满后再灌注细石混凝土。

4）无垫板钢柱固定时，应在钢柱与杯口的间隙内灌注比混凝土强度等级高一等级的细碎石混凝土。先清理并湿润杯口，分两次灌浆，第一次灌至楔子底面，待混凝土强度等级达到25％后，将楔子拔出，再二次灌注到与杯口齐平。

5）第二次灌浆前须复查柱子垂直度，超出允许误差时应采取措施重新校正并纠正。

6）有垫板安装柱（包括钢柱杯口插入式柱脚）的二次灌浆方法，通常采用赶浆法或压浆法。

①赶浆法是在杯口一侧灌注强度等级高一级的无收缩砂浆（掺水泥用量0.03‰～0.05‰的铝粉）或细石混凝土，用细振捣棒振捣使砂浆从柱底的另一侧挤出，待填满柱底周围约为10 cm高，接着在杯口四周均匀地灌注细石混凝土至与杯口齐平。

②压浆法是在杯口空隙插入压浆管与排气管，先灌注高度为20 cm混凝土，并插捣密实，然后开始压浆，待混凝土被挤压上拱，停止顶压，再灌注高度为20 cm的混凝土顶压一次，即可拔出压浆管和排气管，继续灌注混凝土至杯口。压浆法适用于截面很大、垫板高度较薄的杯底灌浆。

7）捣固混凝土时，应严防碰动楔子而造成柱子倾斜。

8）采用缆风绳校正的柱子，待二次所灌注混凝土强度达到70％，方可拆除缆风绳。

7. 钢柱安装允许偏差

单层钢结构中柱子安装允许偏差应符合表 6-3 的规定。

表 6-3　单层钢结构中柱子安装允许偏差　　　　　　　　　　　　　　mm

项目		允许偏差/mm	图例	检验方法
柱脚底座中心线对定位轴线的偏移 △		5.0		用吊线和钢尺等实测
柱子定位轴线 △		1.0		—
柱基准点标高	有吊车梁的柱	$+3.0$ -5.0		用水准仪等实测
	无吊车梁的柱	$+5.0$ -8.0		
弯曲矢高		$H/1\,200$，且不大于 15.0	—	用经纬仪或拉线和钢尺等实测
柱轴线垂直度	单节柱	$H/1\,000$，且不大于 25.0		用经纬仪或吊线和钢尺等实测
	多层柱 单节柱	$H/1\,000$，且不大于 10.0		
	柱全高	35.0		
钢柱安装偏差		3.0		用钢尺等实测
同一层柱的各柱顶高度差 △		5.0		用全站仪、水准仪等实测

6.2.2.2 吊车梁安装

1. 安装前的检查

（1）检查定位轴线。吊车梁吊装前应严格控制定位轴线，认真做好钢柱底部临时标高垫块的设备工作，密切注意钢柱吊装后的位移和垂直度偏差数值。

（2）复测吊车梁纵横轴线。安装前，应对吊车梁的纵横轴线进行复测和调整。钢柱的校正应将有柱间支撑的作为标准排架认真对待，从而控制其他柱子纵向的垂直偏差和竖向构件吊装时的累积误差；在已吊装完成的柱间支撑和竖向构件的钢柱上复测吊车梁的纵横轴线，并进行调整。

（3）调整牛腿面的水平标高。安装前，调整搁置钢吊车梁牛腿面的水平标高时，应先用水准仪（精度为±3 mm/km）测量出每根钢柱上原先弹出的±0.000基准线在柱子校正后的实际变化值。一般实测钢柱横向近牛腿处的两侧，同时做好实测标记。

根据各钢柱搁置吊车梁牛腿面的实测标高值，定出全部钢柱搁置吊车梁牛腿面的统一标高值，以统一标高值为基准，得出各搁置吊车梁牛腿面的标高差值。

根据各个标高差值和吊车梁的实际高差来加工不同厚度的钢垫板。同一搁置吊车梁牛腿面上的钢垫板一般应分成两块加工，以利于两根吊车梁端头高度值不同的调整。

在吊装吊车梁前，应先将精加工过的垫板点焊在牛腿面上。

2. 吊车梁的绑扎

（1）钢吊车梁一般绑扎两点。绑扎时吊索应等长，左右绑扎点对称。

（2）对于设有预埋吊环的吊车梁，可用带钢钩的吊索直接钩住吊环起吊；对于自重较大的梁，应用卡环与吊环吊索相互连接在一起。

（3）对于未设吊环的吊车梁，在绑扎时，应在梁端靠近支点处，用轻便吊索配合卡环绕吊车梁（或梁）下部左右对称绑扎，或用工具式吊耳吊装，如图6-7所示。

（4）在绑扎时，吊车梁棱角边缘处应衬以麻袋片、汽车废轮胎块、半边钢管或短方木护角。同时，在梁一端需拴好溜绳（拉绳），以防止其就位时左右摆动，碰撞柱子。

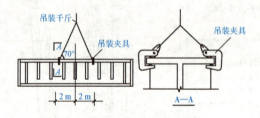

图6-7 利用工具式吊耳吊装

3. 吊车梁的起吊与就位

（1）吊车梁的吊装须在柱子最后固定，柱间支撑安装后进行。

（2）在屋盖吊装前安装吊车梁，可使用各种起重机。一般采用与柱子吊装相同的起重机或桅杆，用单机起吊；对于24 m、36 m重型吊车梁，可采用双机抬吊的方法。

（3）如屋盖已吊装完成，则应用短臂履带式起重机或独脚桅杆吊装，起重臂杆高度应比屋架下弦低0.5 m以上。如无起重机，也可在屋架端头、柱顶拴倒链安装。

（4）吊车梁应布置后接近安装的位置，使梁重心对准安装中心，安装可由一端向另一端，或从中间向两端顺序进行。

（5）当梁吊至设计位置离支座面20 cm时，用人力扶正，使梁中心线与支承面中心线（或已安装的相邻梁中心线）对准，并使两端搁置长度相等，然后缓慢落下。如有偏差，稍吊起用撬杠引导正位，如支座不平，用斜铁片垫平。

（6）当梁高度与宽度之比大于4或遇5级以上大风时，脱钩前，应用8号钢丝将梁捆于柱上临时固定，以防止倾倒。

4. 吊车梁垂直度及水平度的控制

（1）吊车梁吊装前，应测量支撑处的高度和牛腿距柱底的高度。如有偏差，可用垫铁在基础平面上或牛腿支承面上予以调整。

（2）为防止垂直度、水平度超差，吊车梁吊装前应认真检查其变形情况，当发生扭曲等变形时应予以矫正，并采取刚性加固措施防止吊装再变形。吊装时应根据梁的长度，采用单机或双机进行。

（3）安装时应按梁的上翼缘平面事先画的中心线，进行水平移位、梁端间隙的调整，达到规定的标准要求后，再进行梁端部与柱的斜撑等连接。

（4）吊车梁各部位置基本固定后应认真复测有关安装的尺寸，按要求达到质量标准后，再进行制动架的安装和紧固。

（5）防止吊车梁垂直度、水平度超差，应认真搞好校正工作。

5. 吊车梁的定位校正

吊车梁的定位校正应在梁全部安装完成，屋面构件校正并最后固定后进行，并应符合下列规定：

（1）校正内容。吊车梁的校正内容包括中心线（位移）、轴线间距（跨距）、标高垂直度等。纵向位移在就位时已校正，故校正主要为横向位移。

（2）校正机具。高低方向校正主要是对梁的端部标高进行校正，可用起重机吊空、特殊工具抬空、油压千斤顶顶空，然后在梁底填设垫块。

水平方向移动校正常用撬杠、钢楔、花篮螺栓、倒链和油压千斤顶进行。一般重型吊车梁用油压千斤顶和倒链使其在水平方向上的移动较为方便[图6-8（a）]。

（3）校正顺序。吊车梁的校正顺序是先校正标高，待屋盖系统安装完成后再校正、调整其他项目，这样可防止因屋盖安装而引起钢柱变形，从而影响吊车梁的垂直度和水平度。质量较重的吊车梁也可边安装边校正。

（4）标高校正。校正吊车梁的标高时，可以将水平仪放置在厂房中部某一吊车梁上或地面上，先在柱上测出一定高度的水准点，再用钢尺或样杆量出水准点至梁面铺轨需要的高度。每根梁观测两端及跨中三点，根据测定标高进行校正，校正时用撬杠撬起或在柱头屋架上弦端头节点上挂倒链，将吊车梁需垫垫板的一端吊起。重型柱在梁一端下部用千斤顶顶起，填塞铁片，如图6-8（b）所示。在校正标高的同时，用靠尺或线坠在吊车梁的两端（鱼腹式吊车梁在跨中）测垂直度，如图6-9所示。当偏差超过规范允许偏差（一般为5 mm）时，用楔形钢板在一侧填塞纠正。

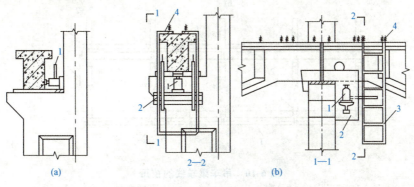

图6-8　用千斤顶校正吊车梁

（a）千斤顶校正侧向位移；（b）千斤顶校正垂直度

1—液压（或螺栓）千斤顶；2—钢托架；3—钢爬梯；4—螺栓

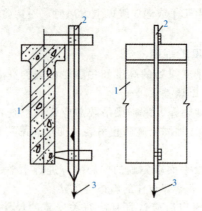

图 6-9 吊车梁垂直度的校正
1—吊车梁；2—靠尺；3—线坠

(5)校正中心线与跨距。校正吊车梁中心线与起重机跨距时，先在起重机轨道两端的地面上根据柱轴线放出起重机轨道轴线，用钢尺校正两轴线的距离，再用经纬仪放线、钢丝挂线坠或在两端拉钢丝等方法校正，如图 6-10 所示。如有偏差，用撬杠拨正，或在梁端设螺栓、液压千斤顶侧向顶正，如图 6-9 所示，或在柱头挂倒链将吊车梁吊起或用杠杆将吊车梁抬起，如图 6-11 所示，再用撬杠配合移动拨正。

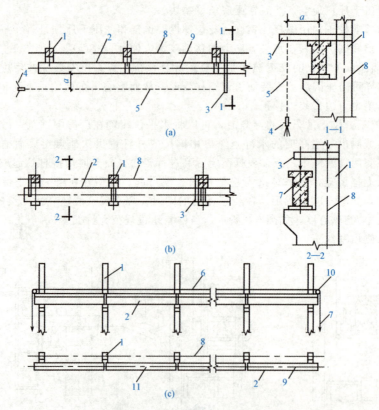

图 6-10 吊车梁轴线的校正
(a)仪器法校正；(b)线坠法校正；(c)通线法校正
1—柱；2—吊车梁；3—短木尺；4—经纬仪；5—经纬仪与梁轴线平行视线；
6—钢丝；7—线坠；8—柱轴线；9—吊车梁轴线；10—钢管或圆钢；11—偏离中心线的吊车梁

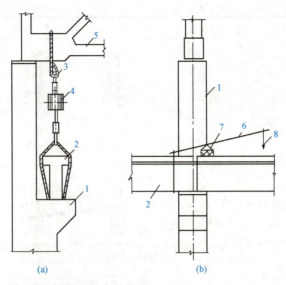

图 6-11　用悬挂法和杠杆法校正吊车梁

(a)悬挂法校正；(b)杠杆法校正

1—柱；2—吊车梁；3—吊索；4—倒链；5—屋架；6—杠杆；7—支点；8—着力点

6. 吊车梁的固定

吊车梁校正完毕后应立即将吊车梁与柱牛腿上的埋设件焊接固定，在梁柱接头处支侧模，浇筑细石混凝土并养护。

7. 吊车梁安装的允许偏差

根据《钢结构工程施工质量验收标准》(GB 50205—2020)的规定，钢吊车梁安装允许偏差见表 6-4。

表 6-4　钢吊车梁安装允许偏差　　　　　　　　　　　　　　　mm

项目		允许偏差	图例	检验方法
梁的跨中垂直度 Δ		$h/500$		用吊线和钢尺检查
侧向弯曲矢高		$l/1\,500$，且不大于 10.0	—	用拉线和钢尺检查
垂直上拱矢高		10.0		
两端支座中心位移 Δ	安装在钢柱上时，对牛腿中心的偏移	5.0		
	安装在混凝土柱上时，对定位轴线的偏移			
吊车梁支座加劲板中心与柱子承压加劲板中心的偏移 Δ_1		$t/2$		用吊线和钢尺检查

项目		允许偏差	图例	检验方法
同跨间内同一横截面吊车梁顶面高差 △	支座处	l/1 000，且不大于 10.0	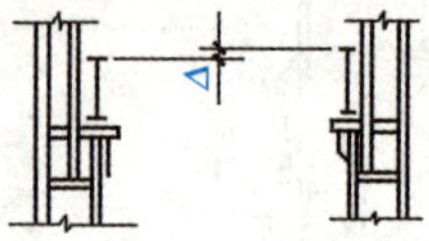	用经纬仪、水准仪和钢尺检查
	其他处	15.0		
同跨间内同一横截面下挂式吊车梁底面高差 △		10.0	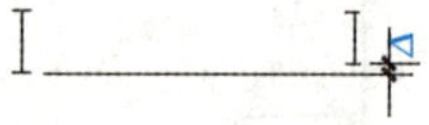	
同列相邻两柱间吊车梁顶面高差 △		l/1 500，且不大于 10.0	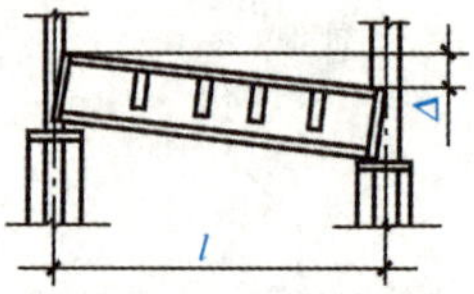	用水准仪和钢尺检查
相邻两吊车梁接头部位 △	中心错位	3.0	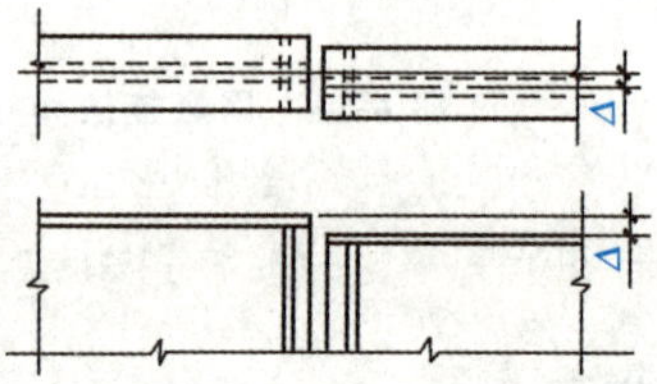	用钢尺检查
	上承式顶面高差	1.0		
	下承式底面高差			
同跨间任一截面的吊车梁中心跨距 △		±10.0	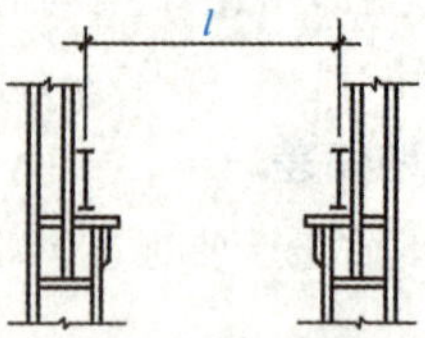	用经纬仪和光电测距仪检查；跨度小时，可用钢尺检查
轨道中心对吊车梁腹板轴线的偏移 △		t/2	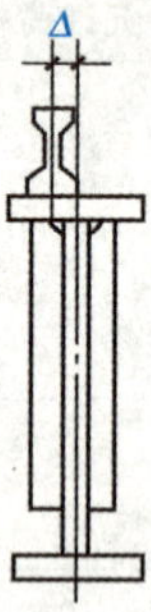	用吊线和钢尺检查

6.2.2.3 钢屋架安装

1. 钢屋架绑扎

（1）当屋架跨度小于或等于 18 m 时，采用两点绑扎；当屋架跨度大于 18 m 时，需要采用四点绑扎；当屋架跨度大于 30 m 时，应考虑采用横吊梁，以降低绑扎高度。

（2）绑扎时，吊索与水平线的夹角不应小于 45°，以免屋架上弦承受压力过大。

2. 钢屋架吊装

（1）在屋架吊装前，应用经纬仪或其他工具在柱顶放出建筑物的定位轴线。如柱顶截面中线与定位轴线偏差过大，应调整纠正。

（2）当屋架吊升时，应先将屋架吊离地面约 300 mm，然后将屋架转至吊装位置下方，再将屋架提升超过柱顶约 30 cm，然后将屋架缓慢降至柱顶，进行对位。

（3）屋架对位应以建筑物的定位轴线为准。

（4）屋架对位后，应将屋架扶直。根据起重机与屋架相对位置的不同，屋架扶直的方式也不相同，大致有以下两种：

1）正向扶直：起重机位于屋架下弦一侧，扶直时屋架以下弦为轴缓缓转直，如图 6-12（a）所示。

2）反向扶直：起重机位于屋架上弦一侧，扶直时屋架以上弦为轴缓缓转直，如图 6-12（b）所示。

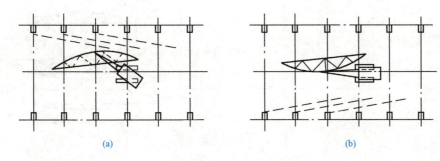

（a）   （b）

图 6-12　屋架的扶直

（a）正向扶直；（b）反向扶直

（5）钢屋架扶直后应立即进行就位。按位置的不同，就位可分为同侧就位和异侧就位两种。

1）同侧就位时，屋架的预制位置与就位位置均在起重机开行路线的同一边。

2）异侧就位时，需要将屋架由预制的一边转至起重机开行路线的另一边。

（6）屋架就位按方式可分为靠柱边斜向就位和靠柱边成组纵向就位。

屋架成组纵向就位时，一般以 4 榀或 5 榀为一组靠柱边顺轴线纵向就位。屋架与柱之间、屋架与屋架之间的净距大于 20 cm，相互之间用钢丝及支撑拉紧撑牢。每组屋架之间应留 3 m 左右的间距作为横向通道。

（7）屋架对位后，立即进行临时固定。临时固定稳妥后，起重机方可摘去吊钩。

1）第一榀屋架就位后，一般在其两侧各设置两道缆风绳作为临时固定，并用缆风绳校正垂直度。当厂房有抗风柱并已吊装就位时，也可将屋架与抗风柱连接作为临时固定。

2）第二榀及以后各榀屋架的临时固定，是用屋架校正器撑牢在上一榀的屋架上，作为临时固定。15 m 跨以内的屋架用一根校正器，18 m 跨以上的屋架用两根校正器。

3. 钢屋架校正与固定

屋架经对位、临时固定后，主要校正屋架垂直度偏差。有关规范规定：屋架上弦（在跨中）对通过两支座中心垂直面的偏差不得大于 $h/250$（h 为屋架高度）。检查时可用锤球或经纬仪。

钢屋架经校正无误后，应立即用电焊焊牢作为最后固定，应对角施焊，以防止焊缝收缩导致屋架倾斜。

4. 钢屋架安装的允许偏差

钢屋架安装的允许偏差见表6-5。

表6-5 钢屋架安装允许偏差

项目	允许偏差		图例
跨中的垂直度	$h/250$，且不应大于 15.0		
侧向弯曲矢高 f	$l \leqslant 30$ m	$l/1\ 000$，且不大于 10.0	
	30 m$<l\leqslant$60 m	$l/1\ 000$，且不大于 30.0	
	$l>$60 m	$l/1\ 000$，且不大于 50.0	

6.2.2.4　钢桁架和水平支撑安装

1. 钢桁架的安装

(1)钢桁架可用自行杆式起重机(尤其是履带起重机)、塔式起重机等进行安装。由于桁架的跨度、质量和安装高度不同，因此，适合的安装机械和安装方法也各不相同。

(2)桁架多用悬空吊装，为使桁架在吊起后不致发生摇摆、与其他构件碰撞等现象，起吊前在离支座节间附近需要用麻绳系牢，随吊随放松，以此保证其位置正确。

(3)桁架的绑扎点要保证桁架的吊装稳定性，否则就需在吊装前进行临时加固。

(4)钢桁架的侧向稳定性较差，在吊装机械的起重量和起重臂长度允许的情况下，最好经扩大拼装后进行组合吊装，即在地面上将两榀桁架及其上的天窗架、檩条、支撑等拼装成整体，一次进行吊装，这样不但可提高吊装效率，也有利于保证其吊装的稳定性。

(5)桁架临时固定如需要用临时螺栓和冲钉，则每个节点处应穿入的数量必须由计算确定。

(6)钢桁架要检验校正其垂直度和弦杆的正直度。桁架的垂直度可用挂线锤球检验，弦杆的正直度则可用拉紧的测绳进行检验。

(7)钢桁架需使用电焊或高强度螺栓进行最后的固定。

2. 水平支撑的安装

(1)严格控制下列构件制作、安装时的尺寸偏差。

1)控制钢屋架的制作尺寸和安装位置的准确。

2)控制水平支撑在制作时的尺寸不产生偏差：采用焊接连接时，应用放实样法确定总长尺寸；采用螺栓连接时，应通过放实样法制出样板来确定连接板的尺寸；号孔时应使用统一样板进行；钻孔时要使用统一固定模具钻孔；拼装时，应按实际连接的构件长度尺寸、连接的位置，在底样上用挡铁准确定位进行拼装；为防止水平支撑产生上拱或下挠，在保证其总长尺寸不产生偏差的条件下，可将连接的孔板用螺栓临时连接在水平支撑的端部，待安装时与屋架相连。如水平支撑的制作尺寸及屋架的安装位置都能保证准确时，也可将连接板按位置先焊在屋架上，安装时可直接将水平支承与屋架孔板连接。

（2）吊装时，应采用合理的吊装工艺，以防止构件产生弯曲变形。应采用下列方法防止吊装变形：

1）如十字水平支承长度较长、型钢截面较小、刚性较差，吊装前应用圆木杆等材料进行加固。

2）吊点位置应合理，使其受力重心在平面内均匀受力，以吊起时不产生下挠为准。

（3）安装时应使水平支撑稍作上拱略大于水平状态与屋架连接，使安装后的水平支承能消除下挠；当连接位置发生较大偏差不能安装就位时，不宜采用牵拉工具用较大的外力强行入位连接，否则不仅会使屋架下弦侧向弯曲或水平支撑发生过大的上拱或下挠，还会使连接构件存在较大的结构应力。

6.2.2.5 檩条、墙架安装

1. 檩条、墙架的吊装校正与固定

（1）檩条与墙架等构件单位截面较小，质量较轻，为发挥起重机效率，多采用一钩多吊或成片吊装方法，如图 6-13 所示。对于不能进行平行拼装的拉杆和墙架、横梁等，可根据其架设位置，用长度不等的绳索进行一钩多吊。为防止变形，可用木杆加固。

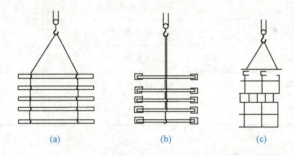

(a)　　　　　　　(b)　　　　　　　(c)

图 6-13　檩条、拉杆、墙架吊装

（a）檩条一钩多吊；（b）拉杆一钩多吊；（c）墙架成片吊装

（2）檩条、拉杆、墙架主要是尺寸和自身平直度的校正。间距检查可用样杆顺着檩条或墙架杆件之间来回移动检验，如有误差，可放松或拧紧檩条、墙架、杆件之间的螺栓进行校正。

平直度用拉线和长靠尺或钢直尺检查，校正后，用电焊或螺栓最后固定。

2. 钢梁和剪力板的吊装校正与固定

（1）吊装前对梁的型号、长度、截面尺寸和牛腿位置、标高进行检查。安装上安全扶手和扶手绳（就位后拴在两端柱上），在钢梁上翼缘处适当位置开孔作为吊点。

（2）吊装采用塔式起重机，主梁一次吊一根，两点绑扎起吊。次梁和小梁可采用多头吊索，一次吊装数根，以充分发挥起重机的起重能力。

（3）当一节钢框架吊装完毕，即需要对已吊装的柱、梁进行误差检查和校正。对于控制柱网的基准柱用线坠或激光仪观测，其他柱根据基准柱用钢卷尺测量。

（4）梁校正完毕，用高强度螺栓临时固定后，再进行柱校正，紧固连接高强度螺栓、焊接柱节点和梁节点，进行超声波检验。

（5）墙剪力板的吊装在梁柱校正固定后进行。剪力板整体组装校正检验尺寸后从侧向吊入（图 6-14），就位找正后用螺栓固定。

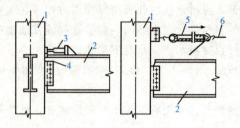

图 6-14　剪力板吊装

1—钢柱；2—钢梁；3—剪力板；
4—安装螺栓；5—卡环；6—吊索

3. 檩条、墙架等次要构件安装的允许偏差

檩条、墙架等次要构件安装允许偏差见表 6-6。

表 6-6　墙架、檩条等次要构件安装允许偏差　　　　　　　　　　mm

项目		允许偏差	检验方法
墙架立柱	中心线对定位轴线的偏移	10.0	用钢尺检查
	垂直度	$H/1\ 000$，且不大于 10.0	用经纬仪或吊线和钢尺检查
	弯曲矢高	$H/1\ 000$，且不大于 15.0	
抗风柱、桁架的垂直度		$h/250$，且不大于 15.0	用吊线和钢尺检查
檩条、墙梁的间距		±5.0	用钢尺检查
檩条的弯曲矢高		$l/750$，且不大于 12.0	用拉线和钢尺检查
墙梁的弯曲矢高		$l/750$，且不大于 10.0	

6.2.3　多层、高层钢结构

6.2.3.1　流水段划分

多层及高层钢结构宜划分多个流水作业段进行安装，流水段宜以每节框架为单位。流水段划分应符合下列规定：

(1)流水段内的最重构件应在起重设备的起重能力范围内。

(2)起重设备的爬升高度应满足下节流水段内构件的起吊高度。

(3)每节流水段内的柱长度应根据工厂加工、运输堆放、现场吊装等因素确定，长度宜取 2 个或 3 个楼层高度，分节位置宜在梁顶标高以上 1.0～1.3 m 处。

(4)流水段的划分应与混凝土结构施工相适应。

(5)每节流水段可根据结构特点和现场条件在平面上划分流水区进行施工。

6.2.3.2　多层及高层钢结构节点构造

1. 多层及高层钢结构柱脚节点构造

(1)外露式 I 形截面柱的铰接柱脚节点构造如图 6-15 所示。

1)柱底端面磨平顶紧。其翼缘与底板之间宜采用半熔透的坡口对接焊缝连接。柱腹板及加劲板与底板之间宜采用双面角焊缝连接。

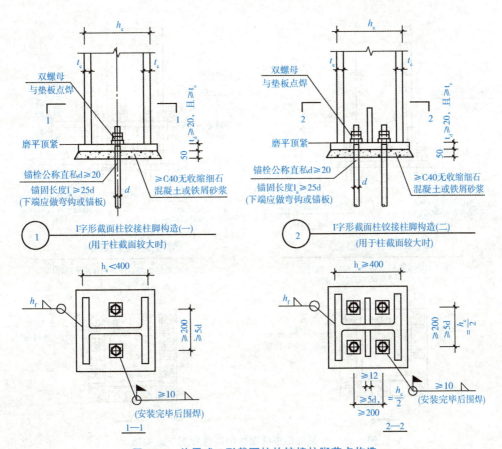

图 6-15 外露式 I 形截面柱的铰接柱脚节点构造

2)基础顶面和柱脚底板之间须二次浇灌大于或等于 C40 无收缩细石混凝土或铁屑砂浆，施工时应采用压力灌浆。

3)铰接柱脚的锚栓仅作安装过程的固定之用，其直径应根据钢柱板件厚度和底板厚度相协调的原则确定，一般取 20～42 mm。

4)锚栓应采用 Q235 钢制作，安装时应采用固定架定位。

5)柱脚底板上的锚栓孔径宜取锚栓外径的 1.5 倍，锚栓螺母下的垫板孔径取锚栓直径加 2 mm，垫板厚度一般为 $(0.4～0.5)d$ （d 为锚栓外径），但不宜小于 20 mm。

（2）外露式箱形截面柱的刚性柱脚节点构造如图 6-16 所示。

1)当为抗震设防的结构时，柱底与底板之间宜采用完全熔透的坡口对接焊缝连接，加劲板与底板之间采用双面角焊缝连接。当为非抗震设防的结构时，柱底宜磨平顶紧，并在柱底采用半熔透的坡口对接焊缝连接，加劲板采用双面角焊缝连接。

2)基础顶面和柱脚底板之间需二次浇灌，用大于或等于 C40 无收缩细石混凝土或铁屑砂浆，施工时应采用压力灌浆。

3)刚性柱脚的锚栓在弯矩作用下承受拉力，同时，也在安装过程中起固定之用，其锚栓直径一般多在 30～76 mm 的范围内使用。柱脚底板和支撑托座上的锚栓孔径一般宜取锚栓外径的 1.5 倍。

4)锚栓应采用 Q235 钢制作，以保证柱脚转动时锚栓的变形能力，安装时应采用固定架定位。

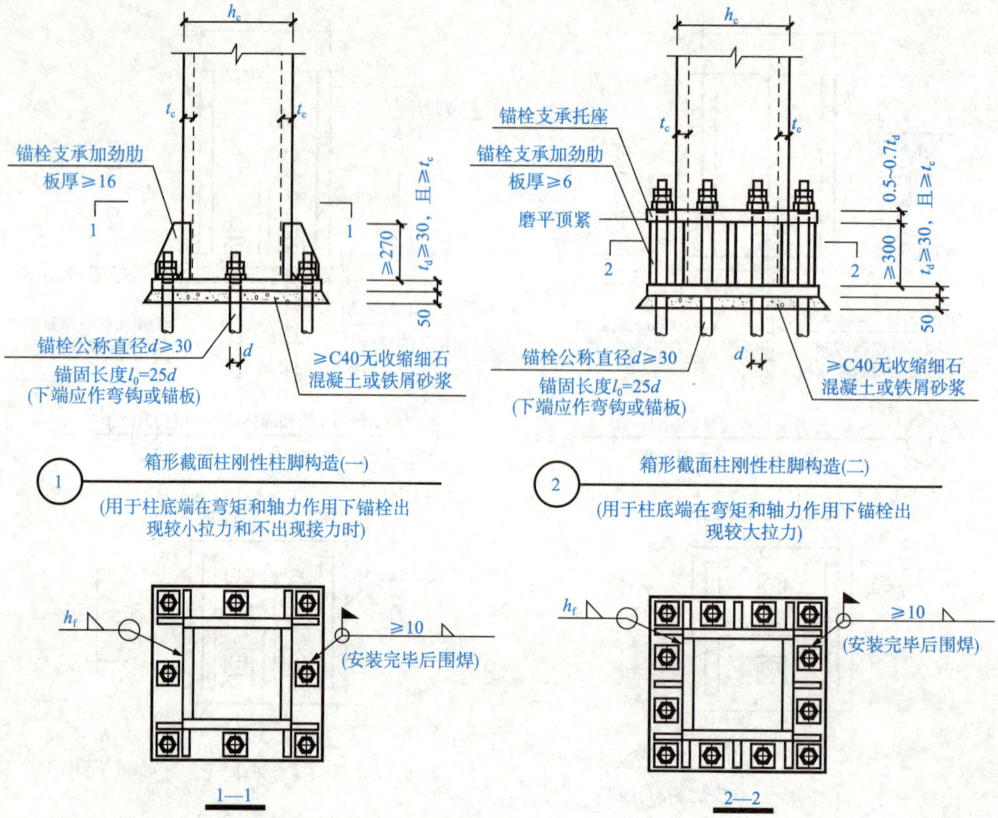

h_c
t_c
t_c
锚栓支承加劲肋
板厚≥16
1
1
≥270
t_d≥30，且≥t_c
50
锚栓公称直径d≥30
d
锚固长度l_0=25d
(下端应作弯钩或锚板)
≥C40无收缩细石
混凝土或铁屑砂浆
1
箱形截面柱刚性柱脚构造(一)
(用于柱底端在弯矩和轴力作用下锚栓出
现较小拉力和不出现接力时)
h_c
锚栓支承托座
t_c
t_c
锚栓支承加劲肋
板厚≥6
磨平顶紧
2
2
0.5~0.7t_d
≥300
t_d≥30，且≥t_c
50
锚栓公称直径d≥30
d
锚固长度l_0=25d
(下端应作弯钩或锚板)
≥C40无收缩细石
混凝土或铁屑砂浆
2
箱形截面柱刚性柱脚构造(二)
(用于柱底端在弯矩和轴力作用下锚栓出
现较大拉力)
h_f
≥10
(安装完毕后围焊)
1—1
h_f
≥10
(安装完毕后围焊)
2—2

图 6-16 外露式箱形截面柱的刚性柱脚节点构造

(3)外露式I形截面柱及十字形截面柱的刚性柱脚节点构造如图6-17所示。

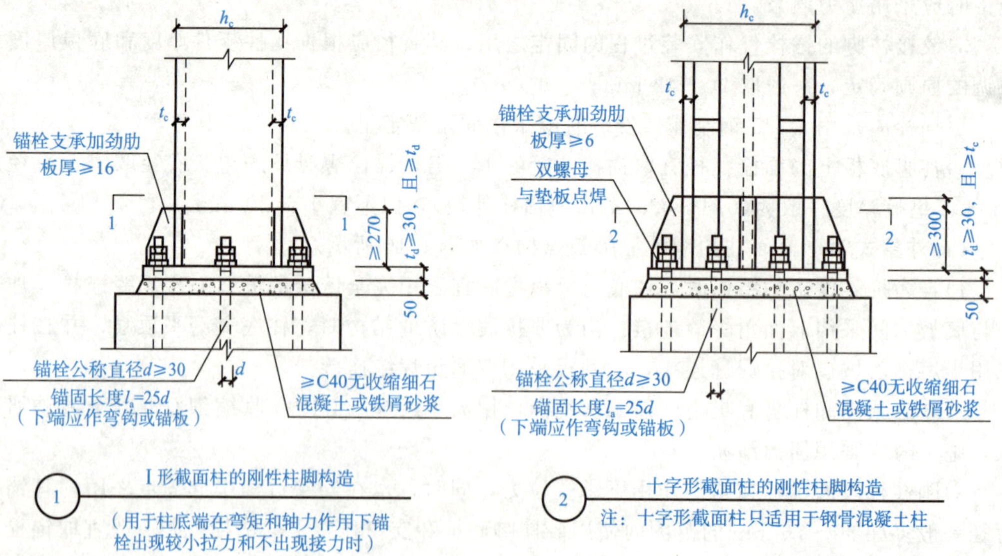

h_c
t_c
t_c
锚栓支承加劲肋
板厚≥16
1
1
≥270
t_d≥30，且≥t_d
50
锚栓公称直径d≥30
d
锚固长度l_a=25d
（下端应作弯钩或锚板）
≥C40无收缩细石
混凝土或铁屑砂浆
1
I形截面柱的刚性柱脚构造
（用于柱底端在弯矩和轴力作用下锚
栓出现较小拉力和不出现接力时）
h_c
t_c
t_c
锚栓支承加劲肋
板厚≥6
双螺母
与垫板点焊
2
2
≥300
t_d≥30，且≥t_c
50
锚栓公称直径d≥30
锚固长度l_a=25d
（下端应作弯钩或锚板）
≥C40无收缩细石
混凝土或铁屑砂浆
2
十字形截面柱的刚性柱脚构造
注：十字形截面柱只适用于钢骨混凝土柱

图 6-17 外露式I形截面柱及十字形截面柱的刚性柱脚节点构造

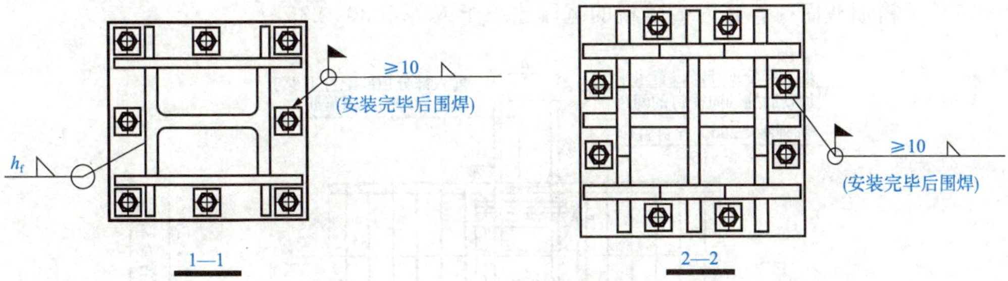

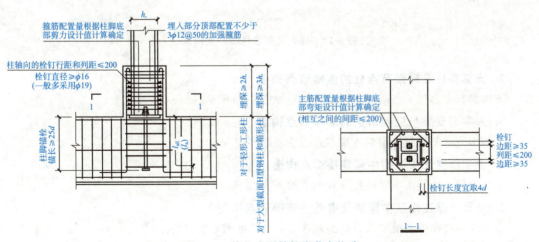

1—1

2—2

图 6-17　外露式 I 形截面柱及十字形截面柱的刚性柱脚节点构造(续)

1)当为抗震设防的结构时,柱翼缘与底板之间宜采用完全熔透的坡口对接焊缝连接,柱腹板及加劲板与底板之间宜采用双面角焊缝连接。当为非抗震设防的结构时,柱底宜磨平顶紧,柱翼缘与底板间可采用半熔透的坡口对接焊缝连接,柱腹板及加劲板仍采用双面角焊缝连接。

2)基础顶面和柱脚底板之间须二次浇灌大于或等于 C40 无收缩细石混凝土或铁屑砂浆,施工时应采用压力灌浆。

3)刚性柱脚的锚栓在弯矩作用下承受拉力,同时,也作为安装过程的固定之用,其锚栓直径一般多在 30～76 mm 的范围内使用。

4)锚栓应采用 Q235 钢制作,以保证柱脚转动时锚栓的变形能力,安装时应采用固定架定位。

5)柱脚底板和支撑托座上的锚栓孔径一般宜取锚栓外径的 1.5 倍。锚栓螺母下的垫板孔径取锚栓直径加 2 mm。垫板的厚度一般为 $(0.4～0.5)d$(d 为锚栓外径),但不应小于 20 mm。

(4)外包式刚性柱脚节点构造如图 6-18 所示。超过 12 层钢结构的刚性柱脚宜采用埋入式柱脚。当抗震设防烈度为 6 度、7 度时,也可采用外包式刚性柱脚。

图 6-18　外包式刚性柱脚节点构造

(5)埋入式刚性柱脚节点构造如图 6-19 所示。埋入部分顶部需设置水平加劲肋,其宽厚比应满足下列要求:

1)对于 I 形截面柱,其水平加劲肋外伸宽度的宽厚比小于或等于 $9\sqrt{235/f_y}$。

209

2）对于箱形截面柱，其内横隔板的宽厚比小于或等于 $30\sqrt{235/f_y}$。

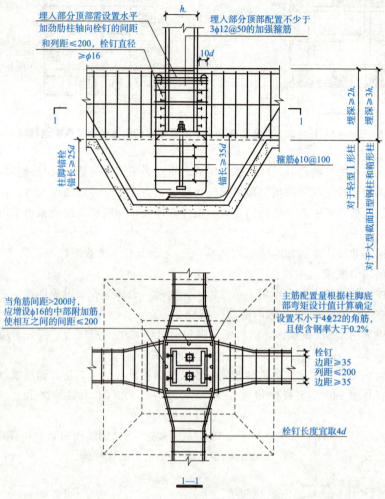

图 6-19　埋入式刚性柱脚节点构造

2. 支撑斜杆在框架节点处的连接节点构造

支撑斜杆在框架节点处的连接节点构造如图 6-20 所示。

3. 人字形支撑与框架横梁的连接节点构造

人字形支撑与框架横梁的连接节点构造如图 6-21 所示。

4. 十字形交叉支撑的中间连接节点构造

十字形交叉支撑的中间连接节点构造如图 6-22 所示。

5. 交叉支撑在框架横梁交叉点处的连接节点构造

交叉支撑在框架横梁交叉点处的连接节点构造如图 6-23 所示。

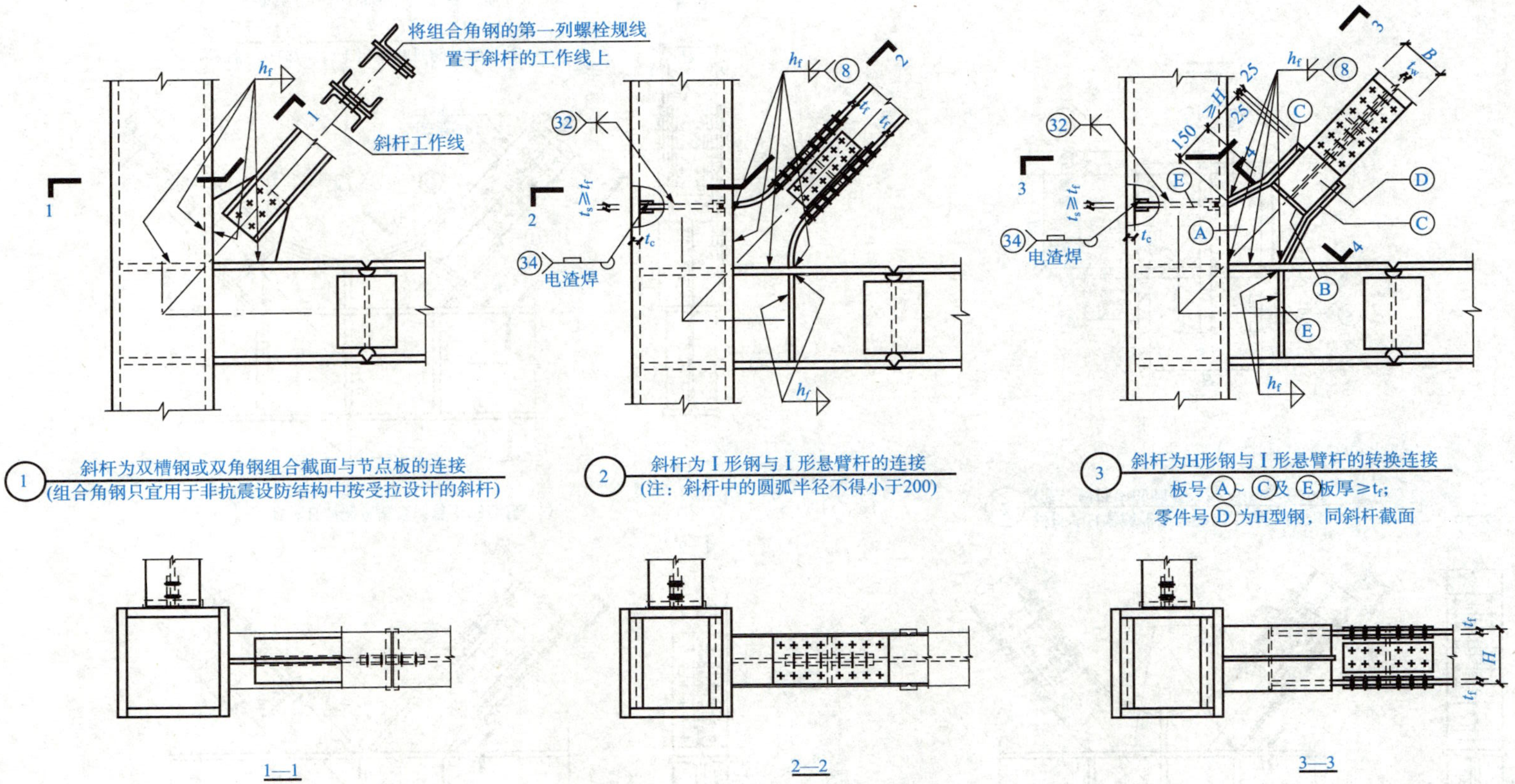

图6-20 支撑斜杆在框架节点处的连接节点构造

① 斜杆为双槽钢或双角钢组合截面与节点板的连接
（组合角钢只宜用于非抗震设防结构中板中板受拉设计的斜杆）

② 斜杆为工形钢与工形悬臂杆的连接
（注：斜杆中的圆弧半径不得小于200）

③ 斜杆为H形钢与工形钢与工形悬臂杆的转换连接
板号：A~C及E板厚≥tᵣ；
零件号D为H型钢，同斜杆截面

将组合角钢的第一列螺栓规线
置于斜杆的工作线上
斜杆工作线

电渣焊

电渣焊

1—1

2—2

3—3

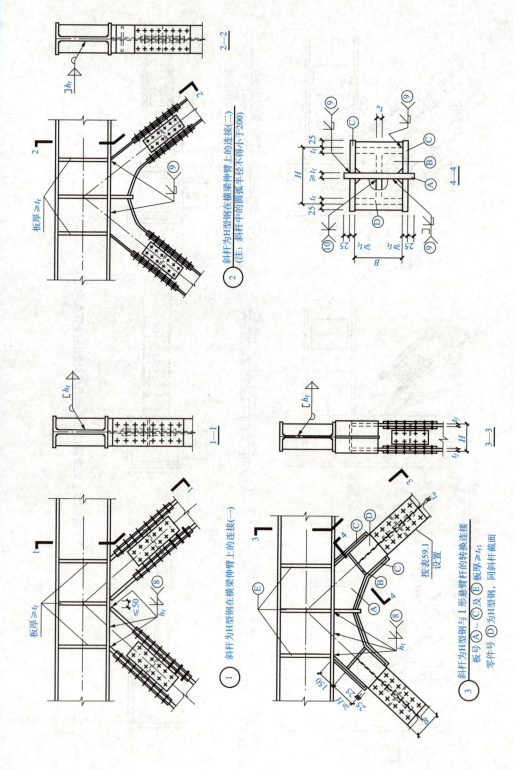

图6-21 人字形支撑与框架横梁的连接节点构造

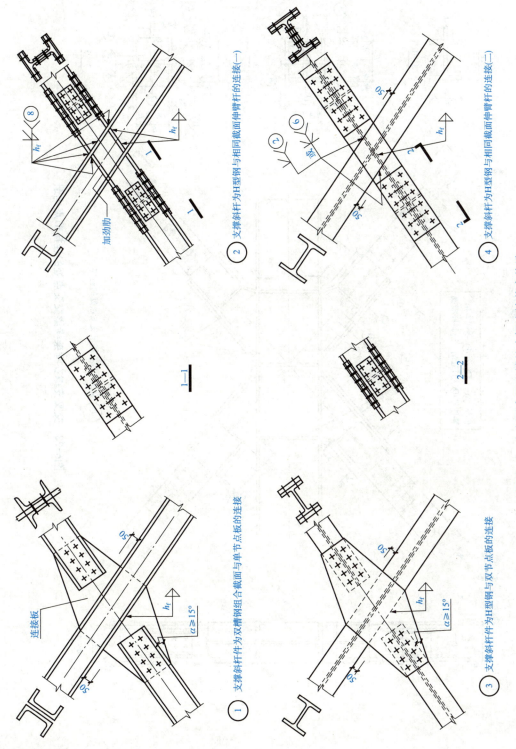

图6-22 十字形交叉支撑的中间连接节点构造

① 支撑斜杆件为双槽钢组合截面与单节点板的连接

② 支撑斜杆为H型钢与相同截面伸臂杆的连接(一)

③ 支撑斜杆件为H型钢与双节点板的连接

④ 支撑斜杆为H型钢与相同截面伸臂杆的连接(二)

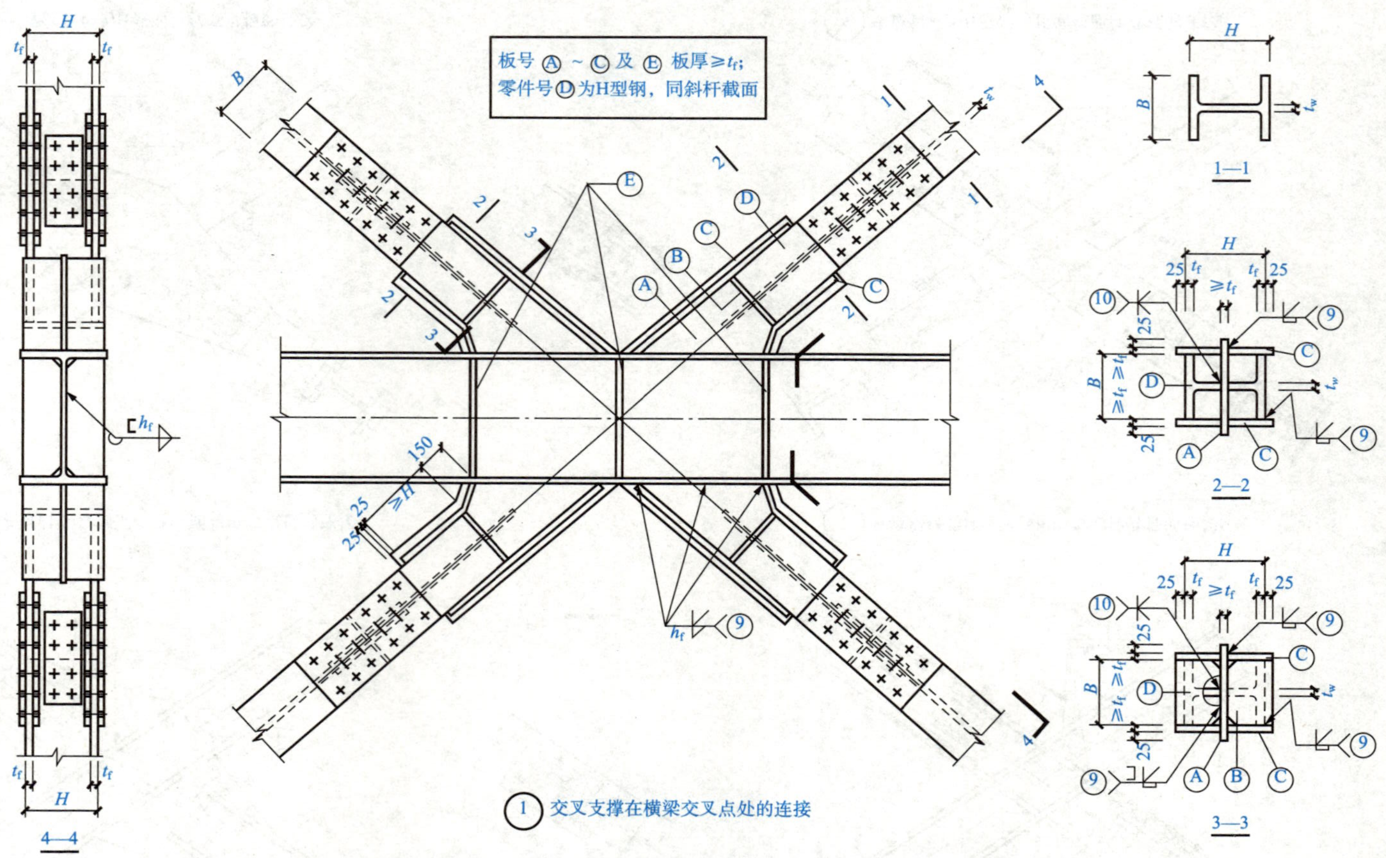

图6-23 交叉支撑在框架横梁交叉点处的连接节点构造

① 交叉支撑在横梁交叉点处的连接

板号 Ⓐ ~ Ⓒ 及 Ⓔ
板厚 ≥ t_f;
零件号 Ⓓ 为H型钢,同斜杆截面

1—1
2—2
3—3
4—4

6.2.3.3 钢柱安装

在多层及高层建筑工程中,钢柱多采用实腹式。实腹钢柱的截面有I形、箱形、十字形和圆形等多种形式。钢柱接长时,多采用对接接长,也有采用高强度螺栓连接接长的。劲性柱与混凝土采用熔焊栓钉连接。

1. 施工检查

(1)安装在钢筋混凝土基础上的钢柱,安装质量和工效与混凝土柱基和地脚螺栓的定位轴线、基础标高直接有关,必须会同设计、监理、总包、业主共同验收,合格后才可以进行钢柱连接。

(2)采用螺栓连接钢结构和钢筋混凝土基础时,预埋螺栓应符合施工方案规定:预埋螺栓标高偏差应在±5 mm以内;定位轴线的偏差应在±2 mm以内。

(3)应认真搞好基础支承面的标高,其垫放的垫铁应正确;二次灌浆工作应采用无收缩、微膨胀的水泥砂浆;避免因基础标高超差而影响吊车梁安装水平度的超差。

2. 吊点设置

(1)钢柱安装属于竖向垂直吊装,为使吊起的钢柱保持下垂,便于就位,需要根据钢柱的种类和高度确定绑扎点。

(2)钢柱吊点一般采用焊接吊耳、吊索绑扎、专用吊具等。钢柱的吊点位置及吊点数应根据钢柱形状、断面、长度、起重机性能等具体情况确定。

(3)为了保证吊装时索具安全,在吊装钢柱时应设置吊耳。吊耳应基本通过钢柱重心的铅垂线。吊耳的设置如图6-24所示。

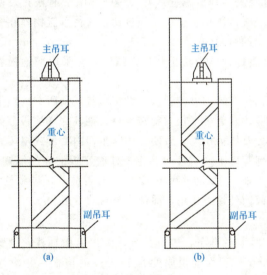

图6-24 吊耳的设置

(a)永久式吊耳;(b)工具式吊耳

(4)钢柱一般采用一点正吊。吊点应设置在柱顶处,吊钩通过钢柱重心线,钢柱易于起吊、对线、校正。当受起重机臂杆长度、场地等条件限制时,吊点可设在柱长1/3位置处斜吊。由于钢柱倾斜,故斜吊的起吊、对线、校正较难控制。

(5)具有牛腿的钢柱,绑扎点应靠近牛腿下部;无牛腿的钢柱按其高度比例,绑扎点应设在钢柱全长2/3的上方位置处。

(6)防止钢柱边缘的锐利棱角在吊装时损伤吊绳,应用适宜规格的钢管割开一条缝,套在棱角吊绳处，或用方形木条垫护。注意绑扎牢固，并易拆除。

3. 钢柱吊装

(1)根据现场实际条件选择好吊装机械后，方可进行吊装。吊装前应将待安装钢柱按位置、方向放到吊装(起重半径)位置。

(2)钢柱起吊前，应在柱底板向上 $500\sim1\,000$ mm 处画一水平线，以便固定前后复查平面标高。

(3)钢柱吊装施工时，为了防止钢柱根部在起吊过程中变形，钢柱吊装一般采用双机抬吊，主机吊在钢柱上部，辅机吊在钢柱根部。待柱子根部离地一定距离(约 2 m)后，辅机停止起钩，主机继续起钩和回转，直至把柱子吊直后将辅机松钩。

(4)对重型钢柱可采用双机递送抬吊或三机抬吊、一机递送的方法吊装；对于很高和细长的钢柱，可以采取分节吊装的方法，在下节柱及柱间支撑安装并校正后，再安装上节柱。

(5)钢柱柱脚固定方法一般有两种形式：一种是在基础上预埋螺栓固定，底部设置钢垫板找平；另一种是插入杯口灌浆固定。前者是将钢柱吊至基础上部并插锚固螺栓固定，多用于一般厂房钢柱的固定；后者是当钢柱插入杯口后，支撑在钢垫板上找平，最后固定，方法同钢筋混凝土柱，用于大、中型厂房钢柱的固定。

(6)为避免吊起的钢柱自由摆动，应在柱底上部用麻绳绑扎好，作为牵制溜绳的调整方向。

(7)吊装前的准备工作就绪后，应首先进行试吊。吊起一端高度为 $100\sim200$ mm 时应停吊，检查索具是否牢固和起重机稳定板是否位于安装基础上。

(8)钢柱起吊后，在柱脚距地脚螺栓或杯口 $30\sim40$ cm 时扶正，使柱脚的安装螺栓孔对准螺栓或柱脚对准杯口，缓慢落钩、就位，经过初校，待垂直偏差在 20 mm 以内时，拧紧螺栓或打紧木楔临时固定，即可脱钩。

(9)钢柱柱脚套入地脚螺栓。为防止其损伤螺纹，应采用薄钢板卷成筒套到螺栓上。钢柱就位后，取下套筒。

(10)如果进行多排钢柱安装，可继续按此做法吊装其余所有的柱子。

(11)吊装钢柱时还应注意起吊半径或旋转半径。钢柱底端应设置滑移设施，以防止钢柱吊起扶直时产生拖动阻力及压力作用，致使柱体产生弯曲变形或损坏底座板。

(12)当钢柱被吊装到基础平面就位时，应将柱底座板上面的纵横轴线对准基础轴线(一般由地脚螺栓与螺孔来控制)，以防止其跨度尺寸产生偏差，导致柱头与屋架安装连接时，发生水平方向向内拉力或向外撑力作用，而使柱身弯曲变形。

4. 分节钢柱吊装

(1)吊装前，先做好柱基的准备，进行找平，画出纵横轴线，设置基础标高块，标高块的强度不应低于 30 N/mm^2；顶面埋设厚度为 12 mm 的钢板，并检查预埋地脚螺栓位置和标高。

(2)钢柱多用宽翼I形或箱形截面，前者用于高度为 6 m 以下的柱子，多采用焊接 H 型钢，截面尺寸为 300 mm$\times200$ mm$\sim1\,200$ mm$\times600$ mm，翼缘板厚度为 $10\sim14$ mm，腹板厚度为 $6\sim25$ mm；后者多用于高度较大的高层建筑柱，截面尺寸为 500 mm$\times500$ mm~700 mm$\times700$ mm，钢板厚度为 $12\sim30$ mm。

为充分利用起重机的能力和减少连接，一般将钢柱制成 3 层或 4 层一节，节与节之间用坡口焊连接，一个节间的柱网必须安装 3 层的高度后再安装相邻节间的柱。

(3)钢柱吊点应设置在吊耳(制作时预先设置，吊装完成后割去)处。同时，在钢柱吊装前预先在地面挂上操作挂筐、爬梯等。

(4)钢柱的吊装，根据柱子质量、高度情况采用单机吊装或双机抬吊。单机吊装时，需在柱根部垫以垫木，用旋转法起吊，防止柱根拖地和碰撞地脚螺栓，损坏螺纹；双机抬吊多采用递送法，将钢栓吊离地面后，在空中进行回直。

(5)钢柱就位后，立即对垂直度、轴线、牛腿面标高进行初校，安设临时螺栓，然后卸去吊索。

(6)钢柱上、下接触面间的间隙一般不得大于 1.5 mm；如间隙为 1.6～6.0 mm，可用低碳钢的垫片垫实间隙。柱间间距偏差可用液压千斤顶与钢楔、倒链与钢丝绳或缆风绳进行校正。

(7)在第一节框架安装、校正、螺栓紧固后，应进行底层钢柱柱底灌浆。先在柱脚四周立模板，将基础上表面清洗干净，清除积水，然后用高强度聚合砂浆从一侧自由灌入至密实。灌浆后，用湿草袋或麻袋护盖养护。

5. 钢柱校正

(1)起吊初校与千斤顶复校。钢柱吊装柱脚穿入基础螺栓后，柱子校正工作主要是对标高和垂直度进行校正。钢柱垂直度的校正，可采用起吊初校加千斤顶复校的办法。其操作要点如下：

1)钢柱吊装到位后，应先利用起重机起重臂回转进行初校，钢柱垂直度一般应控制在 20 mm 以内。初核完成后，需拧紧柱底地脚螺栓，起重机方可脱钩。

2)在用千斤顶复核的过程中，必须不断观察柱底和砂浆标高控制块之间是否有间隙，以防校正过程中顶升过度造成水平标高产生误差。

3)待垂直度校正完毕，再度紧固地脚螺栓，并塞紧柱子底部四周的承重校正块(每摞不得多于 3 块)，并用电焊点焊固定。

(2)松紧楔子和千斤顶校正。

1)柱平面轴线校正。在起重机脱钩前，将轴线误差调整到规范允许偏差范围以内。就位后如有微小偏差，在一侧将钢楔稍松动，另一侧打紧钢楔或敲打插入杯口内的钢楔，或用千斤顶侧向顶移纠正。

2)标高校正。在柱安装前，根据柱实际尺寸(以半腿面为准)用抹水泥砂浆或设钢垫板校正标高，使柱牛腿标高偏差在允许范围内。如安装后还有偏差，则在校正吊车梁时，对砂浆层、垫板厚度予以纠正；如偏差过大，则将柱拔出重新安装。

3)垂直度校正。在杯口用紧松钢楔、设小型丝杠千斤顶或小型液压千斤顶等工具给柱身施加水平或斜向推力，使柱子绕柱脚转动来纠正偏差。在顶的同时，缓慢松动对面楔子，并用坚硬石子把柱脚卡牢，以防止发生水平位移，校好后打紧两面的楔子，对大型柱横向垂直度的校正，可用内顶或外设卡具外顶的方法。校正以上柱子时应考虑温差的影响，宜在早晨或阴天进行。柱子校正后灌浆前应每边两点用小钢塞 2 块或 3 块将柱脚卡住，以防受风力等影响引起转动或倾斜。

(3)缆风绳校正法。

1)柱平面轴线、标高的校正同上述"松紧楔子和千斤顶校正"的相关内容。

2)垂直度校正。校正时，将杯口钢楔稍微松动、拧紧或放松缆风绳上的法兰螺栓或倒链，即可使柱子向要求方向转动。由于本法需要使用较多的缆风绳，操作麻烦，占用场地大，常影响其他作业的进行，同时校正后易回弹影响精度，故仅适用于长度不大、稳定性差的中小型柱子。

(4)撑杆校正法。

1)柱平面轴线、标高的校正同上。

2)垂直度校正是利用木杆或钢管撑杆在牛腿下面进行校正。在校正时敲打木楔，拉紧倒链或转动手柄，即可给柱身施加一斜向力使柱子向箭头方向移动，同样应稍松动对面的楔子，待垂直后再楔紧两面的楔子。本法使用的工具较简单，适用于10 m以下的矩形或I形中小型柱的校正。

（5）垫铁校正法。垫铁校正法是指用经纬仪或吊线坠对钢柱进行检验，当钢柱出现偏差时，在底部空隙处塞入铁片或在柱脚与基础之间打入钢楔子，以增减垫板。

1）采用此法校正时，钢柱位移偏差多用千斤顶校正。标高偏差可用千斤顶将底座少许抬高，然后增减垫板厚度使其达到设计要求。

2）钢柱校正和调整标高时，垫不同厚度垫铁或偏心垫铁的重叠数量不得多于两块，一般要求厚板在下面，薄板在上面。每块垫板要求伸出柱底板外5～10 mm，以便焊成一体，保证柱底板与基础板平稳、牢固结合。

3）校正钢柱垂直度时，应以纵横轴线为准，先找正并固定两端边柱作为样板柱，然后以样板柱为基准校正其余各柱。

4）调整垂直度时，垫放的垫铁厚度应合理，否则垫铁的厚度不均也会使钢柱垂直度产生偏差。可根据钢柱的实际倾斜数值及其结构尺寸，用下式计算所需增、减垫铁厚度来调整垂直度：

$$\delta = \frac{\Delta S B}{2L}$$

式中　δ——垫板厚度调整值（mm）；

ΔS——柱顶倾斜的数值（mm）；

B——柱底板的宽度（mm）；

L——柱身高度（mm）。

5）垫板之间的距离要以柱底板的宽为基准，要做到合理、恰当，使柱体受力均匀，避免柱底板局部压力过大产生变形。

（6）多节钢柱的校正。多节钢柱的校正比普通钢柱的校正更为复杂，实践中要对每根下节柱重复多次校正并观测垂直偏移值。其主要校正步骤如下：

1）多节钢柱初校应在起重机脱钩后、电焊前进行，电焊完毕后应作第二次观测。

2）电焊施焊应在柱间砂浆垫层凝固前进行，以避免因砂浆垫层的压缩而减少钢筋的焊接应力。接头坡口间隙尺寸宜控制在规定的范围内。

3）梁和楼板吊装后，柱因增加了荷载，以及梁柱间的电焊会使柱产生偏移。在这种情况下，对荷载不对称的外侧柱的偏移会更为明显，故需要再次进行观测。

4）对数层一节的长柱，在每层梁板吊装前后，均需观测垂直偏移值，使柱最终垂直，偏移值控制在允许值以内。如果超过允许值，则应采取有效措施。

5）当下节柱经最后校正后，偏差在允许范围以内时，可不再进行调整。在这种情况下，吊装上节柱时，如果对准标准中心线，在柱接头处的钢筋往往对不齐，若对准下节柱的中心线则会产生积累误差。一般的解决方法是上节柱底部就位时，应对准上述两根中心线（下柱中心线和标准中心线）的中点，各借一半，如图6-25所示；校正上节柱顶部

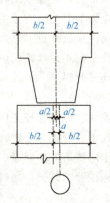

图6-25　上、下节柱校正时中心线偏差调整简图

a—下节柱柱顶中线偏差值；b—柱宽

时，仍以标准中心线为准，以此类推。

6)钢柱校正后，其垂直度允许偏差为 $h/1\,000$（h 为柱高），但不大于 $20\,mm$。中心线对定位轴线的位移不得超过 $5\,mm$，上、下柱接口中心线位移不得超过 $3\,mm$。

7)柱垂直度和水平位移均有偏差时，如果垂直度偏差较大，则应先校正垂直度偏差，然后校正水平位移，以减少柱倾覆的可能性。

8)多层装配式结构的柱，特别是一节到顶、长细比较大、抗弯能力较小的柱，杯口要有一定的深度。如果杯口过浅或配筋不够，易使柱倾覆，校正时要特别注意撑顶与敲打钢楔的方向，切勿弄错。

此外，钢柱校正时，还应注意风力和日照温度、温差的影响，一般当风力超过 5 级时不宜进行校正工作，已校正的钢柱应进行侧向梁安装或采取加固措施。对受温差影响较大的钢柱，宜在没有阳光影响时（如阴天、早晨、傍晚）进行校正。

6. 钢柱的固定

多、高层钢柱的固定可参考单层钢柱的相关内容。

7. 钢柱安装的允许偏差

根据《钢结构工程施工质量验收标准》（GB 50205—2020）的规定，多层及高层钢结构中柱子安装的允许偏差见表 6-3。

6.2.3.4 多层装配式框架安装

1. 构件吊装

吊装顺序应先低跨后高跨，由一端向另一端进行，这样既有利于安装期间结构的稳定，也有利于设备安装单位的进场施工。根据起重机开行路线和构件安装顺序的不同，吊装方法可分为以下几种：

（1）构件综合吊装。构件综合吊装是用 1 台或 2 台履带式起重机在跨内开行，起重机在一个节间内将各层构件一次吊装到顶，并由一端向另一端开行，采用综合法逐间、逐层将全部构件安装完成。其适用于构件质量较重且层数不多的框架结构吊装。

如图 6-26 所示，吊装时采用两台履带式起重机在跨内开行，采用综合法吊装梁板式结构（柱为二层一节）的顺序。起重机Ⅰ先安装Ⓒ、Ⓓ跨间第 1～2 节间柱 1～4、梁 5～8，形成框架后，再吊装楼板 9，接着吊装第二层梁 10～13 和楼板 14，完成后起重机后退，用同样方法依次吊装第 2～3、第 3～4 等节间各层构件，依次类推，直到Ⓒ、Ⓓ跨构件全部吊装完成后退出；起重机Ⅱ安装Ⓐ、Ⓑ、Ⓑ、Ⓒ跨柱、梁和楼板，顺序与起重机Ⅰ安装时相同。

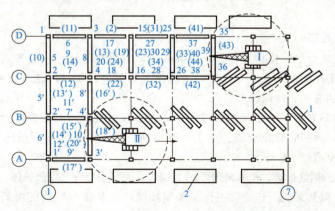

视频：节间
综合安装法

图 6-26　履带式起重机跨内综合吊装法（吊装二层梁板结构顺序图）
1—柱预制、堆放场地；2—梁板堆放场地；1，2，3…—起重机Ⅰ的吊装顺序；
1′，2′，3′…—起重机Ⅱ的吊装顺序；带括号的数据—第二层梁板吊装顺序

每一层构件吊装均需在下一层结构固定完毕和接头混凝土强度等级达到 70％ 后进行，以保证已吊装好结构的稳定性。同时，应尽量缩短起重机往返行驶路线，并在吊装中减少变幅和更换吊点的次数，妥善考虑吊装、校正、焊接和灌浆工序的衔接及工人操作的方便和安全。

此外，也可采用一台起重机在所在跨采用综合吊装法，其他相邻跨采用分层分段流水吊装法进行。

（2）构件分件吊装。构件分件吊装是用一台塔式起重机沿跨外一侧或四周开行，各类构件依次分层吊装。本法按流水方式不同，又可分为分层分段流水吊装和分层大流水吊装两种。前者将每一楼层（柱为两层一节时，取两个楼层为一施工层）根据劳力组织（安装、校正、固定、焊接及灌浆等工序的衔接）及机械连接作业的需要，分为 2～4 段进行分层流水作业；后者不分段进行分层吊装，适用于面积较小的多层框架吊装。

如图 6-27 所示，塔式起重机在跨外开行，采取分层分段流水吊装某层框架顺序，划分为四个吊装段进行。起重机先吊装第一吊装段的第一层柱 1～14，接着吊装梁 15～33，使其形成框架，随后吊装第二吊装段的柱、梁。为便于吊装，待一、二段的柱和梁全部吊装完成后再统一吊装第一、二段的楼板，接着吊装第三、四段，顺序同前。当第一施工层全部吊装完成后，再按同样的方法逐层向上推进。

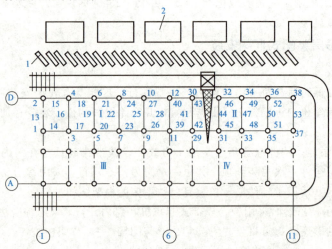

图 6-27　塔式起重机跨外分件吊装法（吊装一个楼层的顺序）
1—柱预制堆放场地；2—梁、板堆放场；3—塔式起重机轨道；
Ⅰ，Ⅱ，Ⅲ……—吊装段编号；1，2，3……—构件吊装顺序

2. 构件接头施工

（1）多层装配式框架结构房屋柱较长，常分成多节吊装。柱接头的形式有榫接头、浆锚接头两种。柱与梁接头形式有筒支铰接和刚性接头两种。前者只传递垂直剪力，施工简便；后者可传递剪力和弯矩，使用较多。

（2）榫接头钢筋多采用单坡 K 形坡口焊接，以削减温度应力和变形，同时注意使坡口间隙尺寸大小一致，焊接时避免夹渣。如上、下钢筋错位，可采用冷弯或热弯使钢筋轴线对准，但弯曲率不得超过 1：6。

（3）柱与梁接头钢筋焊接，全部采用 V 形坡口焊，也可采用分层轮流施焊，以减小焊接应力。

（4）对于整个框架来说，柱、梁刚性接头焊接顺序应从整个结构的中间开始，先形成框架，然后纵向继续施焊。同时，梁应采取间隔焊接固定的方法，避免两端同时焊接，梁中产生过大的温度收缩应力。

(5)浇筑接头混凝土前,应将接头处混凝土凿毛并洗净、湿润,接头模板离底 2/3 以上应支成倾斜,混凝土强度等级宜比构件本身提高两级,并宜在混凝土中掺入微膨胀剂(在水泥中掺加 0.2‰ 的脱脂铝粉),分层浇筑捣实,待混凝土强度达到 5 N/mm² 后,再将多余部分凿去,表面抹光,继续湿润养护不少于 7 d,待强度达到 10 N/mm² 或采取足够的支承措施(如加设临时柱间支撑)后,方可吊装上一层柱、梁及楼板。

3. 多层装配式框架安装的允许偏差

根据《钢结构工程施工质量验收标准》(GB 50205—2020)的规定,多层装配式框架安装验收标准如下:

(1)主体结构整体立面偏移和整体平面弯曲允许偏差应符合表 6-7 的规定。

表 6-7　钢结构整体立面偏移和整体平面弯曲允许偏差　　　　　　　　mm

项目	允许偏差		检验方法
主体结构的整体立面偏移	单层	H/1 000,且不大于 25.0	
	高度 60 m 以下的多高层	(H/2 500＋10),且不大于 30.0	
	高度 60～100 m 的高层	(H/2 500＋10),且不大于 50.0	
	高度 100 m 以上的高层	(H/2 500＋10),且不大于 80.0	
主体结构的整体平面弯曲	l/1 500,且不大于 50.0		

(2)多层及高层钢结构中构件安装允许偏差应符合表 6-8 的规定。

表 6-8　多层及高层钢结构中构件安装允许偏差　　　　　　　　mm

项目	允许偏差	图例	检验方法
上、下柱连接处的错口 △	3.0		用钢尺检查
同一层柱的各柱顶高度差 △	5.0		用全站仪、水准仪等实测
同一根梁两端顶面的高差 △	l/1 000,且应不大于 10.0		用水准仪检查

221

项目	允许偏差	图例	检验方法
主梁与次梁表面的高差 Δ	±2.0		用直尺和钢尺检查
压型金属板在钢梁上相邻列的错位 Δ	15.00		用拉线、吊线和钢尺检查

(3)多层及高层钢结构主体结构总高度允许偏差应符合表 6-9 的规定。

表 6-9　多层及高层钢结构主体结构总高度允许偏差　　　　　　　　　　　mm

项目	允许偏差		图例
用相对标高控制安装	$\pm \sum (\Delta_h + \Delta_z + \Delta_w)$		
用设计标高控制安装	单层	$H/1\,000$，且不大于 20.0 $-H/1\,000$，且不小于 -20.0	
	高度 60 m 以下的多高层	$H/1\,000$，且不大于 30.0 $-H/1\,000$，且不小于 -30.0	
	高度 60～100 m 的高层	$H/1\,000$，且不大于 50.0 $-H/1\,000$，且不小于 -50.0	
	高度 100 m 以上的高层	$H/1\,000$，且不大于 100.0 $-H/1\,000$，且不小于 -100.0	

注：Δ_h 为每节柱子长度的制造允许偏差；Δ_z 为每节柱子长度受荷载后的压缩值；Δ_w 为每节柱子接头焊缝的收缩值。

6.2.3.5　钢梯、钢平台及防护栏安装

1. 钢直梯安装

(1)钢直梯应采用性能不低于 Q235A·F 的钢材。其他构件应符合下列规定：

1)梯梁应采用不小于 ∟50×5 角钢或—60×8 扁钢。

2)踏板应采用不小于 φ20 的圆钢，间距宜为 300 mm 等距离分布。

3)支撑应采用角钢、钢板或钢板组焊成 T 形钢制作，埋设或焊接时必须牢固、可靠。

无基础的钢直梯至少焊两对支撑，支撑竖向间距不应大于 3 000 mm，最下端的踏板距离基准面不应大于 450 mm。

(2)梯段高度超过 300 mm 时应设置护笼。护笼下端距离基准面为 2 000～2 400 mm，护笼上端高出基准面的高度应与《固定式钢梯及平台安全要求　第 3 部分：工业防护栏杆及钢平台》(GB 4053.3—2009)中规定的栏杆高度一致。

护笼直径为 700 mm，其圆心距离踏板中心线为 350 mm。水平圈采用不小于 ∟40×4，间距为 450～750 mm，在水平圈内侧均布焊接 5 根不小于 ∟25×4 的扁钢垂直条。

(3)钢直梯每级踏板的中心线与建筑物或设备外表面之间的净距离不得小于 150 mm。侧进式钢直梯中心线至平台或屋面的距离为 380～500 mm，梯梁与平台或屋面之间的净距离为 180～300 mm。

(4)梯段高不应大于 9 m。超过 9 m 时宜设梯间平台，以分段交错设梯。攀登高度在 15 m 以下时，梯间平台的间距为 5～8 m；超过 15 m 时，每 5 段设置一个梯间平台。平台应设置安全防护栏杆。

(5)钢直梯上端的踏板应与平台或屋面平齐，其间隙不得大于 300 mm，并在直梯上端设置高度不低于 1 050 mm 的扶手。

(6)钢直梯最佳宽度为 500 mm。由于工作面所限，攀登高度在 5 000 mm 以下时，梯宽可适当缩小，但不得小于 300 mm。

(7)固定在平台上的钢直梯应下部固定，其上部的支撑与平台梁固定，在梯梁上开设长圆孔，采用螺栓连接。

(8)钢直梯全部采用焊接连接，焊接要求应符合《钢结构工程施工质量验收标准》(GB 50205—2020)的规定。所有构件表面应光滑、无毛刺。安装后的钢直梯不应有歪斜、扭曲、变形及其他缺陷。

(9)荷载规定如下：

1)踏板按在中点承受 1 kN 集中活荷载计算。容许挠度不大于踏板长度的 1/250。

2)梯梁按组焊后其上端承受 2 kN 集中活荷载计算(高度按支撑间距选取，无中间支撑时按两端固定点距离选取)。容许长细比不应大于 200。

(10)钢直梯安装后必须认真除锈并作防腐涂装。

2. 固定钢斜梯安装

依据《固定式钢梯及平台安全要求 第 2 部分：钢斜梯》(GB 4053.2—2009)和《钢结构工程施工质量验收标准》(GB 50205—2020)，固定钢斜梯的安装规定如下：

(1)梯梁采用性能不低于 Q235A·F 的钢材，其截面尺寸应通过计算确定。

(2)踏板采用厚度不小于 4 mm 的花纹钢板，或经防滑处理的普通钢板，或采用由 ∟25×4 扁钢和小角钢组焊成的格子板。

(3)立柱应采用截面不小于 ∟40×4 角钢或外径为 30～50 mm 的管材，从第一级踏板开始设置，间距不应大于 1 000 mm。横杆采用直径不小于 16 mm 圆钢或 ∟30×4，固定在立柱中部。

(4)不同坡度的钢斜梯，其踏步高 R、踏步宽 t 的尺寸见表 6-10。其他坡度按直线插入法取值。

表 6-10　钢斜梯踏步尺寸

α	30°	35°	40°	45°	50°	55°	60°	65°	70°	75°
R/mm	160	175	185	200	210	225	235	245	255	265
t/mm	280	250	230	200	180	150	135	115	95	75

(5)扶手高应为 900 mm，或与《固定式钢梯及平台安全要求 第 3 部分：工业防护栏杆及钢平台》(GB 4053.3—2009)中规定的栏杆高度一致，应采用外径为 30～50 mm、壁厚不小于 2.5 mm 的管材。

（6）常用坡度和高跨比（$H:L$）见表 6-11。

表 6-11　钢斜梯常用坡度和高跨比

坡度 α	45°	51°	55°	59°	73°
高跨比 $H:L$	1:1	1:0.8	1:0.7	1:0.6	1:0.3

（7）梯高不宜大于 5 m。当大于 5 m 时，宜设置梯间平台，分段设梯。梯宽宜为 700 mm，最大不得大于 1 100 mm，最小不得小于 600 mm。

（8）钢斜梯应全部采用焊接连接，焊接要求应符合《钢结构工程施工质量验收标准》（GB 50205—2020）。

（9）所有构件表面应光滑、无毛刺，安装后的钢斜梯不应有歪斜、扭曲、变形及其他缺陷。

（10）荷载规定。钢斜梯活荷载应按实际要求采用，但不得小于下列数值：

1）钢斜梯水平投影面上的活荷载标准取 $3.5\ kN/m^2$。

2）踏板中点集中活荷载取 $1.5\ kN/m^2$。

3）扶手顶部水平集中活荷载取 $0.5\ kN/m^2$。

4）挠度不大于受弯构件跨度的 1/250。

（11）钢斜梯安装后，必须认真除锈并作防腐涂装。

3. 平台、栏杆安装

（1）平台钢板应铺设平整，与承台梁或框架密贴、连接牢固，表面有防滑措施。

（2）栏杆安装连接应牢固、可靠，扶手转角应光滑。

（3）梯子、平台和栏杆宜与主要构件同步安装。

4. 钢梯、钢平台及防护栏杆安装的允许偏差

钢梯、钢平台及防护栏杆安装允许偏差见表 6-12。

表 6-12　钢梯、钢平台及防护栏杆安装允许偏差

项目	允许偏差	检验方法
平台高度	±10.0	用水准仪检查
平台梁水平度	$l/1\ 000$，且应不大于 10.0	
平台支柱垂直度	$H/1\ 000$，且应不大于 5.0	用经纬仪或吊线和钢尺检查
承重平台梁侧向弯曲	$l/1\ 000$，且应不大于 10.0	用拉线和钢尺检查
承重平台梁垂直度	$h/250$，且应不大于 10.0	用吊线和钢尺检查
直梯垂直度	$H'/1\ 000$，且应不大于 15.0	
栏杆高度	±5.0	用钢尺检查
栏杆立柱间距		

注：l 为平台梁长度；H 为平台支柱高度；h 为平台梁高度；H' 为直梯高度。

📐 技能测试

现场参观钢构件生产工厂或钢结构施工项目，学习和掌握钢构件安装顺序、流程及注意事项。

1. 目的

通过钢结构构件加工和安装施工现场学习，学生在现场工程师或指导教师的讲解示范下，对钢结构的吊装过程有直观了解和感性体验。

2. 能力标准及要求

掌握钢结构吊装的流程和注意事项。

3. 活动条件

钢结构加工厂或安装施工现场；以全场景免疫诊断仪器、试剂研发与制造中心项目（1 号仓库等 13 项）为参考。

4. 技能操作

案例 1：钢柱吊装。

（1）钢柱安装基本顺序。单体钢柱应自下而上分层分段吊装，根据各区箱形柱的分布情况，相邻两根钢柱吊装就位后需要及时安装连接这两根柱子的钢梁，如无钢梁则拉设缆风绳。

（2）钢柱吊装流程。钢柱吊装流程如图 6-28 所示。

1　安装调节螺母与垫块	2　钢骨柱就位

3　标高与垂直度校正	4　校正完成后，及时拧紧固定螺母

图 6-28　钢柱吊装流程

（3）钢柱吊装要点及注意事项。

1）吊点位置及吊点的数量。根据钢柱的形状、断面、长度、质量、吊机的起重性能等具体情况确定。一般钢柱弹性较好，吊点采用一点起吊，吊耳放置在柱顶处，柱身垂直、易于对线校正。由于通过柱的重心位置，受到起重臂的长度限制，吊点也可设置在柱的 1/3 处，吊点斜吊，但由于钢柱倾斜，对线校正比较困难。对于长细钢柱，为防止钢柱变形，可采用二点或三点起吊。

2）根据起重设备和现场条件确定，可用单机、二机、三机吊装等。常用的吊装方法有旋转法、滑行法和递送法等。利用钢柱的临时连接耳板作为吊点，吊点必须对称，确保钢柱吊装时呈垂直状。

3）钢柱吊装应按照各分区的安装顺序进行，并及时形成稳定的框架体系。每根钢柱安装后应及时进行初步校正，以利于钢梁安装和后续校正。校正时应对轴线、垂直度、标高、焊缝间隙等因素进行综合考虑，每个分项的偏差值都要符合设计及规范要求。钢柱安装前必须焊接好安全环及绑牢爬梯并清理污物。

4)每节柱的定位轴线应从地面控制线直接从基准线引上，不得从下层柱的轴线引上。结构的楼层标高可按相对标高进行，安装第一节柱时从基准点引出控制标高在混凝土基础或钢柱上，以后每次使用此标高，确保结构标高符合设计及规范要求。

(4)步骤提示。

1)回忆课堂讲解的钢柱吊装基本顺序、工艺流程和要点，提出钢柱安装中可能出现的问题。

2)结合课堂讲解内容和提出的问题，组织钢柱吊装的现场学习，详细了解钢柱的安装工艺过程，并解决课堂疑问。

3)完成钢柱吊装的现场学习报告，内容包括钢柱吊装定位、起吊设备准备等工序和流程。

案例2：多层及高层钢结构安装。

(1)钢结构安装工艺流程。

钢结构安装工艺流程如图6-29所示。

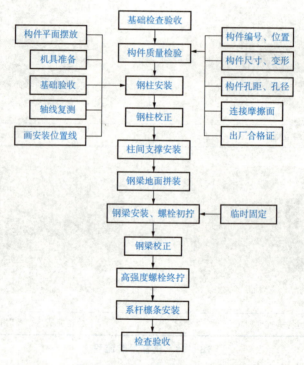

图6-29 钢结构安装工艺流程

(2)钢结构安装要点。

1)钢柱的吊装及校正。参考案例1钢柱吊装。

2)钢梁的安装。

①钢梁安装顺序。整体上，随钢柱的安装顺序进行，相邻钢柱安装完毕后，及时连接之间的钢梁使安装的构件形成稳定的框架。按先主梁后次梁，先下层后上层的安装顺序进行安装。

②钢梁吊点的设置。为保证吊装安全及提高吊装速度，钢梁加工厂制作钢梁时预留吊装孔或吊耳。钢梁若没有预留吊装孔或吊耳，使用钢丝绳直接绑扎在梁的1/3处，吊索角度不得小于45°。为确保安全，防止钢梁锐边割断钢丝绳，要对钢丝绳在翼板的绑扎处进行防护。

3）楼承板安装。楼承板施工安装工艺：吊运→布板→切割→压合→留洞→封堵→验收→布筋→埋件→浇筑→养护。

①先在铺板区弹出钢梁的中心线，主梁的中心线是铺设楼承板固定位置的控制线。由主梁的中心线控制楼承板搭接钢梁的搭接宽度。因楼承板铺设后难以观测次梁翼缘的具体位置，故将次梁的中心线及次梁翼缘宽度反弹在主梁的中心线上。

②吊运时采用专用软吊索，以保证楼承板板材整体不变形、局部不卷边。楼承板吊运时只能从上层的梁柱间穿套，而起重工应分层在梁柱间控制。

③采用等离子切割机或剪板钳裁剪边角，裁切放线时富余量应控制在 5 mm 范围内，浇筑混凝土时应采取措施，防止漏浆。

视频：楼承板栓钉布置要求

④楼承板与楼承板侧板之间连接采用咬口钳压合，使单片楼承板之间连成整板。先点焊楼承板侧边，再固定两端头，后采用栓钉固定。

5. 步骤提示

（1）回忆课堂讲解多层钢结构安装基本顺序，包括钢柱、钢梁、楼承板等构件的吊装工艺流程和要点，提出钢结构安装中可能出现的问题。

（2）结合课堂讲解内容和提出的问题，组织钢结构安装的现场学习，详细了解钢结构的安装工艺过程，并解决课堂疑问。

（3）完成钢结构安装的现场学习报告，内容包括单层、多层钢结构安装工序和工艺流程。

6. 实操报告

钢结构厂房安装参观实践报告样式见表 6-13。

表 6-13　钢结构厂房安装参观实践报告

班级			姓名		日期	
课目					指导教师	
施工依据		《钢结构工程施工规范》(GB 50755—2012)、全场景免疫诊断仪器、试剂研发与制造中心施工图			验收依据	《钢结构工程施工质量验收标准》（GB 50205—2020)
序号	构件类型	项目内容	验收标准要求		计分值	操作得分
1	柱	钢柱几何尺寸、变形和涂层脱落情况	第 10.3.1 条		5	
		顶紧的构件节点、现场拼接接头密贴	第 10.3.2 条		5	
		钢柱构件的中心线及标高基准点等标记	第 10.3.3 条		3	
		钢柱安装的允许偏差	第 10.3.4 条		3	
		柱的工地拼接接头焊缝组间隙的允许偏差	第 10.3.5 条		3	
		钢柱表面应干净，结构主要表面不应有疤痕、泥沙等污垢。	第 10.3.6 条		3	

序号	构件类型	项目内容	验收标准要求	计分值	操作得分
2	钢屋(托)架、钢梁(桁架)	几何尺寸偏差和变形	第 10.4.1 条	5	
		垂直度和侧向弯曲矢高的允许偏差	第 10.4.2 条	3	
		钢桁架安装支座中心对定位轴线的偏差、钢桁架间距偏差	第 10.4.3 条	3	
		直接承受动力荷载的构件,安装允许偏差	第 10.4.4 条	3	
		钢梁安装的允许偏差	第 10.4.5 条	3	
3	钢板剪力墙安装	几何尺寸,构件变形和涂层脱落	第 10.6.1 条	5	
		钢板剪力墙对口错边、平面外挠曲	第 10.6.2 条	5	
		消能减震钢板剪力墙性能指标	第 10.6.3 条	5	
		安装后钢板剪力墙表面干净,不得有明显的疤痕、泥沙和污垢等	第 10.6.4 条	3	
4	支撑、檩条、墙架、次结构安装	构件满足设计要求,变形及涂层脱落情况	第 10.7.1 条	5	
		消能减震钢支撑的性能指标	第 10.7.2 条	5	
		构件安装的允许偏差	第 10.7.3 条	2	
		檩条两端相对高差或与设计标高偏差,直线度偏差	第 10.7.4 条	2	
		墙面檩条外侧平面任一点对墙轴线距离与设计偏差不应大于 5 mm	第 10.7.5 条	2	
5	钢平台、钢梯	尺寸偏差和变形,涂层脱落	第 10.8.1 条	5	
		安装允许偏差	第 10.8.2 条	5	
		楼梯踏步的高度差	第 10.8.3 条	3	
		栏杆直线度偏差不应大于 5 mm	第 10.8.4 条	3	
		楼梯两侧栏杆间距与设计偏差不应大于 10 mm	第 10.8.5 条	3	

序号	构件类型	项目内容	验收标准要求	计分值	操作得分
6	主体钢结构	整体立面偏移和整体平面弯曲的允许偏差	第10.9.1条	5	
		总高度的允许偏差	第10.9.2条	3	
报告					

📋 任务工单

根据所学知识,完成以下任务工单。

1. 任务目标

(1)掌握钢结构构件安装的基本要求。

(2)熟悉单层钢结构安装的主要步骤和方法。

(3)理解多层、高层钢结构安装的特点和注意事项。

(4)能够进行简单的钢结构安装模拟操作。

2. 任务内容

(1)构件安装要求学习。

1)查阅相关文献资料或本书,总结钢结构构件安装的基本要求,包括定位精度、连接质量、安全措施等。

2)小组讨论并分享各自总结的安装要求,形成统一的认识。

(2)单层钢结构安装模拟。

1)使用简易模型或教学用具进行单层钢结构安装模拟,包括钢柱、吊车梁、钢屋架等的安装。

2)注意模拟安装过程中的定位、连接和固定操作,确保安装质量。

3)记录模拟安装过程中的关键步骤和注意事项。

(3)多层、高层钢结构安装要点讨论。

1)小组讨论多层、高层钢结构安装的特点和难点,如流水段划分、节点构造等。

2)结合本书和案例,分析多层、高层钢结构安装中常见的问题及解决方案。

3)总结多层、高层钢结构安装的安全措施和质量控制要点。

(4)钢结构安装模拟操作总结。

1)整理模拟操作过程中的记录,形成总结报告。

2)报告应包含安装过程中的经验教训、遇到的问题及解决方案等内容。

3. 任务要求

(1)需认真查阅资料,总结构件安装要求,并参与小组讨论。

(2)在单层钢结构安装模拟中,需按照安装要求进行模拟操作,并记录关键步骤。

(3)在多层、高层钢结构安装要点讨论中,应积极发言,提出自己的观点和建议。

(4)提交总结报告,报告应条理清晰、内容完整。

项目 7　钢结构涂装工程

知识目标

1. 了解不同防腐涂料的特点和应用场景。
2. 了解钢材表面处理的必要性和常用方法。
3. 了解不同涂装工艺的特点和适用范围。
4. 熟悉防腐涂料的分类和命名规则。
5. 掌握防腐涂料的基本组成。
6. 掌握防腐涂装和防火涂装的基本原理与施工要求。

能力目标

1. 能够熟练进行钢材表面处理。
2. 能够按照涂装工艺要求进行操作，确保涂层均匀、无缺陷。
3. 流程和注意事项，能够独立完成涂装施工任务，达到预期的涂装效果。
4. 能够根据不同工程需求和涂料性能要求，制订合理的涂装方案，并进行有效的施工管理和质量控制。

素养目标

1. 培养学生严谨细致的工作态度，对钢结构涂装工程的每个环节都保持高度的责任心，确保涂装质量和安全。
2. 增强学生的团队协作和沟通能力，与团队成员密切配合，共同解决涂装施工中的难题，提高工作效率。
3. 提高学生的创新意识和解决问题的能力，面对复杂的涂装问题能够灵活应对，提出有效的解决方案。

任务 7.1　钢结构涂装涂料

课前认知

钢结构具有强度高、韧性好、制作方便、施工速度快、建设周期短等一系列优点，在建筑工程中应用日益增多。但钢结构也存在容易腐蚀的缺点，钢结构的腐蚀不仅会造成自身的经济损失，还会直接影响到生产和结构安全，由此造成的损失可能远大于钢结构本身，因此做好钢结构的防腐工作具有重要的经济和社会意义。

为减轻和防止钢结构的腐蚀，目前普遍采用的方法是表面涂装进行保护。涂装防护是利用涂料的涂层使被涂物与环境隔离，从而达到防腐蚀的目的，延长被涂物的使用寿命。涂层的质量是影响涂装防护效果的关键因素，而涂层的质量与涂料质量、涂装前的表面除锈质量、涂层厚度、涂装工艺等因素都有关。

理论学习

7.1.1　防腐涂料的组成和作用

防腐涂料一般由不挥发组分和挥发组分（稀释剂）两部分组成。防腐涂料刷在钢材表面后，挥发组分逐渐挥发逸出，留下不挥发组分干结成膜。不挥发组分的成膜物质分为主要、次要和辅助成膜物质三种。主要成膜物质可以单独成膜，也可以黏结颜料等物质共同成膜。它是涂料的基础，也常称为基料、添料或漆基，包括油料和树脂。次要成膜物质包含颜料和体质颜料。涂料组成中没有颜料和体质颜料的透明体称为清漆；具有颜料和体质颜料的不透明体称为色漆；加有大量体质颜料的稠原浆状体称为腻子。

钢结构涂层能起防锈作用，主要是因为涂层具有以下特点：

(1) 涂料具有坚实致密的连续膜，能使结构构件与周围有害介质隔离。

(2) 含碱性颜料的涂料（如红丹漆）具有钝化作用，阻止钢铁的阴极反应。

(3) 含有锌粉的涂料（如富锌底漆）涂刷在钢铁表面，在发生电化学反应时能保护钢铁。

(4) 一般涂料具有较好的绝缘性，使腐蚀电流不易产生，起到保护钢铁的作用。

(5) 当涂料中加入特殊组分时，可具有耐酸、耐碱、耐火等特殊功能。

7.1.2　防腐涂料的分类和命名

1. 防腐涂料的分类

我国的涂料产品按照《涂料产品分类和命名》（GB/T 2705—2003）的规定进行分类。该标准中取消了涂料的型号，分类方法有两种：方法一是以涂料产品的用途为主线，并辅以主要成膜物的分类方法，将涂料产品划分为建筑涂料、工业涂料和通用涂料及辅助材料三个主要类别；方法二是除建筑涂料外，主要以涂料产品的主要成膜物为主线，并适当辅以产品主要用途的分类方法，将涂料产品划分为建筑涂料、其他涂料及辅助材料两个主要类别。

2. 防腐涂料的命名及原则

涂料的全名一般是由颜色或颜料名称加上成膜物质名称，再加上基本名称（特性或专业用途）而组成的。对于不含颜料的清漆，其全名一般是由成膜物质名称加上基本名称而组成的。

视频：防腐涂料

颜色名称通常有红、黄、蓝、白、黑、绿、紫、棕、灰等颜色，有时再加上深、中、浅（淡）等构成。若颜料对漆膜性能起显著作用，则可用颜料的名称代替颜色的名称，如铁红、锌黄、红丹等。

成膜物质名称可做适当简化，如聚氨基甲酸酯简化成聚氨酯、环氧树脂简化成环氧、硝酸纤维素（酯）简化为硝基等。漆基中含有多种成膜物质时，选取起主要作用的一种成膜物质命名。必要时，也可选取两种或三种成膜物质命名，主要成膜物质名称在前，次要成膜物质名称在后，如红环氧硝基磁漆。

基本名称表示涂料的基本品种、特性和专业用途，如清漆、磁漆、底漆、罐头漆、甲板漆、汽车修补漆等，见表7-1。

表 7-1 涂料基本名称(部分)

基本名称	基本名称	基本名称	基本名称
清油	底漆	铅笔漆	漆包线漆
清漆	腻子	罐头漆	电容器漆
厚漆	大漆	木器漆	电缆漆
调和漆	水线漆	家用电器漆	机床漆
磁漆	耐油漆	自行车涂料	工程机械漆
粉末涂料	船壳漆	玩具涂料	锅炉漆

在成膜物质名称和基本名称之间,必要时可插入适当词语来标明专业用途和特性等,如白硝基球台磁漆、绿硝基外用磁漆、红过氯乙烯静电磁漆等。

需烘烤干燥的漆,名称中(成膜物质名称和基本名称之间)应有"烘干"字样,如银灰氨基烘干磁漆、铁红环氧聚酯酚醛烘干绝缘漆。如名称中无"烘干"字样,则表明该漆是自然干燥,或自然干燥、烘烤干燥均可。

凡双(多)组分的涂料,在名称后应增加"(双组分)"或"(三组分)"等字样,如聚氨酯木器漆(双组分)。

技能测试

1. 测试目的
(1)掌握防腐涂料的分类和命名规则。
(2)学习如何根据应用场景选择和命名防腐涂料。
(3)理解防腐涂料在钢结构上的应用及其对防腐效果的影响。

2. 能力标准及要求
(1)能够根据不同环境和防腐需求对涂料进行正确分类。
(2)能够根据涂料特性和用途进行合理命名。
(3)能够设计并实施防腐涂料的施工方案。

3. 活动条件
(1)各类防腐涂料样本和相关技术文档。
(2)适当的场地进行涂料选择。

4. 技能操作
案例1:防腐涂料的深入理解和应用。

(1)防腐涂料的分类实践。根据涂料的使用环境(如室内、室外、海洋环境等)和成膜物类型(如环氧、聚氨酯、氯化橡胶等),对涂料进行分类。

(2)防腐涂料的命名实践。

1)练习根据涂料的颜色、成膜物质、基本特性(如快干、高耐候等)进行命名。

2)识别并命名特殊功能的涂料,如含有锌粉的富锌涂料或具有特殊耐化学性的涂料。

(3)防腐涂料的选择与应用。

1)模拟钢结构项目,根据项目的具体环境和防腐要求,选择最合适的防腐涂料。

2)描述所选涂料的预期效果和施工工艺。

(4)防腐涂料施工方案设计。设计详细的施工方案,包括表面预处理、涂料的混合比例、施工方法、涂层厚度、干燥时间等。

(5)量控制与评估。

1)学习施工过程中的质量控制点，如涂层的均匀性、附着力等。

2)掌握施工后的评估方法，包括漆膜厚度测试、外观检查等。

(6)案例分析。

1)分析历史防腐涂料应用案例，评估涂料选择和施工工艺的有效性。

2)识别案例中的成功要素和潜在问题，提出改进建议。

5．步骤提示

(1)通过理论学习，掌握防腐涂料的分类和命名规则。

(2)通过模拟练习，熟悉涂料的选择和命名过程。

(3)设计并实施一个模拟的防腐涂料施工方案。

(4)通过案例分析，深化对防腐涂料应用的理解，完成应用实操报告。

6．实操报告

防腐涂料深入理解和应用实操报告样式见表7-2。

表7-2　防腐涂料深入理解和应用实操报告

班级		姓名		日期	
课目				指导教师	
施工依据	《涂料产品分类和命名》(GB/T 2705—2003)、全场景免疫诊断仪器、试剂研发与制造中心施工图			验收依据	《钢结构工程施工质量验收标准》(GB 50205—2020)
序号	项目内容	设计/规范要求		设计值	操作得分
1	涂料分类识别	正确分类涂料类型		5	
2	涂料命名准确性	准确命名涂料		5	
3	涂料选择适用性	根据需求选择合适涂料		10	
4	涂料混合比例	正确混合比例		5	
5	施工方法正确性	正确使用施工工具和方法		10	
6	涂层厚度控制	控制涂层达到规定厚度		10	
7	干燥和固化监控	正确监控干燥和固化过程		5	
8	质量控制点检查	检查涂层均匀性、附着力等		10	
9	施工后评估	进行漆膜厚度、外观检查等		10	
10	特殊功能涂料应用	应用耐温、耐化学、快干涂料		10	
11	案例分析能力	对案例进行分析并提出改进建议		10	
12	实操报告完整性与准确性	实操报告内容完整、数据准确		10	
报告					

根据所学知识，完成以下任务工单。

1. 任务目标

(1)掌握防腐涂料的组成和作用，理解其在钢结构保护中的重要性。

(2)熟悉防腐涂料的分类和命名原则，能够准确识别不同种类的防腐涂料。

(3)通过课堂讨论或小组活动，加深对钢结构涂装涂料相关知识的理解和应用。

2. 任务内容

(1)防腐涂料组成与作用学习。

1)查阅本书或相关资料，了解防腐涂料的组成成分(如树脂、颜料、溶剂、助剂等)及其各自的作用。

2)总结防腐涂料在钢结构保护中的主要作用，如防止腐蚀、延长使用寿命等。

(2)防腐涂料分类与命名学习。

1)学习防腐涂料的分类方法，如按用途、成膜物质、涂膜状态等进行分类。

2)掌握防腐涂料的命名原则，能够根据涂料的特性进行正确命名。

(3)防腐涂料识别与应用讨论。

1)小组讨论不同种类的防腐涂料，分析其特点和适用场景。

2)通过图片或实物展示，识别不同防腐涂料的外观和标识。

3)讨论防腐涂料在钢结构涂装中的实际应用，如选择依据、涂装工艺等。

3. 任务要求

(1)需认真查阅资料，总结防腐涂料的组成、作用、分类和命名原则。

(2)小组讨论时，积极参与讨论，提出自己的观点和见解。

(3)提交一份任务报告，包括防腐涂料的组成与作用总结、分类与命名学习心得及小组讨论的内容和结论。

》》 任务 7.2 钢材表面处理

📋 课前认知

本任务将深入讲解钢材表面处理的关键技术。将学习如何有效清除钢材表面的油污，包括碱液、有机溶剂和乳化碱液的清除法。同时，掌握旧涂层的清除方法，以及针对不同锈蚀程度的清除技巧，如手工除锈、喷射除锈、酸洗除锈和火焰除锈等。

📋 理论学习

7.2.1 表面油污的清除

清除钢材表面的油污，通常采用三种方法，即碱液清除法、有机溶剂清除法和乳化碱液清除法。

1. 碱液清除法

碱液清除法主要是借助碱的化学作用清除钢材表面上的油脂，即碱液除油。该法使用简便、成本低。在清洗过程中要经常搅拌清洗液或晃动被清洗的物件。碱液除油配方见表7-3。

表7-3 碱液除油配方

组成	钢及铸造铁件/(g·L^{-1})		铝及其合金/(g·L^{-1})
	一般油脂	大量油脂	
氢氧化钠	20～30	40～50	10～20
碳酸钠	—	80～100	—
磷酸三钠	30～50	—	50～60
水玻璃	3～5	5～15	20～30

2. 有机溶剂清除法

有机溶剂清除法是借助有机溶剂对油脂的溶解作用来除去钢材表面上的油污。在有机溶剂中加入乳化剂，可提高清洗剂的清洗能力。有机溶剂清洗液可在常温条件下使用，若加热至50 ℃使用，会提高清洗效率；也可以采用浸渍法或喷射法除油，一般喷射法除油效果较好，但比浸渍法复杂。有机溶剂除油配方见表7-4。

表7-4 有机溶剂除油配方

组成	煤油	松节油	月桂酸	三乙醇胺	丁基溶纤剂
质量比/%	67.0	22.5	5.4	3.6	1.5

3. 乳化碱液清除法

乳化碱液清除法是在碱液中加入乳化剂，使清洗液除具有碱的皂化作用外，还有分散、乳化等作用，增强了除油能力，其除油效率比用碱液高。乳化碱液除油配方见表7-5。

表7-5 乳化碱液除油配方

组成	配方(质量比)/%		
	浸渍法	喷射法	电解法
氢氧化钠	20	20	55
碳酸钠	18	15	8.5
三聚磷酸钠	20	20	10
无水偏硅酸钠	30	32	25
树脂酸钠	5	—	—
烷基芳基磺酸钠	5	—	1
烷基芳基聚醚醇	2	—	—
非离子型乙烯氧化物	—	1	0.5

7.2.2 表面旧涂层的清除

在有些钢材表面常带有旧涂层，施工时必须将其清除。常用的方法有碱液清除法和有机溶剂清除法。

1. 碱液清除法

碱液清除法是借助碱对涂层的作用，使涂层松软、膨胀，从而便于除掉。该法与有机溶剂法相比，成本低，生产安全，没有溶剂污染，但需要一定的设备，如加热设备等。

碱液的组成及质量比应符合表 7-6 的规定。使用时，将表中所列混合物按 6％～15％ 的比例加水配制成碱溶液，加热到 90 ℃ 左右时即可。

表 7-6　碱液的组成及质量比

组成	质量比/％	组成	质量比/％
氢氧化钠	77	山梨醇或甘露醇	5
碳酸钠	10	甲酚钠	5
OP-10	3	—	—

2. 有机溶剂清除法

有机溶剂清除法具有效率高、施工简单、不需加热等优点；其缺点是有一定的毒性、易燃、成本高。

清除前，应将物件表面上的灰尘、油污等附着物除掉，然后放入脱漆槽中浸泡，或将脱漆剂涂抹在物件表面上，使脱漆剂渗透到旧漆膜中，并保持"潮湿"状态。浸泡 1～2 h 或涂抹 10 min 左右，用刮刀等工具轻刮，直至旧漆膜被除净为止。

有机溶剂脱漆剂有两种配方，见表 7-7。

表 7-7　有机溶剂脱漆剂配方

配方（一）		配方（二）			
甲苯	30 份	甲苯	30 份	苯酚	3 份
乙酸乙酯	15 份	乙酸乙酯	15 份	乙醇	6 份
丙酮	5 份	丙酮	5 份	氨水	4 份
石蜡	4 份	石蜡	4 份	—	—

7.2.3　表面锈蚀的清除

钢材表面除锈前，应清除较厚的锈层、油脂和污垢；除锈后应清除钢材表面上的浮灰和碎屑。

1. 手工和动力工具除锈

手工和动力工具除锈等级可分为两级，见表 7-8。

表 7-8　手工和动力工具除锈等级

除锈等级	除锈效果
St2——彻底的手工和动力工具除锈	钢材表面无可见的油脂和污垢，并且没有附着不牢的氧化皮、铁锈和油漆涂层等附着物
St3——非常彻底的手工和动力工具除锈	钢材表面无可见的油脂和污垢，并且没有附着不牢的氧化皮、铁锈和油漆涂层等附着物。除锈比 St2 更为彻底，底材显露部分的表面应具有金属光泽

（1）手工工具除锈可以采用铲刀、手锤或动力钢丝刷、动力砂纸盘或砂轮等；动力工具除锈常用的工具有气动端型平面砂磨机、气动角向平面砂磨机、电动角向平面砂磨机、直柄砂轮机、风动钢丝刷、风动打锈锤、风动齿形旋转式除锈器、风动气铲等。

（2）手工除锈施工方便，但劳动强度大，除锈质量差，影响周围环境，一般只能除掉疏松的氧化皮、较厚的锈和鳞片状的旧涂层。在金属制造厂加工制造钢结构时不宜采用此法；一般在不能采用其他方法除锈时可采用此法。

（3）动力工具除锈是利用压缩空气或电能使除锈工具产生圆周式或往复式的运动，当与钢材表面接触时，利用其摩擦力和冲击力来清除铁锈和氧化皮等物。动力工具除锈比手工工具除锈效率高、质量好，是目前一般涂装工程除锈常用的方法。

（4）下雨、下雪、下雾或湿度大的天气，不宜在户外进行手工和动力工具除锈；钢材表面经手工和动力工具除锈后，应当满涂底漆，以防止返锈。如在涂底漆前已返锈，则需要重新除锈和清理，并及时涂上底漆。

2. 喷射或抛射除锈

喷射或抛射除锈等级可分为四级，见表7-9。

表 7-9　喷射或抛射除锈等级

除锈等级	除锈效果
Sa1——轻度的喷射或抛射除锈	钢材表面无可见的油脂或污垢，并且没有附着不牢的氧化皮、铁锈和油漆涂层等附着物。附着物是指焊渣、焊接飞溅物和可溶性盐等。附着不牢是指氧化皮、铁锈和油漆涂层等能以金属腻子刀从钢材表面剥离掉，即可视为附着不牢
Sa2——彻底的喷射或抛射除锈	钢材表面无可见的油脂和污垢，并且氧化皮、铁锈等附着物已基本清除，其残留物应是牢固附着的
Sa2$\frac{1}{2}$——非常彻底的喷射或抛射除锈	钢材表面无可见的油脂、污垢、氧化皮、铁锈和油漆涂层等附着物，任何残留的痕迹应仅是点状或条纹状的轻微色斑
Sa3——使钢材表观洁净的喷射或抛射除锈	钢材表面无可见的油脂、污垢、氧化皮、铁锈和油漆涂层等附着物，该表面应显示均匀的金属光泽

（1）抛射除锈。

1）抛射除锈是利用抛射机叶轮中心吸入磨料和叶尖抛射磨料的作用进行工作的。

2）抛射除锈常使用的磨料为钢丸和铁丸。磨料的粒径选用0.5～2.0 mm为宜，一般认为，将0.5 mm和1 mm两种规格的磨料混合使用效果较好，可以得到适度的表面粗糙度，有利于漆膜的附着；而且，不需要增加额外的涂层厚度，并能减小钢材因抛射除锈而引起的变形。

3）磨料在叶轮内由于自重的作用，经漏斗进入分料轮，并同叶轮一起高速旋转。磨料分散后，从定向套口飞出，射向物件表面，以高速的冲击和摩擦除去钢材表面的铁锈和氧化皮等污物。

（2）喷射除锈。喷射除锈是利用经过油、水分离处理过的压缩空气将磨料带入并通过喷嘴高速喷向钢材表面，利用磨料的冲击和摩擦力将氧化皮、铁锈及污物等除掉，同时使钢材表面获得一定的粗糙度，以利于漆膜的附着。

喷射除锈有干喷射、湿喷射和真空喷射三种。

1）干喷射除锈。喷射压力应根据选用不同的磨料来确定，一般控制压强为4～6个大气压。密度小的磨料采用的压强可低些；密度大的磨料采用的压强可高一些。喷射距离一般以100～300 mm为宜；喷射角度以35°～75°为宜。

喷射操作应按顺序逐段或逐块进行，以免漏喷和重复喷射，一般应遵循先下后上、先内后外及先难后易的原则进行喷射。

2)湿喷射除锈。湿喷射除锈一般是以砂子作为磨料,其工作原理与干喷射法基本相同。它使水和砂子分别进入喷嘴,在出口处汇合,然后通过压缩空气,使水和砂子高速喷出,形成一道严密的包围砂流的环形水屏,从而减少了大量的灰尘飞扬,并达到除锈目的。

湿喷射除锈用的磨料可选用洁净和干燥的河砂,其粒径和含泥量应符合磨料要求的规定。一般为了防止在除锈后涂底漆前返锈,可以在喷射用的水中加入1.5%的防锈剂(磷酸三钠、亚硝酸钠、碳酸钠和乳化液),在喷射除锈的同时,使钢材表面钝化,以延长返锈时间。

湿喷射磨料罐的工作压力为0.5 MPa,水罐的工作压力为0.1～0.35 MPa。

如果以直径为25.4 mm的橡胶管连接磨料罐和水罐,可用于输送砂子和水。一般喷射除锈能力为3.5～4 m²/h,砂子耗用量为300～400 kg/h,水的用量为100～150 kg/h。

3)真空喷射除锈。真空喷射除锈在工作效率和质量上与干喷射法基本相同,但它可以避免灰尘污染环境,而且设备可以移动,施工方便。

真空喷射除锈是利用压缩空气,将磨料从一个特殊的喷嘴喷射到物件表面上。同时,又利用真空原理吸回喷出的磨料和粉尘,再经分离器和滤网把灰尘和杂质除去,剩下清洁的磨料又回到贮料槽,再从喷嘴喷出。如此循环,整个过程都在密闭条件下进行,无粉尘污染。

3. 酸洗除锈

酸洗除锈也称为化学除锈,其原理是利用酸洗液中的酸与金属氧化物进行化学反应,使金属氧化物溶解,生成金属盐并溶于酸洗液中,以除去钢材表面上的氧化物。

酸洗除锈常用的方法有两种,即一般酸洗除锈和综合酸洗除锈。钢材经过酸洗后,很容易被空气氧化,因此还必须对其进行钝化处理,以提高其防锈能力。

(1)一般酸洗。酸洗液的性能是影响酸洗质量的主要因素,它一般由酸、缓蚀剂和表面活性剂组成。

1)酸洗除锈所用的酸有无机酸和有机酸两大类。无机酸主要有硫酸、盐酸、硝酸和磷酸等;有机酸主要有醋酸和柠檬酸等。目前,国内对大型钢结构的酸洗主要用硫酸和盐酸,也有用磷酸除锈的。

2)缓蚀剂是酸洗液中不可缺少的重要组成部分,大部分是有机物。在酸洗液中加入适量的缓蚀剂,可以防止或减少在酸洗过程中产生"过蚀"或"氢脆"现象,同时也可减少酸雾。

在不同的酸洗液中,不同缓蚀剂的缓蚀效率也不同。因此,在选用缓蚀剂时,应根据使用的酸进行选择。

3)由于酸洗除锈技术的发展,在现代的酸洗液配方中,一般都要加入表面活性剂。表面活性剂是由亲油性基和亲水性基两个部分所组成的化合物,具有润湿、渗透、乳化、分散、增溶和去污等作用。

(2)综合酸洗。综合酸洗是对钢材进行除油、除锈、钝化及磷化等几种处理方法的综合。根据处理种类的多少,综合酸洗可分为以下三种:

1)"二合一"酸洗。"二合一"酸洗是同时进行除油和除锈的处理方法。该方法去掉了一般酸洗方法的除油工序,提高了酸洗效率。

2)"三合一"酸洗。"三合一"酸洗是同时进行除油、除锈和钝化的处理方法。与一般酸洗方法相比,该处理方法去掉了除油和钝化两道工序,较大程度地提高了酸洗效率。

3)"四合一"酸洗。"四合一"酸洗是同时进行除油、除锈、钝化和磷化的综合方法。该方法去掉了一般酸洗方法的除油、磷化和钝化三道工序。其与使用磷酸一般酸洗方法相比,大大提高了酸洗效率。但与使用硫酸或盐酸一般酸洗方法相比,由于磷酸对铁锈、氧化皮等的反应速度较慢,因此,酸洗的总效率并没有提高,而费用却提高很多。

一般来说,"四合一"酸洗不宜用于钢结构除锈,主要适用于机械加工件的酸洗——除油、除锈、磷化和钝化。

(3)钝化处理。钢材酸洗除锈后，为了延长其返锈时间，常采用钝化处理法对其进行处理，以便在钢材表面形成一种保护膜，以提高其防锈能力。

根据具体施工条件，钝化可采用不同的处理方法：一般是在钢材酸洗后，立即用热水冲洗至中性，然后进行钝化处理；也可在钢材酸洗后，立即用水冲洗，然后用5％碳酸钠水溶液进行中和处理，再用水冲洗以洗净碱液，最后进行钝化处理。

酸洗除锈比手工和动力机械除锈的质量高，与喷射方法除锈质量等级基本相当，但酸洗后的表面不能造成像喷射除锈后形成的适用于涂层附着的表面粗糙度。

4. 火焰除锈

钢材火焰除锈是指在火焰加热作业后，以动力钢丝刷清除加热后附着在钢材表面的产物。钢材表面除锈前，应先清除附在钢材表面较厚的锈层，然后在火焰上加热除锈。

经过火焰除锈后，钢材表面无氧化皮、铁锈和油漆涂层等附着物，任何残留的痕迹应仅为表面变色（不同颜色的暗影）。

技能测试

1. 测试目的
(1)掌握高强度螺栓连接时摩擦面的加工处理技能。
(2)学习构件表面抛丸除锈的正确方法和要求。
(3)理解摩擦面加工和除锈处理对钢结构连接性能的重要性。

2. 能力标准及要求
(1)能够正确操作抛丸机进行摩擦面的加工处理，达到设计要求的抗滑移系数。
(2)能够进行有效的构件表面除锈处理，确保其表面质量符合涂装要求。
(3)能够遵守施工安全规程，保证施工过程的安全和质量。

3. 活动条件
(1)钢结构制作现场或实训场地。
(2)抛丸机、毛刷、压缩空气等工具和设备。
(3)保护材料如纸张和其他防护用品。

4. 技能操作
案例1：摩擦面加工处理。
操作流程如下：
(1)表面检查：在加工前对构件摩擦面进行全面检查，确保无油污、锈蚀或其他杂质。
(2)环境准备：确保作业环境符合施工要求，如温度、湿度等，以保证加工质量。
(3)设备调试：根据构件材质和设计要求调整抛丸机的工作参数，包括丸粒大小、抛射速度和覆盖范围。
(4)摩擦面加工：操作抛丸机对摩擦面进行均匀打磨，直至达到所需的粗糙度和清洁度。
(5)抗滑移系数检测：加工后，采用适当方法检测摩擦面的抗滑移系数，确保其符合设计要求的0.4标准。
(6)表面保护：对已加工的摩擦面进行清洁，并使用贴纸或其他保护材料进行覆盖，防止后续施工过程中的污染或损伤。
(7)记录与标记：记录加工过程的关键参数和检测结果，对构件进行适当标记，以便于后续施工和质量追踪。
(8)质量控制：对加工后的摩擦面进行质量检查，确保无遗漏、无损伤，符合施工和设计标准。

(9)问题处理：如发现加工质量不符合要求，及时分析原因并采取相应措施进行修正。

(10)安全操作：遵守操作规程，确保施工人员的安全，防止抛丸过程中的意外伤害。

案例2：构件表面抛丸除锈。

操作流程如下：

(1)环境评估：确认施工环境的温湿度条件，避免在高湿度或低温环境下作业。

(2)设备检查与调整：检查抛丸设备是否正常工作，根据构件材质调整抛丸参数。

(3)表面预处理：清除构件表面的可见杂物和松散锈层，为抛丸作业做准备。

(4)抛丸作业执行：操作抛丸机对构件表面进行均匀抛丸，去除锈蚀和旧涂层。

(5)表面清洁度评定：按照SSPC(钢结构涂装协会)标准，评定表面清洁度是否达到Sa2.5级。

(6)粉尘清理：采用毛刷或无油压缩空气清除抛丸后的粉尘和残留颗粒。

(7)表面保护措施：对除锈后的表面进行临时保护，避免手触或异物接触。

(8)质量复核：对除锈后的表面进行细致检查，确保无遗漏区域，满足涂装要求。

(9)记录与反馈：记录除锈过程的参数和结果，对发现的问题进行反馈和调整。

(10)安全与环保：确保作业过程中遵守安全规程，采取措施减少粉尘对环境的影响。

(11)后续涂装准备：除锈合格后，准备涂装所需的材料和工具，确保涂装作业的连续性。

5. 实操报告

钢结构表面处理技能测试实操报告样式见表7-10。

表 7-10　钢结构表面处理技能测试实操报告

班级		姓名		日期	
课目				指导教师	
施工依据	《钢结构工程施工规范》(GB 50755—2012)、全场景免疫诊断仪器、试剂研发与制造中心施工图			验收依据	《钢结构工程施工质量验收标准》(GB 50205—2020)
序号	项目内容	设计/规范要求		设计值	操作得分
1	环境温度、湿度检查	符合施工环境要求		5	
2	抛丸设备操作	设备操作熟练，参数调整准确		10	
3	表面预处理	表面清洁无杂物		5	
4	抛丸除锈执行	达到 Sa2.5 级清洁度		20	
5	表面清扫与粉尘清理	清除所有浮尘和残留颗粒		5	
6	表面清洁度评定	符合 SSPC 标准要求		10	
7	表面保护措施	防止手触或异物接触		5	
8	质量复核与记录	记录准确，问题反馈及时		10	
9	安全与环保措施	遵守安全规程，减少环境污染		10	
10	涂装准备	涂装材料和工具准备就绪		10	
11	摩擦面加工处理	抗滑移系数达标，表面均匀		10	
12	摩擦面保护	保护措施得当，防止污染或损伤		5	
报告					

根据所学知识，完成以下任务工单。

1. 任务目标

(1)掌握钢材表面油污、旧涂层和锈蚀的清除方法及其适用场景。

(2)能够识别不同钢材表面的污染和锈蚀情况，并选择适当的清除方法。

(3)通过实践操作，加深对钢材表面处理步骤和注意事项的理解。

2. 任务内容

(1)钢材表面油污清除实践。

1)准备含有油污的钢材样品，提供碱液、有机溶剂和乳化碱液等清除剂。

2)学生分组进行实践，分别使用不同的清除方法清除钢材表面的油污。

3)观察并记录各种清除方法的效果和优点、缺点。

(2)钢材表面旧涂层清除实践。

1)准备带有旧涂层的钢材样品，提供碱液和有机溶剂等清除剂。

2)学生分组进行实践，使用合适的清除方法清除钢材表面的旧涂层。

3)评估清除效果，总结不同清除方法的适用性和注意事项。

(3)钢材表面锈蚀清除实践。

1)准备不同锈蚀程度的钢材样品，提供手工工具、动力工具、喷射或抛射设备及酸洗剂等。

2)学生分组进行实践，根据锈蚀程度选择适当的清除方法。

3)观察并记录清除过程中的变化，总结不同方法的清除效果和操作要点。

3. 任务要求

(1)需认真参与实践活动，按照操作规范进行钢材表面处理。

(2)实践过程中要注意安全，佩戴必要的防护用品。

(3)实践结束后，整理试验现场，保持环境整洁。

(4)提交实践报告，包括实践过程、方法选择、清除效果评估及心得体会等内容。

▷▷ 任务 7.3　钢结构涂装施工

🔲 课前认知

　　本任务将深入探讨钢结构涂装施工中的防腐涂装和防火涂装两大重要方面。学生将了解施工环境的要求、涂层厚度的确定方法、涂料预处理技术、涂刷操作、喷漆技巧等方面知识。同时，课程将重点介绍防腐底漆、防火涂料的施工步骤及质量控制方法。

🔲 理论学习

7.3.1　防腐涂装施工

1. 涂装施工的环境要求

防腐涂装施工应在规定的施工环境条件下进行，它包括温度和湿度。下列情况下一般不得施工，如果涂装施工需要有防护措施：在有雨、雾、雪和较大灰尘的环境下，禁止户外施工；涂层可能受到尘埃、油污、盐分和腐蚀性介质污染的环境施工；施工作业环境光线严重不足时；没有安全措施和防火、防爆工器具的情况下。

（1）施涂作业宜在钢结构制作或安装的完成、校正及交接验收合格后，在晴天和通风良好的室内环境下进行。注意与土建工程配合，特别是与装饰、涂料工程要编制交叉计划及措施。

（2）严禁在雨、雪、雾、风沙的天气或烈日下的室外进行涂装施工。

（3）施涂作业温度：施工环境温度过高，溶剂挥发快，漆膜流平性不好；施工环境温度过低，漆膜干燥慢而影响其质量；施工环境湿度过大，漆膜易起鼓、附着不好，严重的会大面积剥落。《钢结构工程施工质量验收规范》（GB 50205—2020）规定，采用涂料防腐时，表面除锈处理后宜在 4 h 内进行涂装，采用金属热喷涂防腐时，钢结构表面处理与热喷涂施工的间隔时间，晴天或湿度不大的气候条件下不应超过 12 h，雨天、潮湿、有盐雾的气候条件下不应超过 2 h。

（4）涂装施工环境的湿度，一般应在相对湿度不大于 85% 的条件下施工为宜。但由于各种涂料的性能不同，所要求的施工环境湿度也不同，如醇酸树脂漆、沥青类漆、硅酸锌漆等可在较高的相对湿度条件下施工，而乙烯树脂漆、聚氨酯漆、硝基漆等则要求在较低的相对湿度条件下施工。

（5）施涂油性涂料在 4 h 内严禁受雨淋、风吹或粘上砂粒、尘土、油污等，更不得损坏涂膜。

2. 涂层厚度的确定

（1）钢结构涂装设计的重要内容之一是确定涂层厚度。涂层厚度一般是由基本涂层厚度、防护涂层厚度和附加涂层厚度组成。

（2）涂层厚度的确定应考虑钢材表面原始状况、钢材除锈后的表面粗糙度、选用的涂料品种、钢结构使用环境对涂料的腐蚀程度、预想的维护周期和涂装维护的条件。

（3）涂层厚度应根据需要来确定，过厚虽然可增强防腐力，但附着力和力学性能都要降低；涂层过薄则易产生肉眼看不到的针孔和其他缺陷，起不到隔离环境的作用。钢结构涂装涂层厚度可参考表 7-11 确定。

表 7-11　钢结构涂装涂层厚度　　　　　　　　　　　　　　　　　　　μm

涂料种类	基本涂层和防护涂层					附加涂层
	城镇大气	工业大气	化工大气	海洋大气	高温大气	
醇酸漆	100～150	125～175				25～50
沥青漆			150～210	180～240		30～60
环氧漆			150～200	75～225	150～200	25～50
过氯乙烯漆			160～200			20～40
丙烯酸漆		100～140	120～160	140～180		20～40
聚氨酯漆		100～140	120～160	140～180		20～40
氯化橡胶漆		120～160	140～180	160～200		20～40
氯磺化聚乙烯漆		120～160	140～180	160～200	120～160	20～40
有机硅漆					100～140	20～40

3. 涂料预处理

涂装施工前，应对涂料型号、名称和颜色进行校对，同时检查制造日期。如超过储存期，应重新取样检验，质量合格后才能使用，否则禁止使用。

涂料选定后，通常要进行以下处理操作程序，然后才能施涂。

(1)开桶。开桶前应将桶外的灰尘、杂物除尽，以免其混入油漆桶内。同时，对涂料的名称、型号和颜色进行检查，查看其是否与设计规定或选用要求相符合，检查制造日期是否超过储存期，凡不符合的应另行研究处理。若发现有结皮现象，应将漆皮全部取出，以免影响涂装质量。

(2)搅拌。将桶内的油漆和沉淀物全部搅拌均匀后才可使用。

(3)配合比。对于双组分的涂料，使用前必须严格按照说明书所规定的比例混合。双组分涂料一旦配合比混合后，就必须在规定的时间内使用完成。

(4)熟化。双组分涂料混合搅拌均匀后，需要经过一定熟化时间才能使用，对此应引起注意，以保证漆膜的性能。

(5)稀释。有的涂料因储存条件、施工方法、作业环境、气温的高低等不同情况的影响，在使用时，有时需用稀释剂来调整黏度。

(6)过滤。过滤是将涂料中可能产生的或混入的固体颗粒、漆皮或其他杂物滤掉，以免这些杂物堵塞喷嘴及影响漆膜的性能与外观。通常可以使用 $80\sim120$ 目的金属网或尼龙丝筛进行过滤，以达到质量控制的目的。

4. 涂刷防腐底漆

(1)涂底漆一般应在金属结构表面清理完毕后立即施工，否则金属表面又会重新氧化生锈。涂刷方法是用油刷上下铺油(开油)，横竖交叉地将油涂刷均匀，再将刷迹理平。

(2)可用设计要求的防锈漆在金属结构上满刷一遍。如原来已刷过防锈漆，应检查其有无损坏及有无锈斑。凡有损坏及锈斑处，应将原防锈漆层铲除，用钢丝刷和砂布彻底打磨干净后，再补刷防锈漆一遍。

(3)采用油基底漆或环氧底漆时，应均匀地涂刷或喷刷在金属表面上，施工时将底漆的黏度调到：喷涂为 $18\sim22$ St，刷涂为 $30\sim50$ St。

(4)底漆以自然干燥居多，使用环氧底漆时也可进行烘烤，质量要比自然干燥好。

5. 局部刮腻子

(1)待防锈底漆干透后，将金属面的砂眼、缺棱、凹坑等处用石膏腻子刮抹平整。石膏腻子配合比(质量比)为：石膏粉：熟桐油：油性腻子(或醇酸腻子)：底漆：水＝20：5：10：7：45。

(2)可采用油性腻子和快干腻子。用油性腻子一般在 $12\sim24$ h 才能全部干燥；而用快干腻子干燥较快，并能很好地黏附于所填嵌的表面，因此，在部分损坏或凹陷处使用快干腻子可以缩短施工周期。

此外，也可用铁红醇酸底漆 50%加光油 50%混合拌匀，并加适量石膏粉和水调成腻子打底。

(3)一般第一道腻子较厚，因此，在拌和时应酌量减少油分，增加石膏粉用量，可一次刮成，不必要求刮得光滑。第二道腻子需要平滑光洁，因而在拌和时可增加油分，将腻子调得薄一些。

(4)刮涂腻子时，可先用橡皮刮或钢刮刀将局部凹陷处填平。待腻子干燥后应加以砂磨，并抹除表面灰尘，然后涂刷一层底漆，再上一层腻子。刮腻子的层数应视金属结构的不同情况而定。金属结构表面一般可刮 2 道或 3 道腻子。

(5)每刮完一道腻子，待干后都要进行砂磨，第一道腻子比较粗糙，可用粗铁砂布垫木块打磨；第二道腻子可用细铁砂布或 240 号水砂纸砂磨；最后两道腻子可用 400 号水砂纸仔细打磨光滑。

6. 涂刷操作

(1)涂刷必须按设计和规定的层数进行，必须保证涂刷层次及厚度。

(2)涂刷第一遍油漆时，应分别选用带色铅油或带色调和漆、磁漆涂刷，但此遍漆应适当掺入配套的稀释剂或稀料，以达到盖底、不流淌、不显刷迹的目的。涂刷时厚度应一致，不得漏刷。

冬期施工应适当加些催干剂(铅油用铅锰催干剂)，掺量为 2%～5%(质量比)；磁漆等可用钴催干剂，掺量一般小于 0.5%。

(3)复补腻子。如果设计要求有此工序时，将前数遍腻子干缩裂缝或残缺不足处，再用带色腻子局部补一次，复补腻子与第一遍漆色相同。

(4)磨光。如设计有此工序(属中、高级油漆)，宜采用 1 号以下细砂布打磨，用力应轻而匀，注意不要磨穿漆膜。

(5)涂刷第二遍油漆时，如为普通油漆且为最后一层面漆，应用原装油漆(铅油或调和漆)涂刷，但不宜掺入催干剂。设计中要求磨光的，应予以磨光。

(6)涂刷完成后，应用湿布擦净。将干净湿布反复在已磨光的油漆面上揩擦干净。

7. 喷漆操作

(1)喷漆施工时，应先喷头道底漆，黏度控制在 20～30 St，气压控制在 0.4～0.5 MPa，喷枪距离物面控制在 20～30 cm，喷嘴直径以 0.25～0.3 cm 为宜。先喷次要面，后喷主要面。

(2)喷漆施工时，应注意以下事项：

1)在喷漆施工时应注意通风、防潮、防火。工作环境及喷漆工具应保持清洁，气泵压力应控制在 0.6 MPa 以内，并应检查安全阀是否失灵。

2)在喷大型工件时可采用电动喷漆枪或采用静电喷漆。

3)使用氨基醇酸烘漆时要进行烘烤，物件在工作室内喷好后应先放在室温中流平 15～30 min，然后放入烘箱。先用低温 60 ℃烘烤 0.5 h 后，再按烘漆预定的烘烤温度(一般在 120 ℃左右)进行恒温烘烤 1.5 h，最后降温至工件干燥出箱。

(3)凡用于喷漆的一切油漆，使用时必须掺加相应的稀释剂或相应的稀料，掺量以能顺利喷出雾状为准(一般为漆重的 1 倍左右)，并通过 0.125 mm 孔径筛清除杂质。一个工作物面层或一项工程上所用的喷漆量应一次配足。

(4)喷漆干后用快干腻子将缺陷及细眼找补填平；腻子干透后，用水砂纸将刮过腻子的部分和涂层全部打磨一遍。擦净灰迹待干后再喷面漆，黏度控制在 18～22 St。

(5)喷涂底漆和面漆的层数要根据产品的要求而定，面漆一般可喷 2 道或 3 道；要求高的物件(如轿车)可喷 4 道或 5 道。

(6)每次都用水砂纸打磨，越到面层，要求水砂纸越细，质量越高。如需增加面漆的亮度，可在漆料中加入硝基清漆(加入量不超过 20%)，调到适当黏度(15 St后喷 1 遍或 2 遍。

8. 二次涂装

二次涂装一般是指由于作业分工在两地或分两次进行施工的涂装。前道漆涂刷完成后，超过 1 个月再涂刷下一道漆，也应算作二次涂装。进行二次涂装时，应按相关规定进行表面处理和修补。

（1）表面处理。对于海运产生的盐分，陆运或存放过程中产生的灰尘都要清除干净，方可涂刷下道漆。如果涂漆间隔时间过长，前道漆膜可能因老化而粉化（特别是环氧树脂漆类），要求进行"打毛"处理，使表面干净和增加粗糙度，从而提高附着力。

（2）修补。修补所用的涂料品种、涂层层次与厚度、涂层颜色应与原设计要求一致。表面处理可采用手工机械除锈方法，但要注意油脂及灰尘的污染。在修补部位与不修补部位的边缘处，宜有过渡段，以保证搭接处平整和附着牢固。对补涂部位的要求也应与上述相同。

9. 防腐涂装质量控制

漆膜质量的好坏与涂漆前的准备工作和施工方法等有关。

（1）油漆的油膜作用是将金属表面和周围介质隔开，保护金属不受腐蚀。油膜应该连续无孔，无漏涂、起泡、露底等现象。因此，油漆的稠度既不能过大，也不能过小。稠度过大不但浪费油漆，还会产生脱落、卷皮等现象；油漆的稠度过小会产生漏涂、起泡、露底等现象。

（2）漆膜外观要求：应使漆膜均匀，不得有堆积、漏涂、皱皮、气泡、掺杂及混色等缺陷。

（3）涂料和涂刷厚度应符合设计要求。如涂刷厚度设计无要求，一般应涂刷 4 遍或 5 遍。漆膜总厚度：室外为 $125\sim175\ \mu m$；室内为 $100\sim150\ \mu m$。配制好的涂料不宜存放过久，使用时不得添加稀释剂。

（4）色漆在使用时应清除其内的杂物等，以及搅拌均匀。任何色漆在存放中，颜料多少都有些沉淀，如有碎皮或其他杂物，故必须清除后方可使用。色漆不搅匀，不仅使涂漆工件颜色不同，而且影响其遮盖力和漆膜的性能。

（5）根据选用的涂漆方法的具体要求，加入与涂料配套的稀释剂，调配到合适的施工浓度。已调配好的涂料，应在其容器上写明名称、用途、颜色等，以防止拿错。涂料开桶后，需要密封保存，且不宜久存。

（6）涂漆施工的环境要求随所用涂料不同而有差异。一般要求施工环境温度不低于 5 ℃，空气相对湿度不大于 85％。由于温度过低会使涂料黏度增大，涂刷不易均匀，漆膜不易干燥；空气相对湿度过大，易使水汽包在涂层内部，漆膜容易剥落，故不应在雨、雾、雪天进行室外施工。在室内施工时，应尽量避免与其他工种同时作业，以免灰尘落在漆膜表面影响质量。

（7）涂料施工时，应先进行试涂。每涂覆一道，均应进行检查，发现不符合质量要求的（如漏涂、剥落、起泡、透锈等缺陷），应用砂纸打磨，然后补涂。

（8）明装系统的最后一道面漆，宜在安装后喷涂，这样可保证外表美观，颜色一致，无碰撞、脱漆、损坏等现象。

7.3.2　防火涂装施工

1. 构件耐火极限等级

钢结构构件的耐火极限等级，是根据它在耐火试验中能继续承受荷载作用的最短时间来分级的。耐火时间大于或等于 30 min，则耐火极限等级为 F30，每一级都比前一级长 30 min，所以，耐火时间等级分为 F30、F60、F90、F120、F150、F180 等。

钢结构构件耐火极限等级的确定，依建筑物的耐火等级和构件的种类而定；而建筑物的耐火等级又是根据火灾荷载确定的。火灾荷载是指建筑物内如结构部件、装饰构件、家具和其他物品等可燃材料燃烧时产生的热量。单位面积的火灾荷载 q 为

$$q = \frac{\sum Q_i}{A}$$

式中　Q_i——材料燃烧时产生的热量（MJ）；

　　　A——建筑面积（m²）。

与一般钢结构不同，高层建筑钢结构的耐火极限又与建筑物的高度相关，因为建筑物越高，其重力荷载也越大。高层钢结构的耐火等级分为Ⅰ、Ⅱ两级。其构件的燃烧性能和耐火极限应不低于表 7-12 的规定。

表 7-12　建筑构件的燃烧性能和耐火极限

构件名称		Ⅰ级	Ⅱ级
墙体	防火墙	非燃烧体 3 h	非燃烧体 3 h
	承重墙、楼梯间墙、电梯井及单元之间的墙	非燃烧体 2 h	非燃烧体 2 h
	非承重墙、疏散走道两侧的隔墙	非燃烧体 1 h	非燃烧体 1 h
	房间隔墙	非燃烧体 45 min	非燃烧体 45 min
柱子	从楼顶算起（不包括楼顶塔形小屋）15 m 高度范围内的柱	非燃烧体 2 h	非燃烧体 2 h
	从楼顶算起向下 15～55 m 高度范围内的柱	非燃烧体 2.5 h	非燃烧体 2 h
	从楼顶算起 55 m 以下高度范围内的柱	非燃烧体 3 h	非燃烧体 2.5 h
其他	梁	非燃烧体 2 h	非燃烧体 1.5 h
	楼板、疏散楼梯及屋顶承重构件	非燃烧体 1.5 h	非燃烧体 1.0 h
	抗剪支撑、钢板剪力墙	非燃烧体 2 h	非燃烧体 1.5 h
	吊顶（包括吊顶搁栅）	非燃烧体 15 min	非燃烧体 15 min

注：当房间可燃物超过 200 kg/m² 而又不设自动灭火设备时，主要承重构件的耐火极限按本表的数据再提高 0.5 h。

2. 涂层厚度确定

（1）按照有关规范对钢结构耐火极限的要求，并根据标准耐火试验数据设计规定相应的涂层厚度。薄涂型防火涂料的涂层厚度应符合有关耐火极限的设计要求。厚涂型防火涂料涂层的厚度，80％及 80％以上面积应符合有关耐火极限的设计要求，且最薄处厚度不应低于设计要求的 85％。

（2）根据标准耐火试验数据，即耐火极限与相应的保护层厚度，确定不同规格钢构件达到相同耐火极限所需的同种防火涂料的保护层厚度，按下式计算：

$$T_1 = \frac{W_m/D_m}{W_1/D_1} T_m K$$

式中　T_1——待喷防火涂层厚度（mm）；

　　　T_m——标准试验时的涂层厚度（mm）；

　　　W_1——待喷钢梁质量（kg/m）；

　　　W_m——标准试验时钢梁质量（kg/m）；

　　　D_1——待喷钢梁防火涂层接触面周长（mm）；

　　　D_m——标准试验时钢梁防火涂层接触面周长（mm）；

　　　K——系数，对钢梁 $K=1$，对钢柱 $K=1.25$。

公式限定条件：$W/D \geqslant 22$，$T \geqslant 9$ mm，耐火极限 $t \geqslant 1$ h。

（3）根据钢结构防火涂料进行 3 次以上耐火试验所取得的数据作曲线图，确定出试验数据范围内某一耐火极限的涂层厚度。测量方法应符合《钢结构防火涂料应用技术规程》（T/CECS 24—2020）的规定及下列规定：

1）测针。测针（厚度测量仪）由针杆和可滑动的圆盘组成，圆盘始终保持与针杆垂直，并在其上安装有固定装置，圆盘直径不大于 30 mm，以保证完全接触被测试件的表面。如果厚度测量仪不易插入被测材料中，也可使用其他适宜的方法测试。

测试时，将测厚探针垂直插入防火涂层直至钢基材表面上（图 7-1），记录标尺读数。

2）测点选定。

①楼板和防火墙的防火涂层厚度测定，可选两相邻纵、横轴线相交中的面积为一个单元，在其对角线上，按每米长度选一点进行测试。

②全钢框架结构的梁和柱的防火涂层厚度测定，在构件长度内每隔 3 m 取一截面，按图 7-2 所示的位置测试。

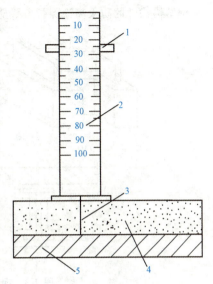

图 7-1　测厚度示意

1—标尺；2—刻度；3—测针；
4—防火涂层；5—钢基材

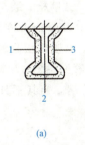 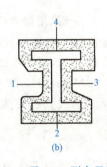 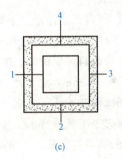

(a)　　　　　　　　(b)　　　　　　　　(c)

图 7-2　测点示意

(a)工字梁；(b)工形柱；(c)方形柱

1，2，3，4——测点位置

③桁架结构，上弦和下弦按第②条的规定每隔 3 m 取一截面检测，其他腹杆每根取一截面检测。

3）测量结果。对于楼板和墙面，在所选择的面积中，至少测出 5 个点；对于梁和柱在所选择的位置中，分别测出 6 个点和 8 个点。分别计算出它们的平均值，精确到 0.5 mm。

（4）直接选择工程中有代表性的型钢喷涂防火涂料做耐火试验，根据实测耐火极限确定待喷涂涂层的厚度。

（5）设计防火涂层时，对保护层厚度的确定应以安全第一为原则，使耐火极限留有余地，涂层应适当厚一些。如某种薄涂型钢结构防火涂料标准耐火试验时，涂层厚度为 5.5 mm，刚好达到 1.5 h 的耐火极限，应采用该涂料喷涂保护耐火等级为一级的建筑，钢屋架宜规定喷涂涂层厚度不低于 6 mm。

3. 防火保护方式

钢结构构件的防火喷涂保护方式应按图 7-3 所示选用。

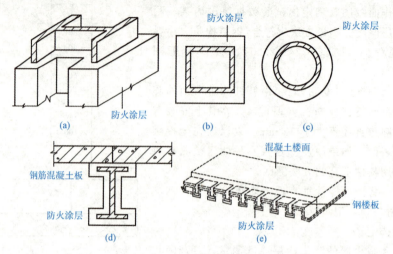

图 7-3 钢结构构件防火喷涂保护方式

(a)I 形柱的保护；(b)方形柱的保护；(c)管形构件的保护；
(d)工字梁的保护；(e)楼板的保护

4. 薄涂防火涂料施工

(1)施工工具及方法。

1)喷涂底层(包括主涂层，下同)时，涂料宜采用重力(或喷斗)式喷枪，装配能够自动调压的 0.6～0.9 m³/min 的空压机。喷嘴直径为 4～6 mm，空气压力为 0.4～0.6 MPa。

2)面层装饰涂料可以刷涂、喷涂或滚涂，一般采用喷涂施工。将喷底层涂料的喷枪、喷嘴直径更换为 1～2 mm，空气压力调为 0.4 MPa 左右，即可用于喷面层装饰涂料。

3)对于局部修补或小面积施工，或者机器设备已安装好的厂房，当其不具备喷涂条件时，可用抹灰刀等工具进行手工抹涂。

(2)涂料的搅拌与调配。

1)应采用便携式电动搅拌器适当搅拌运送到施工现场的防火涂料，使之均匀一致后方可用于喷涂。

2)双组分包装的涂料，应按说明书规定的配比进行现场调配，边配边用。

3)搅拌和调配好的涂料，应稠度适宜，以确保喷涂后不发生流淌和下坠现象。

视频：防火涂料
辊涂法

(3)底层施工操作要点。

1)底涂层一般应喷 2 遍或 3 遍，每遍间隔 4～24 h，待基本干燥后再喷刷后一遍。头遍喷涂以盖住基底面 70% 即可，在二、三遍喷涂时每遍厚度以不超过 2.5 mm 为宜。每喷涂厚度为 1 mm 的涂层，耗费湿涂料 1.2～1.5 kg/m²。

2)喷涂时手握喷枪要稳，喷嘴与钢基材面垂直或呈 70°角，喷嘴到喷面距离为 40～60 cm。要回旋转喷涂，注意搭接处的涂层要保持颜色一致，厚薄均匀，防止漏涂、流淌。确保涂层完全闭合，轮廓清晰。

3)在喷涂过程中，操作人员要携带测厚计随时检测涂层厚度，确保各部位涂层达到设计规定的厚度要求后方可停止喷涂。

4)喷涂形成的涂层是粒状表面，当设计要求涂层表面要平整光滑时，待喷涂完成最后一遍，应采用抹灰刀或其他适用的工具做抹平处理，使外表面均匀平整。

（4）面层施工操作要点。

1)当底层厚度符合设计规定并基本干燥后，方可在施工面层喷涂料。

2)面层涂料一般涂刷 1 遍或 2 遍。如果第一遍是从左至右喷涂，第二遍则应从右至左喷涂，以确保全部覆盖住底涂层。面涂用料为 $0.5\sim1.0$ kg/m^2。

3)对于露天钢结构的防火保护，喷涂好防火的底涂层后，也可选用适合建筑外墙用的面层涂料作为防水装饰层，用量为 1.0 kg/m^2。

4)面层施工应确保各部分颜色均匀一致，接槎平整。

5. 厚涂防火涂料施工

（1）施工工具及方法。厚涂防火涂料施工一般是采用喷涂施工，机具可为压送式喷涂机或挤压泵，配能自动调压的 $0.6\sim0.9$ m^3/min 的空压机，喷枪口径为 $6\sim12$ mm，空气压力为 $0.1\sim0.6$ MPa。局部修补可采用抹灰刀等工具手工抹涂。

（2）涂料的搅拌与调整。

1)现场应采用便携式搅拌器将工厂制造好的单组分湿涂料搅拌均匀。

2)现场加水或其他稀释剂调配由工厂提供的干粉料时，应按涂料说明书规定的配合比混合搅拌，边配边用。

3)调配工厂提供的双组分涂料时，应按配制涂料说明书规定的配合比混合搅拌，边配边用。特别是化学固化干燥的涂料，配制的涂料必须在规定的时间内使用完成。

4)搅拌和调配涂料使稠度适宜，喷涂后不会出现流淌和下坠现象。

（3）施工操作要点。

1)喷涂应分若干次完成，第一次喷涂基本盖住钢基材面即可，以后每次喷涂厚度为 $5\sim10$ mm，一般以 7 mm 左右为宜。必须在前一遍喷层基本干燥或固化后再喷涂后一遍，通常情况下，每天喷涂一遍即可。

2)喷涂保护方式、喷涂次数与涂层厚度应根据防火设计要求确定。

3)喷涂时，持枪手紧握喷枪，注意移动速度，不能在同一位置久留，以免涂料堆积流淌；因为输送涂料的管道长而笨重，故应配一助手帮助移动和托起管道；配料及往挤压泵加料均要连续进行，不得停顿。

4)当防火涂层出现下列情况之一时，应重新喷涂：

①涂层干燥固化不好、黏结不牢或粉化、空鼓、脱落时。

②钢结构的接头、转角处的涂层有明显凹陷时。

③涂层表面有浮浆或裂缝宽度大于 1.0 mm 时。

④涂层厚度小于设计规定厚度的 85% 时，或涂层厚度虽大于设计规定厚度的 85%，但未达到规定厚度涂层连续面的长度超过 1 m 时。

5)在施工过程中，操作者应采用测厚计检测涂层厚度，直到符合设计规定的厚度，方可停止喷涂。

6)喷涂后的涂层要适当维修，应采用抹灰刀等工具剔除明显的乳突，以确保涂层表面均匀。

6. 防火涂装质量控制

(1)薄涂型钢结构防火涂层应符合下列要求：

1)涂层厚度符合设计要求。

2)无漏涂、脱粉、明显裂缝等。如有个别裂缝，其宽度不应大于 0.5 mm。

3)涂层与钢基材之间和各涂层之间应黏结牢固，无脱层、空鼓等情况。

4)颜色与外观符合设计规定，轮廓清晰，接槎平整。

(2)厚涂型钢结构防火涂层应符合下列要求：

1)涂层厚度应符合设计要求。如厚度低于原定标准，则必须大于原定标准的 85%，且厚度不足部位连续面积的长度不得大于 1 m，并在 5 m 范围内不再出现类似情况。

2)涂层应完全闭合，不应露底、漏涂。

3)涂层不宜出现裂缝。如有个别裂缝，其宽度不应大于 1 mm。

4)涂层与钢基材之间和各涂层之间，应黏结牢固，无空鼓、脱层和松散等情况。

5)涂层表面应无乳突。有外观要求的部位，母线不直度和失圆度允许偏差不应大于 8 mm。

(3)薄涂型防火涂料的涂层厚度应符合有关耐火极限的设计要求。厚涂型防火涂料涂层的厚度 80% 及 80% 以上面积应符合有关耐火极限的设计要求，且最薄处厚度不应低于设计要求的 85%。

(4)涂层检测的总平均厚度，应达到规定厚度的 90%。计算平均值时，超过规定厚度 20% 的测点，按规定厚度的 120% 计算。

(5)对于重大工程，应进行防火涂料的抽样检验。每使用 100 t 薄型钢结构防火涂料，应抽样检测一次粘结强度；每使用 500 t 厚涂型防火涂料，应抽样检测一次粘结强度和抗压强度。其抽样检测方法应按照《钢结构防火涂料》(GB 14907—2018)执行。

技能测试

1. 测试目的

(1)能够理解并应用防腐涂装的环境要求。

(2)掌握涂层厚度的确定方法和涂料预处理技巧。

(3)学习涂刷防腐底漆、局部刮腻子、涂刷操作及喷漆操作的正确流程。

(4)理解二次涂装和防腐涂装质量控制的重要性。

2. 能力标准及要求

(1)能够根据环境条件调整涂装施工计划。

(2)能够准确确定涂层厚度并选择合适的涂料。

(3)能够熟练进行涂料的预处理、调配和过滤。

(4)能够按照规范进行底漆涂刷、腻子刮涂、面漆喷涂及质量检查。

3. 活动条件

实际的钢结构涂装施工现场，各种涂料样本、涂装工具和安全设备。

4. 技能操作

案例：钢梁的防腐涂装。

（1）施工工艺流程。钢构件防腐涂装施工工艺流程如图7-4所示。

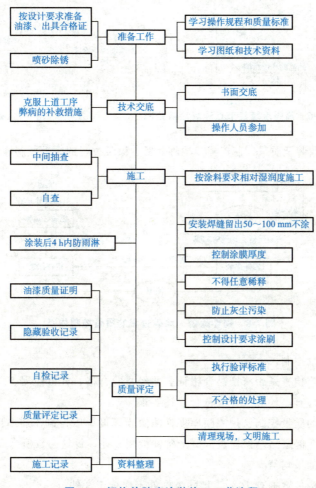

图7-4　钢构件防腐涂装施工工艺流程

（2）操作要领

1）构件出厂前不需要涂装部位。

①与混凝土连接区域；

②箱型柱内封闭区及外包混凝土或砂浆区；

③现场焊接部位及两侧各100 mm，且满足超声波探伤要求的范围，但工地焊接部位及两侧应进行不影响焊接的防锈处理，在除锈后刷防锈保护漆（图7-5）；

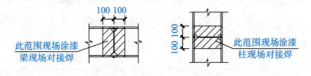

图7-5　梁柱现场对接焊涂漆范围（mm）

④高强度螺栓节点的摩擦面（高强螺栓接触面50 mm范围内或螺栓孔周100 mm的接触表面不刷油漆，待现场螺栓完成后涂漆）；

⑤钢梁上翼缘板上表面底漆做法(图7-6、图7-7)。

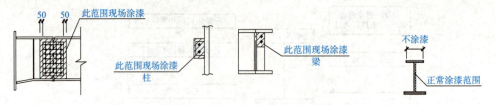

图 7-6 高强度螺栓节点现场涂漆范围　　　　图 7-7 钢梁翼缘涂漆范围

2)构件除锈、涂装及质量控制流程。构件除锈、涂装过程的质量控制体系如图7-8所示。

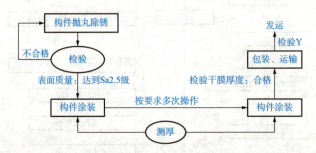

图 7-8 构件除锈、涂装过程的质量控制体系

3)构件涂装质量控制。

①进场的涂料应检查是否有产品合格证,并经复验合格,方可使用。

②涂装环境的检查,环境条件应符合前述要求。

③涂装过程中的质量控制:用漆膜厚度计测漆膜厚度,以控制干膜厚度和漆膜质量。检验方法:用CTG-10覆层测厚仪检查。每个构件检测5处,每处的数值为3个相距50 mm测点涂层干漆膜厚度的平均值。

检查数量:按构件数抽查10%,且同类构件不应少于3件。

涂装漆膜外观检查:漆膜外观,应均匀、平整和有光泽;颜色应符合设计要求;不允许有咬底、裂纹、剥落、针孔等缺陷。

5. 实操报告

钢梁防腐涂装实操报告样式见表7-13。

表 7-13 钢梁防腐涂装实操报告

班级		姓名		日期	
课目				指导教师	
施工依据	《钢结构工程施工规范》(GB 50755—2012)、全场景免疫诊断仪器、试剂研发与制造中心施工图			验收依据	《钢结构工程施工质量验收标准》(GB 50205—2020)
序号	项目内容	设计/规范要求		设计值	操作得分
1	环境温度、湿度检查	符合施工环境温度、湿度要求		5	

序号	项目内容	设计/规范要求	设计值	操作得分
2	涂料预处理	涂料型号、名称、颜色校对，制造日期检查，超过储存期需重新检验	5	
3	搅拌与配比	油漆搅拌均匀，双组分涂料按比例混合	5	
4	熟化与稀释	双组分涂料熟化，必要时稀释以调整黏度	5	
5	过滤	涂料过滤，去除固体颗粒等杂质	5	
6	底漆涂刷	金属表面清理后立即涂刷底漆，确保均匀覆盖	10	
7	腻子刮涂与打磨	腻子刮平，干燥后打磨，视需要刮涂多层	10	
8	面漆涂刷	按设计要求涂刷面漆，保证层次和厚度	15	
9	涂层质量检查	检查涂层是否有漏涂、起泡、皱皮、露底等缺陷	10	
10	涂层干燥与后处理	涂层干燥方法正确，后处理（如磨光）符合要求	5	
11	喷漆操作	喷漆施工技术，包括黏度控制、气压、喷枪距离物面距离、喷嘴直径选择	15	
12	二次涂装处理	对超过规定时间间隔的涂装进行表面处理和修补	10	
报告				

🔲 任务工单

根据所学知识，完成以下任务工单。

1. 任务目标

(1)理解和掌握防腐涂装施工的基本流程与要求，包括环境要求、涂层厚度确定、涂料预处理、涂刷和喷漆操作等。

(2)掌握防火涂装施工的基本知识，包括构件耐火极限等级、涂层厚度确定、防火保护方式，以及薄涂和厚涂防火涂料施工等。

(3)能够根据涂装施工要求，进行基本的涂刷和喷漆操作，并进行质量控制。

2. 任务内容

(1)防腐涂装施工模拟实践。

1)设立模拟涂装施工环境，准备相应的涂料、涂刷工具、喷漆设备等。

2)学生分组进行涂刷防腐底漆、刮腻子、涂刷面漆等操作，模拟实际涂装过程。

3)注意观察并记录环境条件、涂层厚度、涂刷均匀度等关键参数。

(2)防火涂装施工知识学习与应用。

1)学习不同耐火极限等级构件所需的涂层厚度及防火保护方式。

2)掌握薄涂和厚涂防火涂料施工的基本步骤和注意事项。

3)分组讨论防火涂装质量控制的关键因素和措施。

(3)涂装施工质量检查与评估。

1)学生对自己完成的防腐和防火涂装作品进行质量检查，包括涂层厚度测量、外观质量评估等。

2)小组内互相评估作品，提出改进意见。

3. 任务要求

(1)需认真学习和理解防腐与防火涂装施工的基本知识。

(2)在模拟实践过程中，严格按照施工要求进行操作，注意安全和环境保护。

(3)提交任务报告，包括实践过程记录、涂装作品质量评估结果、学习心得等内容。

榜样引领——2024年建筑钢结构行业青年榜样计江波

计江波，男，1996年8月出生，曲靖陆良人，共青团员，焊工技师。2015年3月进入云南建投钢结构股份有限公司，从事焊接工作。多年来，他参与了怒江渡口大桥、曲靖德方纳米、昆明华润拓东商务中心、元江县跨江大桥等多个重难点项目的钢结构焊接制作。

走进生产车间，伴随着机器打磨声、碳弧气刨声、构件敲击声入眼而来的是焊花飞溅，一排排焊工师傅，头戴深蓝色焊工头套，一手托面罩、一手握焊枪，或蹲或坐，或仰面朝天，或弯腰弓背。他们中有个年轻人，"全副武装"穿梭于铁板钢架之间，专注于自己的焊花世界里，这个人就是计江波，一把焊枪强力出击构造精品的同时，也把他淬炼为功底深厚、敢于创新的"焊匠"。

"我能忍受刺眼的弧光、灼热的气流，但实在忍受不了那100%的返工率。"计江波说道。他把自己"焊"在车间里，白天跟在师傅身边看，不断找机会向前辈请教；夜里独自一人到车间中捡拾边角余料进行焊接练习，不断地调整焊枪的角度、速度，仔细认真地把每道焊缝焊准、焊好，车间35℃以上的高温和焊接2 000℃的热辐射让皮肤被"炙烤"得泛红、脱皮，焊枪握太久了，手臂僵硬麻木得连拿筷子的力气都没有。但计江波咬着牙坚持，熟练掌握了全熔透焊接技术，也对焊接这门技艺产生了浓厚的兴趣。

面对曲靖润阳厂房项目工程2 000 t构件加工的"急"，他毫不犹豫从国赛备战中抽身，组织16名焊工，连续加班抢产20余天，将一架架16 m长的屋面梁保质保量交付现场安装。

面对昆明华润拓东商务中心90 mm超(特)厚板焊接工艺的"难"，他主动请缨，创新制作"排式预热工装"，缩短预热时长，一举攻克90 mm多层多道全熔透焊接等技术难点，焊接效率提高3倍以上，填补了曲靖分厂在超厚板、特定材料构件制作领域的空白。

面对曲靖德方纳米项目施工现场高空焊接作业的"险"，他带领团队奔赴现场，克服构件单体面积小、焊缝位置隐蔽、焊接操作难度大等困难，以精湛的运枪手法、角度、力度，确保了焊缝一次合格，保障了安装质量和施工有序，助力曲靖分厂第一个总承包项目圆满收官。

面对元江县跨江大桥项目贯通任务的"重"，他前往现场支援，克服40℃高温考验，大胆采用二氧化碳陶瓷衬垫单面焊双面成型技术，有效缩短施工工期，确保了贯通节点目标实现，助力项目获评"中国钢结构金奖"。成功不会为鲜花与掌声止步，梦想终因坚持而实现。在一遍遍的勤学苦练中找到方向，在一场场技能竞赛中淬炼成长，在一次次的实践攻坚中亮剑发光，计江波以焊枪为笔，燃动匠心，强"焊"出击，书写着年轻一代产业工人最美的荣光。

榜样引领——钢结构车间里的金牌工人张松旺

腾讯滨海大厦、横琴口岸交通枢纽、厦门英蓝国际金融中心、深圳湾创新科技中心……这些耳熟能详的"网红地标",它们都有一个共同点:壮观又奇异的钢结构造型。在广东河源,由中建二局阳光智造公司打造的钢结构装配式生产基地,正是这些"网红地标"背后的"秘密"所在,国内很多钢结构工程中都有它的身影。

在钢结构生产车间,金牌工人张松旺正在车间和师傅们一起看着钢结构图纸,认真分析工艺对下料的技术要求,详细记录着时间、操作流程、注意事项,反复与班组师傅研讨、分析论证、琢磨。他说:"1万吨口岸钢结构气割下料,所有构件必须精准、快速下料。"

"戴上闪着金光的党徽,整齐地别在胸前,确认周围环境后再开始作业,要佩戴好安全帽。"这是他的口头禅,每天都要在车间里响起。张松旺出生于1997年,是名副其实的90后,可别看他年龄小,他还有很多不同的身份和角色——农民工党员、广东省工会代表、河源市劳动模范、岗位技术能手、河源市劳模和工匠人才创新工作室的带头人……

"这是张松旺专著。"车间师傅说。张松旺在车间工作已有6多年,大家都称他为老班长,这个车间里90后有一个特点就是爱记笔记,这一习惯保持了很多年。工作时一旦发现问题,他便会记录下来,做深入研究,一有时间就在车间给员工做现场讲授。

他提出了一套下料工艺改进方案,自制了"化零为整"的下料模式,即把原有编码全部打散,优先消耗小块材料,同时单独做独立账本,把能用的边角料全给利用上,经过长时间积累,慢慢把余料化为整板,力求"零浪费",从而达到节约公司原材料成本的目的,解决了余料过多堆压和人工来回倒运问题。该方案在钻孔、坡口过程中环环相扣,实现了流程化,提高了30%工作效率,确保了产品质量和工期。

作为班组带头人,他和突击队队员主攻钢结构高效生产技术,为国内最大口岸工程——横琴口岸及综合交通枢纽开发工程成功输送了2万t"巨型体量"钢结构,顺利完成东、西门头桁架一次性液压整体提升。

榜样引领——焊接模范人物刘志国

刘志国，出生于 1972 年，湖北黄冈市人，中国焊接界的传奇人物。他以出色的焊接技术和崇高的职业操守成为焊接领域的模范人物。本文将详细介绍刘志国的事迹和影响。

刘志国出生于一个普通工人家庭，家境贫寒。他一直梦想着成为一名优秀的焊工，为国家的建设贡献力量。然而，由于家庭经济状况的限制，他没能立即进入技校学习焊接技术。为了改变自己的命运，刘志国坚持自学焊接知识，通过阅读图书、观看视频等形式积累技术经验。

1994 年，刘志国如愿以偿地进入一家大型船厂成为焊工学徒。在这里，他得到了专业的培训和指导。他勤奋上进，刻苦学习，不断提升自己的焊接技术。

刘志国的技术逐渐获得同行和领导的认可。在日常工作中，他不仅能够准确地完成任务，而且常常挑战自己，主动学习新的焊接技术和工艺。他熟练掌握了电弧焊、气体保护焊、激光焊接等多种焊接方法。

为了提高自己的水平，刘志国积极参加各类焊接技能比赛。他凭借稳定的焊接质量、高效的作业速度和出色的专业知识多次获得比赛的冠军和优秀奖项。他的名字渐渐在焊接界崭露头角。

刘志国是一位极富创造力的焊接工程师。在多年的职业生涯中，他积累了大量的工作经验和技术知识。因此，他决定将这些知识分享给更多的人。他撰写了多本焊接技术方面的畅销书籍，被广大焊接爱好者所推崇。

为了培养更多的优秀焊接人才，刘志国将自己多年的经验和技术传授给年轻的学徒。他以身作则，细致教导学徒们焊接技术和职业操守。他注重学徒们的实践能力，并鼓励他们勇于创新。这一举动让刘志国成为众多学徒心目中的楷模和榜样。

刘志国一直把自己看作社会的一分子，时刻关注着社会的发展和进步。他积极参与公益事业，通过组织、捐款等方式为贫困地区的学生提供教育援助。他还发起了焊接技能培训班，帮助那些有能力但没有机会接受正规教育的人获得就业技能。

多年来，刘志国积极参与各种焊接技能竞赛，并屡获殊荣。他先后荣获"中国焊接技能大赛"金奖、"全国焊接大赛"冠军等重要奖项。他的卓越成就和崇高品质使他成为焊接行业的标杆人物，备受瞩目和推崇。

刘志国的事迹激励着整个焊接行业的发展。他为广大年轻焊工树立了榜样，鼓舞了他们勇于创新、追求卓越的精神。他的著作和实践经验为年轻一代焊工提供了宝贵的参考和指导。他的社会公益活动帮助更多的人获得工作机会和技能培训，为社会进步作出了积极贡献。刘志国以其专业的技术、扎实的工作态度和崇高的职业操守成为焊接行业的模范人物。他的事迹激励着广大年轻焊工，为整个焊接行业树立了榜样。他的贡献和影响将继续在中国焊接界传承下去。

榜样引领——胡从柱："老黄牛"的吊装人生

初夏的广东碧空如洗，远远望去，世纪工程港珠澳大桥的旅检大楼显得高大而雄伟。中建钢构有限公司华南大区综合工长胡从柱，爬上 25 m 高的钢架结构进行例行检查，此刻的他显得渺小而平凡。

30 多年来，胡从柱如同一头"老黄牛"，在建筑行业默默耕耘。他走南闯北参与打造了 30 多项精品工程，为建筑"接梁架骨"，吊起 40 余万 t 钢构件筑成千层楼。

1985 年，年仅 17 岁的胡从柱背上行囊来到深圳。那时，他还是一名学徒工，参与建设中国第一幢钢结构摩天大楼——深圳发展中心。

当时，钢结构建筑在国内刚刚起步，吊装工奇缺，胡从柱站在巍峨的大楼前，惊叹于吊装技艺的高深，同时一股复杂的情绪也涌上心头：我能行吗？"成为一名吊装工"的想法在胡从柱心里悄然种下。结束一天的工作，工友开始休息时，胡从柱拿出专业类书籍仔细研读，放下书时往往已是半夜时分。

纸上得来终觉浅，为了积累更多的实践经验，遇到复杂的工作胡从柱就抢着做，一遍遍地请教师傅。许多个夜晚，他都在吊车上度过。

为了提高操作技能，胡从柱还和工友进行技术"比武"。"在地上画一个直径 3 m 的圆圈，谁指挥的构件摆动幅度超过这个圈，就算输。"胡从柱说，按经验，一般构件的摆动幅度直径在 4～5 m。

有标杆，有方法，有劲头。1995 年，胡从柱作为吊装班组长参建当时亚洲第一高楼——地王大厦。在当时，无论是安装体量还是难度，地王大厦都是全国之最。胡从柱带领他的班组，仅用 1 年零 12 天便完成了 24 500 t 主楼钢结构的施工任务，仅是美国 AISC 规范允许误差的 1/3，还创造了两天半施工一层的惊人速度。

将每件事当成自己的事，这是胡从柱的工作信条。

"港珠澳大桥珠海口岸项目是我做过的最难的项目。"胡从柱说。7 万余件钢结构构件，14 万 m² 屋盖面积，频繁的台风暴雨天气更是加剧了施工难度。各种困难让很多施工者摇头畏难，公司找到胡从柱委以重任。2015 年夏天，胡从柱背上行囊，再一次出发。

两年来，胡从柱每天驻扎在现场，事无巨细都要一一检查。2017 年春节回来，原来施工的地方被新建的桥梁横通阻隔，无法按照原来的方案进行。胡从柱没有推卸责任，自己想好了解决方案，再找大家商讨。

"跟他搭档最大的感受就是轻松！"港珠澳大桥珠海口岸屋面项目执行经理曾伟能说，胡从柱不畏难，面对新的问题会找出新办法，再结合经验逐步完善。

艰难险阻，玉汝于成。胡从柱带领班组，攻克了施工栈桥限重 70 t 的难题，实现了提前 45 天插入拼装工作，完成了国内旅检大楼最大规模的网架提升。

港珠澳大桥珠海口岸项目竣工在望，胡从柱收到公司调令，即将奔赴柳州，迎接他的将是又一"大跨度"项目。"有难度，找从柱"这句话，对同事来说是信任，对胡从柱来说则是压力和责任。"有困难，扛过去就好。"胡从柱说完笑了笑。

从首次应用 14 m 钢板的广州新白云机场航站楼，到所有钢柱都有倾角的中央电视台新台址；从频繁受到台风阻挠的厦门建发国际大厦，到构件无法进场的海控国际广场……一旦被委以重任，胡从柱就负责到底，踏踏实实地做事。

风雨沧桑三十载，胡从柱参建的工程获得中国钢结构金奖 5 项，国家科技进步奖 7 项，他自己于 2015 年获广东省五一劳动奖章。面对这些荣誉，胡从柱说，自己只是"踏踏实实做事，老老实实做人"。

榜样引领——陆建新：从普通测量工到一流钢结构专家

陆建新，1964 年 7 月出生于江苏省海门县（今海门市）麒麟乡长南村的一个普通农民家庭。1979 年进入南京建筑工程学院工程测量专业学习，中专学历。1982 年入职于中建三局一公司，后随企业改革调整转入中建三局钢结构、中建钢构公司。1982 年，18 岁的陆建新参建我国第一座超高层建筑——深圳国贸大厦，作为测量员，他见证了三天一层楼的"深圳速度"，此后的十余年，他都是干测量工作。岗位虽然平凡，陆建新却十分用心。

随着时代的进步，建筑施工的技术和设备也在不断更新，陆建新勤于学习，很快掌握计算机、CAD 软件等新技术，甚至比年轻人学得还快。2000 年在广州新白云国际机场航站楼项目中，他就曾巧用计算机三维模型核对测量班的手工计算定位放样数据。2004 年，在上海环球金融中心担任钢结构项目总工程师期间，他第一次面对这座建造难度极大的世界级摩天大楼，陆建新带领团队成功化解 10 项"第一次"难题。2007 年，在广州西塔任钢结构项目执行经理时，面对巨型斜交网格结构，他发明了斜钢柱无缆风绳临时固定技术，和伙伴们创造了"两天一层"的世界高层建筑施工最快纪录。深圳平安金融中心项目中，他还带领团队创造了"国内第一立焊""国内第一仰焊""国内第一厚焊"的施工技术新纪录。

新纪录的背后有许多施工过程中不为人知的前所未见的难题。面对动臂式塔式起重机的支撑系统承担荷载及维持稳定问题，陆建新带领整个团队模拟安装工况，历时两个月模拟计算并不断研讨修改，经多次验算和反复论证，终于自主设计并成功研发了一套优良的塔式起重机支撑系统。接着，施工又面临着拆卸周转太慢的难题，陆建新凭借几十年的施工经验，带领团队想出了支撑架悬挂拆卸方法。这一个技术革新直接创造工期效益 7 680 万元。获得成功后，他及时整理技术资料，向其他超高层项目推广。高达 597 m 的中国结构第一高楼——天津 117 大厦，就采用了此方法，收效甚好。2014 年 1 月，该技术经业内 7 位知名专家鉴定，达到国际领先水平。

陆建新很严谨，熟悉陆建新的人都知道，他看图纸比谁都认真。项目图纸再厚，他也会在第一时间看完，并仔细研究，确保项目不因错看、漏看图纸而打糊涂仗，不因没有发现设计不合理而打窝囊仗。他对管理细节也像看图纸一样认真执着，项目上的每一封函件他都逐字审阅定稿，每一个标点符号都不会放过，他的解释是："项目管理绝无小事，必须用百分之百的认真对待。"无数失败的产品和惨痛的事故，都在重复"失之毫厘、谬以千里"的教训。简简单单的"认真"，正是一把严谨的质量标尺。

秉持严谨和创新的精神，参加工作以来，陆建新始终扎根在施工一线，从一名普通测量员，成长为项目总工、项目经理，成长为世界一流的钢结构专家。40 余年来，陆建新和同事们一起先后建起了 44 座重要建筑，其中 20 座属于国内知名的城市地标，如中国第一幢超高层大厦——深圳国贸大厦、上海环球金融中心、北京银泰中心等。40 余年来，他带领团队破解了成百上千的技术难题，见证并直接参与了中国超高层建筑从无到有的过程，尤其是将中国超高层、大跨度钢结构施工技术推向了世界一流水平。

他参建摩天大楼的总高度达到 3 500 余米，被业内称为"举世无人能及"。这些彪炳中国建筑史、扮靓中国城市的摩天大楼，不仅刷新着"中国高度"，更见证了中国超高层建筑从无到有的过程，而且工程质量、施工速度、建造成本和多项技术达到国际领先水平。

榜样引领——中国智能涂料创始人杨卓卫

时代在发展，社会在进步，智能生活逐渐成为人民对未来生活模式的愿景。以涂料为例，十年前的人们只在乎美观与否，十年后的人们则在乎品质、环保、健康，以及智能等。需求多样化，恰恰表明了国家正持续走向富强的道路。中国智能涂料创始人杨卓卫，面对国家的发展和人民的诉求，秉承着报国初心，将涂料与人工智能相结合，开辟新的创业道路、引领新兴产业，奉献自己的一生。

人民日报曾写道："纵然人生起于低谷，也要逆风前行，迎难而上，最终怀抱光明。"奋斗在有志者心中，永远是最为独特的文字，它象征着坚持和努力，也标志着与成功的不期而遇。中国智能涂料创始人杨卓卫，便是一位"奋斗且勇敢"的有识之士。正如人民日报所说，杨卓卫起于末微之处，是平凡大众中的一员，既不起眼，也不出奇。尽管如此，他依旧一步一个脚印，走向了坎坷崎岖的创新之路。杨卓卫将满腔的爱国之志，化作力量，用双手创造了独属于自己的一片天地。回望过去

杨卓卫在年轻时，就开始了创业创新，凭借着过人的勇气和智慧，他很快就赚到了人生的第一桶金，那时的他真可谓是少年得意。然而，也许是成功来得太过容易，杨卓卫很快就遭遇了失败，这也导致他原本的生意破产，使他无奈去了重庆，投靠自己的亲戚，寻找着新的发展之路。

失败总会给人带来成长和进步，而再次开启创新之路的杨卓卫便从失败中获得了力量。他用独特的眼光去观察市场和生活，并从中看到了涂料行业的商机。于是，追求实干的杨卓卫立马就开展了工作。经过长时间的准备和考察后，杨卓卫南下去往广东，并在当地创建了广东智能涂料有限公司，而他本人则担任起了董事长。就当时的社会环境而言，智能涂料是先进且少有人懂的高科技产物，它的发展和进步必然要受到来自很多方面的挑战，尤其是当时的涂料市场还处于传统涂料最为盛行的时期，这就更加压缩了杨卓卫的发展环境。即便如此，杨卓卫依旧不改其志，坚持在行业中艰苦奋斗、努力发展，因为他始终明白，传统涂料有着巨大的局限性，它必将随着时代的进步和科技的发展而逐渐被淘汰；智能涂料则有着无穷的潜力和发展空间，它必将在未来大放光彩，取代传统涂料的位置，为大众服务。

勤勉创业路，奋进多年行。在数十年的发展道路上，杨卓卫好像无时无刻不在奋斗，也无时无刻不在努力，而这些都得益于他那一片赤诚的报国初心。面对发达国家的先进科技水平和祖国的现状，他产生了深深的感慨："既然身为中华儿女，就要为祖国富强而努力奋斗，只有祖国强大了，人民才能获得幸福。"简简单单的话语中，蕴含着杨卓卫对祖国深沉的爱。他愿意为此竭尽全力，做好自己的事业、推动公司发展，为社会、为国家不断奉献；也正是因为如此，杨卓卫先后获得了"科技典范创新楷模""杰出人物"等荣誉。数不尽的荣誉奖项背后，恰恰包含了国家对于杨卓卫的肯定和鼓励，而这也将推动着他不断奋斗，继续为国家发展做出努力。

在发展智能涂料上，杨卓卫已然投入了半生岁月，由青年变成了老年，头发斑白的背后，是数不尽的困境和难关被一一克服。作为国内智能涂料的创始人，杨卓卫创建了广东智能涂料公司、海南智慧涂料进出口有限公司，还有中国智能涂料行业网平台，这三大板块组成了杨卓卫的企业核心，将智能涂料更完美、更全面地推向社会，与世界接轨，让发展道路变得更加广阔。对于市场而言，智能涂料就好像一股崭新的涂料新势力，其广泛的应用前景能够为涂料行业，注入新鲜的血液，为涂料行业开创一片前所未有的市场发展空间。

砥砺奋发，勇毅前行。未来是美好的，也是未知的。在杨卓卫看来，智能涂料虽然已经开拓了一片广阔的市场，却依旧处于起步阶段。面对源源不断的订单和好评如潮的声誉，杨卓卫不再像年轻时那样志得意满，而是稳中求稳、实事求是。他清楚地认识到，"两会"的开展，并不只是表明了国家的展望，也是设定了企业未来的目标，国内的每个企业都要以国家目标为己任，不断绽放出独属于自身的光彩。在不久的将来，杨卓卫必将推出一个又一个优秀的产品，去服务大众、服务国家；他热情且真诚的爱国之心，永远期盼着祖国不断强大；而对于智能涂料的发展，他更是立志要将自己的智能涂料推向国际，与国外的同类技术一较高低。中国的智能涂料必将在世界舞台上大放光彩。

榜样引领——钟善桐的"结构人生"

钟善桐是国际土木工程领域著名专家，是我国钢结构与组合结构事业的主要奠基人和开拓者。他创立了钢管混凝土统一理论，开创了钢管混凝土结构研究的新方法。他推动完成了国家标准《钢管混凝土结构技术规范》的编制，荣获国家及省部级科技进步奖12项，先后被授予"钢结构终身成就奖""组合结构终身成就奖""中国钢结构事业开拓者"等称号。他与陈绍蕃、王国周并称为中国钢结构领域的"三大才子"。

1919年4月29日，钟善桐出生于浙江省杭州市。青年时代，他本是一介贫寒书生，就读于杭州高级工业职业学校机械科，曾立志于发奋读书，以报效祖国。1931年，日本侵占中国东北，并于1937年7月发动全面侵华战争。同年11月，杭州沦陷，当时年仅18岁的钟善桐毅然弃笔投戎，投军国民党200师某汽车团，历任中尉材料员、少校汽车教官，直至1945年6月结束军旅生涯。抗战胜利后，1946年，钟善桐重新考取位于四川省三台县的川北大学，就读于土木工程系，并在大学三年级时担任校学生会主席。由于思想比较活跃和激进，不满于国民党政府的政治腐败，他被列入"受控"人员黑名单。中华人民共和国成立后的第二年，四川省三台县解放，钟善桐从公立川北大学土木系毕业。由于学习成绩优异，经解放军军代表征得全校师生同意，他被保送到哈尔滨工业大学研究生班继续深造。

作为我国首批由外国专家给予教学指导的硕士研究生，钟善桐于1954年8月通过论文答辩，顺利获准毕业，作为外国专家培养的年轻教师队伍哈工大"八百壮士"的一员留校任教。从此，钟善桐开始了60年之久的学术生涯，始终奋斗在教学、科研的第一线，先后被评为讲师、教授、博士生导师，历任教研室副主任、科研处副处长和教研室主任等职务。

在很多人的印象中，钟善桐的生日是五四青年节那天。据他的儿子钟彬所说，那只是他感慨于近一个世纪的人生经历，自认为始终是一个为了求真而不断奋斗的"热血青年"，因此以与1919年的五四运动同庚同日而自勉，其寓意在于要永远自强不息。对此，儿孙们常常调侃他老人家"革命人永远是年青"，年年想过五四青年节。

1954年，钟善桐从国外的书中得到启发，开始构想钢结构的预应力原理并启动了相应的研究准备。随后，钟善桐进行了国内第一个12 m跨预应力钢桁架的试验，并专注于预应力钢结构的研究和推广工作。在近十年的研究和实践基础上，他总结并提出了预应力钢结构的本质和基本原理是用高强度钢材代替普通钢材，以取得经济效益，施加预应力只是达到这个目的的一种手段。1959年，钟善桐的第一本专著《预应力钢结构》在建筑工业出版社问世。

钟善桐从20世纪70年代开始着手研究钢管混凝土结构。经过深入细致的思考，他揭示了前人研究方法的不足，把分别研究钢管和管中混凝土转变为研究钢管混凝土整体的性能与承载力。这种转变不仅是研究手段的改变，更是一种哲学思想的运用和实践。

经过十多年不懈的努力，钟善桐采用钢材和混凝土的本构关系推导得出钢管混凝土轴压短柱的力与应变的全过程曲线，开创了对钢管混凝土整体性能的理论研究，结束了过去只能依据试验曲线来解释其性能的历史。从此，钢管混凝土在各种受力状态下的性能、实心和空心构件的性能、圆形和四边形等各种截面构件的性能、短柱和长柱等各种长度构件的性能，都可以用统一的公式来描述并进行工程设计。1994年，他完成并提出了"钢管混凝土统一理论"。此后，他不断丰富"统一理论"，不但使这套理论日臻完善成熟，更使其在不少桥梁工程中得到验证，如1997年建成的跨度为420 m的重庆万州长江大桥，2005年建成的跨度为460 m的重庆奉节巫山长江大桥，都有他的功劳。

参考文献

[1] 中华人民共和国住房和城乡建设部．GB 55006—2021 钢结构通用规范[S]．北京：中国建筑工业出版社，2021．

[2] 中华人民共和国住房和城乡建设部．GB 50755—2012 钢结构工程施工规范[S]．北京：中国建筑工业出版社，2012．

[3] 中华人民共和国住房和城乡建设部．GB 50017—2017 钢结构设计标准[S]．北京：中国建筑工业出版社，2017．

[4] 中华人民共和国住房和城乡建设部．GB 50205—2020 钢结构工程施工质量验收标准[S]．北京：中国建筑工业出版社，2020．

[5] 中华人民共和国建设部．GB 50018—2002 冷弯薄壁型钢结构技术规范[S]．北京：中国计划出版社，2020．

[6] 中华人民共和国质量监督检验检疫总局．GB/T 700—2006 碳素结构钢[S]．北京：中国标准出版社，2007．

[7] 中华人民共和国住房和城乡建设部．GB/T 50046—2018 工业建筑防腐蚀设计标准[S]．北京：中国计划出版社，2019．

[8] 中华人民共和国住房和城乡建设部．GB 50661—2011 钢结构焊接规范[S]．北京：中国建筑工业出版社，2014．

[9] 中华人民共和国住房和城乡建设部．JGJ 99—2015 高层民用建筑钢结构技术规程[S]．北京：中国建筑工业出版社，2016．

[10] 中华人民共和国住房和城乡建设部．JGJ/T 469—2019 装配式钢结构住宅建筑技术标准[S]．北京：中国建筑工业出版社，2019．

[11] 中华人民共和国住房和城乡建设部．JGJ/T 251—2011 建筑钢结构防腐蚀技术规程[S]．北京：中国建筑工业出版社，2011．

[12] 中华人民共和国住房和城乡建设部．JGJ 82—2011 钢结构高强螺栓连接技术规程[S]．北京：中国建筑工业出版社，2011．

[13] 中华人民共和国住房和城乡建设部．JGJ 276—2012 建筑施工起重吊装安全技术规范[S]．北京：中国建筑工业出版社，2012．

[14] 全国住房和城乡建设职业教育指导委员会土建施工类分指导委员会编．高等职业学校建筑钢结构工程技术专业教学标准[S]．北京：国家开放大学出版社，2019．

[15] 秦斌．钢结构连接节点设计手册[M]．5 版．北京：中国建筑工业出版社，2023．

[16] 罗永峰．钢结构制作安装手册[M]．3 版．北京：中国建筑工业出版社，2022．

[17] 汪一骏．轻型钢结构设计手册[M]．3 版．北京：中国建筑工业出版社，2018．

[18] 上官子昌．实用钢结构施工技术手册[M]．北京：化学工业出版社，2013．

[19] 中铁九桥工程有限公司．公路桥梁施工系列手册：桥梁钢结构[M]．北京：人民交通出版社，2014．

［20］牛春雷．钢结构工程设计与施工管理全流程与实例精讲［M］．北京：机械工业出版社，2023．

［21］柯晓军．钢结构施工质量控制技术及案例［M］．北京：中国建筑工业出版社，2024．

［22］土木在线．图解钢结构工程现场施工［M］．北京：机械工业出版社，2015．

［23］王宏．超高层钢结构施工技术［M］．2版．北京：中国建筑工业出版社，2020．

［24］北京钢结构行业协会 编．钢结构工程质量控制图解［M］．北京：中国建筑工业出版社，2020．

［25］筑龙网 组编．钢结构工程施工技术案例精选［M］．北京：中国电力出版社，2008．

［26］刘勤．基于项目管理的超高层钢结构施工技术优化［J］．中国建筑金属结构，2024，23（09）：154－156．

［27］史磊．大空间复杂钢结构分块安装施工关键技术［J］．中国建筑金属结构，2024，23（09）：39－41．

［28］刘强．大跨度壳形双曲面钢结构分阶累积提升施工技术［J］．建筑工人，2024，45（09）：4－7．

［29］刘事成，王少松，杨永达，等．综合体大跨度钢结构连廊原位施工技术研究［J］．建筑机械化，2024，45（09）：110－112＋124．

［30］申诗文，李友，孟珊，等．超高层综合体型钢结构施工技术研究［J］．建筑机械化，2024，45（09）：113－116．

［31］赵庆宇，修瑞雪，李星星．大空间房建工程钢结构施工技术研究［J］．建筑技术，2024，55（17）：2063－2066．

［32］代显奇．基于BIM的绿色智慧高效施工技术在某多层大跨钢结构工程中的应用［J］．施工技术（中英文），2024，53（18）：115－120．